JN087528

詳解！

Google Apps Script
完全入門 [第3版]

Google Apps Script Perfect Guide Book!

〜 GoogleアプリケーションとGoogle Workspaceの最新プログラミングガイド 〜

高橋宣成【著】 noriaki takahashi

秀和システム

はじめに

　スプレッドシート、Gmail、ドライブ、カレンダー、ドキュメント、スライド…これら Google が提供する数々のサービスは、私たちの仕事や生活に、なくてはならない存在になりました。2020 年現在、Google Workspace を導入する組織は 600 万以上、そのアクティブユーザー数は月間 20 億人以上と報告されており、グループウェアのスタンダードの地位を確固たるものとしています。

　これらの結果は、完全クラウド志向による時間と場所を選ばないユーザー体験や、円滑なコラボレーション、その破格の料金の安さなど、サービスの素晴らしさと実効果を物語るものですが、その能力とポテンシャルを、より一層倍増させる方法があります。

　それが、Google Apps Script です。

　Google Apps Script（GAS）を使うことで、これらの Google サービスの自動化や、連携を実現することができるようになります。スプレッドシートで表や帳票を作る、Gmail で通知メッセージを送る、ドライブのフォルダやファイルを整理する、カレンダーのイベントを登録する、ドキュメントで議事録のひな形を作り翻訳もする…このようなことがプログラミングできるのです。

　そして、GAS をはじめるにあたり、追加で必要となるコスト、準備は一切不要です。サーバーや環境はすべて Google 社が用意してくれていますし、誰もが無料で利用できます。

　しかし、どうしても自らの努力で得なければならないものがあります。それは、「知識」と「技術」です。GAS の構造や仕組み、プログラミングの構文、ルールや制約など、多くの知識とそれを実現するスキルが必要になります。そして、それには多くの学習時間を要します。

　本書は、入門からその達成までの努力の道のりをピタリと伴走してくれる、そのような一冊を目指して作られました。

　まず、第 1、2 章は GAS を学び始めるため準備です。GAS の世界に足を踏み入れるのは容易ですが、その世界は広大で、完全クラウド志向そして Google ならではの「クセ」があります。ですから、先に進み始めるための備えが必要です。

続く第 3 章から第 7 章は、GAS のベースとなる JavaScript について最初の一歩から、オブジェクトの仕組みまでを丁寧に解説しています。V8 ランタイムサポートに対応していますので、最新の構文や命令を含めた「GAS のための JavaScript」を網羅的に学ぶことができます。

そして、第 8 章から第 15 章では、実際に Google Apps の操作をしていきます。スプレッドシート、Gmail、ドライブ、カレンダー、ドキュメント、スライド、フォーム、翻訳の各サービスについて、それらをプログラミングし、さまざまなアイデアを実現するための知識とスキルを身につけることができます。

さらに、第 16 章から第 23 章は、すべての Google サービスについて横断的に活用できるノウハウを提供しています。各サービスの操作と組み合わせることで、その可能性が拡がり、またスマートな開発ができるようになるはずです。

GAS の世界に足を踏み出そうとしている一人でも多くの方が、それを生き生きと使いこなし、たっぷりとその恩恵にあずかれるようになる、本書がその一助となれば幸いです。

2021 年 6 月
著者

本書をご利用いただくにあたっての注意事項

●本書の情報および画面イメージは、2021 年 5 月時点のものとなります。Google Apps Script
および各 Google サービス等のアップデートや改変により、変更となることがありますのでご了承
ください。

●本書では、以下の環境で動作確認を行っています。
 ・Windows 10
 ・Google Chrome 89.0
内容については万全を期して制作をしておりますが、著者・出版社のいずれも運用した結果について
ての責任を負いかねますのでご了承ください。

●本書に記載されている会社名、製品名などは、一般に各社の登録商標または商標です。本文中では、
 ©、®、™ 等の表示は省略しています。

CONTENTS

CONTENTS

CONTENTS

サンプルコードのダウンロードについて

本書で紹介したサンプルコードは、以下の URL からダウンロードをすることができます。
（本書についての正誤情報や最新情報も、ここで確認してください）

https://www.shuwasystem.co.jp/support/7980html/6474.html

ダウンロードしたファイルは ZIP 形式で圧縮されています。

解凍をすると、各章のフォルダ内にたとえば「sample02-01.gs」というファイル名で格納されています。このファイルには、本書の中で「サンプル 2-1-●」と紹介しているサンプルがすべて含まれます。

これらのファイルはテキストエディタで開くことができますので、いったん開いたあとにご活用ください。しかし、プログラミング学習としては、コピー＆ペーストをして実行するよりは、ご自身で実際に入力をしたほうが効果的であり、おすすめです。

使用する際は、一部のコードはコメントアウトしている場合がありますので、適宜コメントを外してください。また、スタンドアロンスクリプトとコンテナバインドスクリプトのどちらにするか、またコンテナバインドであればどのアプリケーションのものなのかが正しく選択されている必要があります。都度、本文を見て確認をするようにしてください。

なお、スクリプトの動作確認は十分に吟味を重ねておりますが、万が一本サンプルの使用により何らかの不具合が生じた場合、著者および株式会社秀和システムは一切責任を負うことはありません。あらかじめご了承の上、ご利用ください。

Google Apps Script の基礎知識

01 01 Google Apps Script とは

◆Google Apps Script でできること

Google Apps Script は、Google 社が提供するプログラミング言語です。略して GAS (「ガス」と読みます)、または Apps Script などと呼ばれています。

GAS を使うことで、Gmail、Google スプレッドシート、Google カレンダー、Google ドライブ、Google 翻訳など、Google が提供する数々のアプリケーション群をプログラミングにより操作することができるようになります。

たとえば、GAS で実現できることとして、以下のようなものが挙げられます。

・スプレッドシートで使えるオリジナル関数を作る

・ドキュメントを翻訳する

・スプレッドシートのリストから pdf 形式で帳票を作成しドライブに保存

・カレンダーに登録している今日の予定をメールで送信

・フォームで回答した人にお礼メールを自動返信

・カレンダーに登録している予定をスプレッドシートに書き出す

・スプレッドシートに入力してある住所一覧をマップにプロット

・ドキュメントの内容を本文としてスプレッドシートのメールアドレス一覧にメールする

・問い合わせメールをスプレッドシートに蓄積する

GAS では各アプリケーション単体での動作はもちろん、アプリケーション同士を連携させて動作させることができるのです。

GAS はアプリケーションを操作する以外にも、HTML や CSS を使って独自の Web アプリケーションを構築したり、API 経由で外部サービス連携をしたりする機能も提供されています。その可能性は無限といっても過言ではありません。

ただ一方で、それだけできることが多いということは、その世界は広大ということ。学習を進めるにあたって、上手に対象範囲を絞り込み、効率よく学んでいく必要があります。また、GAS ならではの考え方やルールがありますので、知らずに進むと、思わぬつまずきや寄り道をしてしまうこともあるでしょう。

本章は、GASの世界に踏み出すための前準備です。GASを最短距離で効率よく学び、スキルを身につけるための土台となる基礎知識についてお伝えしていきます。

▶図 1-1-1　Google Apps Script とは

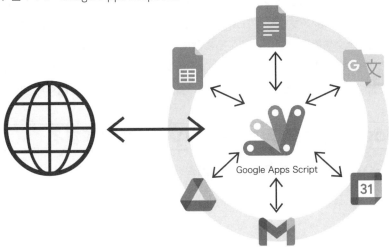

Web上でGoogle Apps Scriptを中心に、
さまざまなアプリケーションが連携

◆GAS は JavaScript ベースのスクリプト言語

GASはプログラミング言語ですが、専用のオリジナルの言語ではありません。**GASのベースは、もっともポピュラーなプログラミング言語の1つである JavaScript です**。

JavaScript はブラウザ上で動作する標準のスクリプト言語として使われていることに加えて、サーバー内や Windows 上での実行環境で動作をする言語としても活用されています。また、スクリプト言語というのは、台本（**スクリプト**）のように簡易に記述や実行ができるように作られたプログラミング言語のことをいいます。つまり、JavaScript は比較的容易に習得できる言語ということです。

Memo

本書では以降、GASで記述したプログラムを「スクリプト」と呼びます。

このように JavaScript は活躍の場も多く、かつ容易に習得できるわけですから、人気があるのもうなずける話ですよね。その JavaScript を学べるという点は、GAS の大きな魅力の1つとなっています。

さて、JavaScript を実行するためのエンジンのことを**ランタイム**といいます。GAS では、これまで JavaScript を実行するエンジンとして「Rhino ランタイム」が使用されてきました。

しかし、Rhino ランタイムで動作するのは、JavaScript1.6~1.8 という古いバージョンの JavaScript で、世の中で通常使われている最新の JavaScript のバージョン（ECMAScript と呼ばれています）とは、多くの差分がありました。

しかし、2020 年 2 月から GAS に **V8 ランタイム**がサポートされました。V8 ランタイムは、Google Chrome をはじめ主要なブラウザで採用されているランタイムです。これにより、GAS で最新の JavaScript 構文や機能が新たに使えるようになりました。

本書も、この V8 ランタイムに対応しており、新たな V8 ランタイムの構文、機能も踏まえて効果的なスクリプトの書き方を学ぶことができるように作られています。ぜひご活用ください。

◆GAS は Google 社のクラウドサーバー上で動作する

GAS の最大の特徴として、**徹底したクラウド志向**が挙げられます。以下は、すべて Google のクラウドサーバー上にあります。

・記述したスクリプトファイル
・スクリプトを編集および実行するための環境、プログラム
・操作対象となる Google アプリケーションやデータ

たとえば、Excel VBA では PC でコーディングやデバッグなどの操作をし、その実行も PC 内で行われます。一方で、GAS ではブラウザ上で編集、デバッグなどの操作を行い、その実行はクラウドサーバー上でなされます。

▶図 1-1-2　GAS と Excel VBA の操作と実行

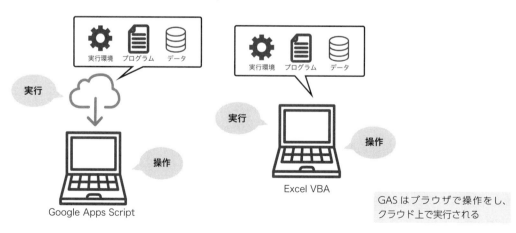

プログラムの保存場所、またその実行場所について、Excel VBA、JavaScript と比較したものが図 1-1-3 です。

▶図 1-1-3　プログラム言語の保存場所・実行場所

言語	保存場所	実行場所	トリガー例
Excel VBA	ローカル PC の Office ファイル内	ローカル PC の Excel アプリケーション上	・ボタンを押した ・セルが編集された ・ファイルを開いた
JavaScript	サーバー内	ローカル PC のブラウザアプリケーション上	・スクリプトが読み込まれた ・クリックした
GAS	Google サーバー内	Google サーバー内	・ボタンを押した ・指定の時間になった ・スプレッドシートが開かれた ・セルが編集された ・フォームが送信された

　クラウド上にあることによる最大の利点は、**開発環境の準備が一切不要**という点です。サーバーも、スクリプトを動作させるアプリケーションも、エディタもすべて Google が用意してくれていますので、私たちはブラウザでアクセスするだけで、すぐにスクリプトを書き始めることができます。

　また、サーバー上で動作をしますので、ローカルの PC やブラウザが立ち上がっていなくても、スクリプトを実行できます。「**トリガー**」と呼ばれる機能を使うことで、特定の時間にスケジュールして実行をさせたり、他のユーザーの操作を受けて実行をさせたりといったことが可能となっています。

◆GAS の開発に必要なもの

　GAS を利用するに必要なものは、次の 3 点だけです。

---

① Google アカウント
② ブラウザ
③ インターネットに接続できる PC

　Google アカウントは、Google Workspace のメンバーアカウントと無料の Google アカウントがありますが、どちらでも GAS を利用可能です。ブラウザは一般的に利用されているものであれば動作しますが、Google Chrome を使うのをおすすめしています。もちろん、PC は Windows でも Mac でもどちらでも構いませんし、Chromebook でも利用可能です。

　おそらく、多くの方は今すぐにでも、Google Apps Script の世界に足を踏み出すことができきますよね。

Memo

　本書では、PC の OS は Windows 10、ブラウザは Google Chrome を動作環境として進めていきます。

Google Apps と Google Workspace

◆Google Apps とは何か

Google 関連サービスには「Google 〜」や「G 〜」といった名称が多数存在しています
ので、混乱しやすいかも知れません。GAS の習得を進めるにあたり、これらの名称について
整理をしておきましょう。

まず、**Google Apps** というワードがしばしば使われていますが、実は「Google Apps」
という言葉については明確な定義はありません。ある場所では Google が提供するアプリケー
ション群を指している場合もありますし、別の場所では後述する Google Workspace のこ
とを指している場合もあります。

ですから、「Google Apps」というワードが出てきたときには、文脈から何を指している
のかを判断する必要が出てくるでしょう。

一方で、Google Apps Script は前述の通り、Google 社が提供するプログラミング言語の
名称で、その定義は明確です。「Google Apps」の「Script」という理解をしがちですが、そ
うではありませんよね。あいまいなワードである Google Apps とは切り離して理解をして
おくほうが賢明だといえます。

Memo

Google Workspace は 2006 年のサービス開始当初は「Google Apps for Your Domain」
という名称でした。しばらく後、2014 年に「Google Apps for Work」、2016 年に「G
Suite」、2020 年に「Google Workspace」というように、次々と名称変更されました。
「Google Apps 〜」の名称であった期間が長かったという経緯から、一部のユーザーは今でも
「Google Apps」という名称が強く残っているものと思われます。

◆Google Workspace と無料の Google アカウント

Google Workspace は、Google 社が企業やチームなどに対してビジネス向けに提供して
いるアプリケーションパッケージ群です。そのパッケージに含まれるアプリケーションは、以
下に挙げるように、その多くが無料アカウントでも利用できる、おなじみのラインナップです。

・Gmail	・Google カレンダー	
・Google Chat	・Google Meet	
・Google ドキュメント	・Google スプレッドシート	
・Google フォーム	・Google スライド	
・Google サイト	・Google ドライブ	
・Google Keep	・Google Currents	

なぜ、無料で利用できるラインナップをわざわざ有料で提供をしているのかと思われるかも知れませんが、Google Workspace には、これらのアプリケーション群を企業や組織で利用することを想定したスペシャルな機能が追加されているのです。

Google Workspace は、使用できるサービスや機能のほか、メールアドレスの有無、ストレージ容量、セキュリティ機能、サポート体制などにより、7つのプランに細かく分類されています。無料アカウントと Google Workspace の各プランの比較を、図 1-2-1 にまとめていますのでご覧ください。

▶図 1-2-1 無料の Google アカウントと Google Workspace のプラン

	無料の Google アカウント	Business			Enterprise		Essentials	
		Starter	Standard	Plus	Standard	Plus	Essentials	Enterprise Essentials
料金 (1 ユーザー / 月)	無料	¥680	¥1,360	¥2,040	¥2,260	¥3,400	$8	¥1,130
Gmail・カレンダー	あり	あり			あり		なし	
メールアドレス	gmail.com	独自ドメイン設定可能			独自ドメイン設定可能		独自ドメイン設定可能	
ストレージ容量 (1 ユーザー)	15GB	30GB	2TB	5TB	制限なし		100GB	制限なし
共有ドライブ	なし	なし	あり		あり		あり	
セキュリティと管理	なし	標準機能		高度な機能 (Vaultなど)	高度な機能(Vault など)		標準機能	高度な機能 (Vaultなど)
サポート	なし	標準サポート			プレミアムサポート		標準サポート	プレミアムサポート

GAS は無料の Google アカウントでも、その基本的な機能のほとんどは利用可能です。しかし、組織で使用するのであればセキュリティの観点で、組織側でプログラムを管理できる Google Workspace を使用する必要があるでしょう。また、後述しますが、GAS を実行する際の一部の制限については、Google Workspace ユーザーのほうが優遇されています。

総合的に、GAS をフルに活用したいのであれば、Google Workspace のいずれかのプランを利用するのがおすすめです。

01 / 03 GAS で操作できる アプリケーション

◆ GAS で提供されているサービス

GAS では Google のアプリケーションやデータを操作したり、外部と連携したりするためのさまざまな機能が提供されていて、それらは「**サービス**」と呼ばれています。

たとえば、スプレッドシートを操作するための「Spreadsheet サービス」、スクリプトログやダイアログボックスなどを操作するための「Base サービス」といったような形です。

GAS にはとても多くのサービスが提供されていますが、図 1-3-1 に示す 3 つのグループに分類されています。

▶ 図 1-3-1　Google Apps Script のサービス

グループ	概要	含まれるサービス例	サービスの利用
Google Workspace Services	Google Workspace に含まれるアプリケーションを中心に操作するサービス群	スプレッドシート、Gmail、カレンダー、ドライブ、翻訳など	デフォルトで有効
Script Services	ユーティリティサービス群	Base、Utilities、URL Fetch など	デフォルトで有効
Advanced Google Services	Google Workspace Services に含まれないアプリケーションや操作を行うことができる、より高度なサービス群	アナリティクス、BigQuery、Admin SDK、YouTube など	デフォルトでは無効 サービスごとに有効化する必要がある

◆ Google Workspace Services

デフォルトで使用できるアプリケーション操作のための機能が **Google Workspace Services** で、以下に示す 13 のサービスが提供されています。

- ・Spreadsheet：スプレッドシート
- ・Slides：スライド
- ・Drive：ドライブ
- ・Calendar：カレンダー
- ・Contacts：連絡先
- ・Maps：マップ
- ・Data Studio：データスタジオ
- ・Document：ドキュメント
- ・Forms：フォーム
- ・Gmail
- ・Sites：サイト
- ・Groups：グループ
- ・Language：翻訳

いわば GAS の基本セットといってもよいグループですが、これらのサービスを使用するだけでも、十分すぎるほどの業務アプリケーションやツールの実現が可能になります。

> ### Ｍemo
>
> 　Google Workspace Services とはいいつつも、対象アプリケーションには Google Meet や Google Keep は含まれていませんし、逆に Google Workspace のパッケージには含まれていない Google マップや Google 翻訳が含まれています。つまり、Google Workspace に含まれるアプリケーション群と Google Workspace Services で操作できるアプリケーション群は、完全に一致していないのです。ご注意ください。

　本書では、Google Workspace Services の中から、スプレッドシート、Gmail、ドライブ、カレンダー、ドキュメント、スライド、フォーム、翻訳について紹介をしています。

◆Script Services

　Script Services は、GAS 全般で横断的に利用するユーティリティとして機能するサービスのグループで、Google Workspace Services と同様にデフォルトで利用可能です。

　たとえば、ログを出力する、ダイアログなどの UI を操作する、バイナリファイルを操作する、外部 URL にアクセスするなど、GAS で開発を進める上で有用な機能が含まれています。

　Script Services では、以下のサービスが提供されています。

・Base	・Cache	・Card	・Charts
・Conferencing Data	・Content	・HTML	・JDBC
・Lock	・Mail	・Optimization	・Properties
・Script	・URL Fetch	・Utilities	・XML

　本書ではその中から、GAS を使う上で頻繁に使うことになる Base、Utilities、Properties、Script、URL Fetch について紹介します。

◆拡張サービス（Advanced Google Services）

　GAS には Google Workspace Services に含まれないアプリケーションや、より高度な操作を可能にするサービスが存在していて、それらは**拡張サービス（Advanced Google Services）**として提供されています。

　これにより、BigQuery や Google アナリティクスをはじめとする多数の Google アプリケーションも操作できるようになります。驚くべきことに、拡張サービスを含めると、GAS

では 20 を超えるアプリケーションが操作できるようになるのです。

　また、Advanced Gmail Service や Advanced Drive Service などが代表するように、Google Workspace Services でサービスが用意されているアプリケーションについて、より高度な操作を可能にするサービスも含まれます。

　Advanced Google Services のサービスは、デフォルトでは無効になっていますので、サービスごとに有効化する手順を踏む必要があります。

　本書では、Advanced Google Services は取り扱いませんが、必要に応じてチャレンジをしてみてください。

01
04
GAS を学ぶ上で 知っておくべき注意点

◆GAS は JavaScript とイコールではない

GAS の習得を進めるにあたり、いくつかの知っておくべき注意点があります。

まず、GAS は JavaScript ベースではありますが、**世間一般で語られている JavaScript とまったく同一というわけではありません。**

JavaScript はブラウザ上で動作させることにより、ブラウザで行われた操作に応じてスクリプトを実行したり、HTML の要素を編集したり、スタイルを変更したりすることが可能です。そのために、ブラウザを操作するブラウザオブジェクトや、Web ページを記述する HTML を操作する DOM オブジェクトといった機能を利用することができるのですが、GAS ではそれらの機能はサポートされていません。

たとえば、多くの JavaScript 入門書では以下のようなコードが最初に登場しますが、GAS ではこの一文ですら動作しません。

▶ サンプル 1-4-1　JavaScript でアラートを表示させる

```
alert('Hello JavaScript!');
```

GAS で利用できる JavaScript は、基本構文、制御構文、演算子、関数、組み込みオブジェクトなどの基本部分（**コア JavaScript** と呼びます）のみが対象となります。GAS は、そのコア JavaScript に加えて、Google アプリケーションを操作するための数々のサービスによって構成されています。

GAS で使用する JavaScript と、ブラウザ上で動作する JavaScript の構成について表したものが、図 1-4-1 となります。

▶図 1-4-1　GAS で使用可能な構成範囲

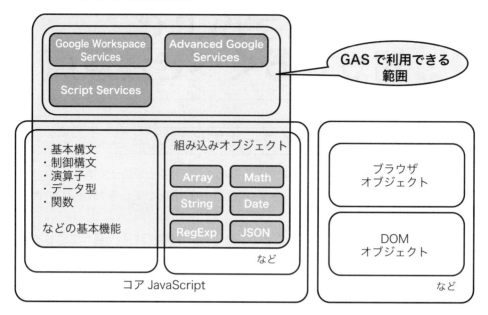

GAS ではコア JavaScript の一部と 3 つの
Services を利用できる

　このように、一般的にブラウザでの動作を前提として語られている JavaScript とは差分が
あるということ、またその差分がどういったものかということを念頭に置いて、開発を進める
必要があります。

◆制限と割り当て

　GAS は Google サーバー上で動作しますから、特定のユーザーによって著しく負荷がかけ
られると、GAS 全体に影響を及ぼす恐れがあります。そのような状況を避けるために、GAS
ではいくつかの機能について、実行時間やデータサイズなどの**制限**と 1 日あたりの実行回数
の**割り当て**（クォータともいいます）が設けられています。

　これらの制限は、使用しているアカウントによって異なります。執筆時点での制限と割り当
てを図 1-4-2 と図 1-4-3 にまとめていますので、どのようなものがあるのかひととおり把握
しておきましょう。

▶ 図 1-4-2　GAS の制限

制限	無料の Google アカウント	Google Workspace アカウント
スクリプト実行時間	6 分 / 実行	6 分 / 実行
カスタム関数実行時間	30 秒 / 実行	30 秒 / 実行
同時実行数	30	30
メールの添付ファイル数	250/ メッセージ	250/ メッセージ
メールの本文サイズ	200kB/ メッセージ	400kB/ メッセージ
メールの受信者数	50 件 / メッセージ	50 件 / メッセージ
メールの添付ファイル総サイズ	25MB/ メッセージ	25MB/ メッセージ
プロパティ値のサイズ	9kB/ 値	9kB/ 値
プロパティの総サイズ	500kB/ ストア	500kB/ ストア
トリガー	20/ ユーザー / スクリプト	20/ ユーザー / スクリプト
URL Fetch レスポンスサイズ	50MB/ コール	50MB/ コール
URL Fetch ヘッダー数	100/ コール	100/ コール
URL Fetch ヘッダーサイズ	8kB/ コール	8kB/ コール
URL Fetch POST サイズ	50MB/ コール	50MB/ コール
URL Fetch URL 長	2kB/ コール	2kB/ コール

　スクリプトの実行の際にこれらの制限を超えると、スクリプトはエラーとなり、終了します。これらの中でとくに注意すべきは、**スクリプトの実行時間**です。扱うデータ量が多かったり、処理速度を意識しないスクリプトを作ったりすると、1 実行あたり 6 分間という制限に達してしまうことは十分に起こり得ます。

　よって扱うデータ量と処理速度について意識をしながら開発を進める必要があるのです。

▶ 図 1-4-3　GAS の割り当て

割り当て	無料の Google アカウント	Google Workspace アカウント
カレンダーイベント作成数	5,000/ 日	10,000/ 日
コンタクト作成数	1,000/ 日	2,000/ 日
ドキュメント作成数	250/ 日	1,500/ 日
ファイル変換数	2,000/ 日	4,000/ 日
メール受信者数	100/ 日	1,500/ 日
メール受信者数（ドメイン内）	100/ 日	2,000/ 日
メールの読み書き（送信除く）	20,000/ 日	50,000/ 日
グループの取得	2,000/ 日	10,000/ 日
JDBC 接続	10,000/ 日	50,000/ 日
JDBC 接続の失敗	100/ 日	500/ 日
プレゼンテーションの作成	250/ 日	1,500/ 日
プロパティの読み書き	50,000/ 日	500,000/ 日
スライド作成数	250/ 日	1,500/ 日
スプレッドシート作成数	250/ 日	3,200/ 日
トリガーによる総実行時間	90 分 / 日	6 時間 / 日
URL Fetch のコール数	20,000/ 日	100,000/ 日
翻訳のコール数	1,000/ 日	10,000/ 日

割り当ては、ユーザーごとに課されています。それぞれの割り当てに関して、そのカウントが蓄積され、**太平洋標準時（PST）の 0 時（日本時間で 16 時〜 17 時）にリセット**されます。

たとえば、あるユーザーが 1 日のうち何回かに分けてスクリプトを実行して、その結果ドキュメントの作成数が 250 を超えると、その時点でそのスクリプトはエラーとなり終了します。ドキュメントの作成に関するスクリプトは、16 時〜 17 時を迎えてカウントがリセットされることで、実行することができるようになります。

◆GAS は常に変化を続けている

インストール型のアプリケーションであれば、そのアプリケーションのバージョンアップはユーザーの操作に応じてなされるのが一般的です。その際に、ユーザーはどのようなバージョンアップがあったかを知り、その新機能を吟味し、使用するかどうかを選択できます。

しかしながら、GAS はクラウド上で提供されていますから、**さまざまなバージョンアップが Google 社のタイミングで、知らず知らずのうちに行われます。**

ある期間のリリース情報をキャプチャしたものが、図 1-4-4 です。

▶図 1-4-4　GAS の 1 年間のリリース情報

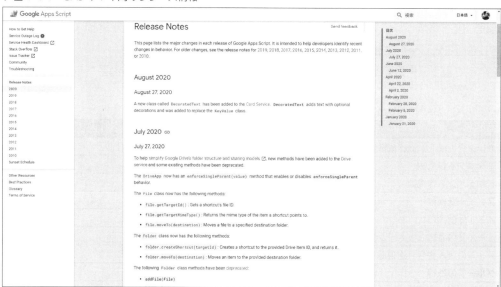

GAS は「A living, breathing platform」、生きているかのように常に変化している

1 年の間に、16 回もの変更がなされていました。

以下に、一部を抜粋してみましょう。

> ・Google ドライブのフォルダ構成と共有モデルを簡素化するために、いくつかのメソッドの追加と、一部のメソッドの廃止がされました
> ・スプレッドシートのシンプルトリガーとして onSelectionChange(e) が追加されました
> ・Spreadsheet サービスに Drawing クラスが追加されました
> ・GAS で V8 ランタイムがサポートされ、最新の JavaScript の機能と構文が使えるようになりました
> ・G Suite アドオンのリリースをサポートするためにマニフェストの変更、クラスおよびメソッドが追加されました

　大きなバージョンアップが頻繁に行われています。前述の制限および割り当ても随時変更および緩和されることがあります。ときには、これまで使用していた機能が刷新されて使えなくなるということもあります。

　これらの情報を確実にキャッチするために、Google Apps Script の公式ドキュメントを定期的にチェックしておきましょう。以下 URL から、または第 2 章で紹介するスクリプトエディタからアクセスできます。

> Google Apps Script 公式ドキュメント：
> https://developers.google.com/apps-script/

　公式ドキュメントは、リリース情報だけでなく、スタートガイドやリファレンスなど GAS を利用する上で必要となるあらゆる情報が提供されています（図 1-4-5）。英語での提供ではありますが、Chrome 拡張機能「Google 翻訳」を使えば順調に読み進めることができますので、積極的に活用しましょう。

▶ 図 1-4-5　Google Apps Script 公式ドキュメント

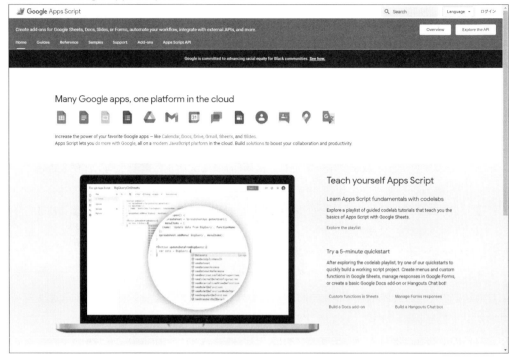

公式ドキュメントではスタートガイド、リファ
レンス、サンプル、サポートが提供されている

　また、公式ドキュメント内の以下 URL から GAS の割り当てと制限を確認できます（図
1-4-6）。

Quotas for Google Services：
https://developers.google.com/apps-script/guides/services/quotas

▶図 1-4-6　Quotas for Google Services

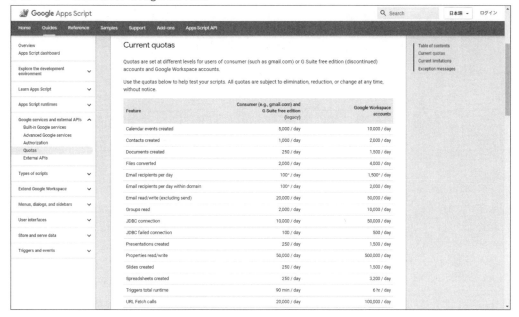

制限や割り当てをこまめにチェックする

　さて、これにて GAS の世界に踏み出すための事前準備は完了しました。GAS とは何か、またその構成やできること、気を付けるべき点などの基礎知識を身につけることができたはずです。

　次章では、実際に GAS を操作していきましょう。GAS の開発を行う専用のエディタ「スクリプトエディタ」とその管理ツールである「Apps Script ダッシュボード」を操作しながら、その使いこなし方を学んでいきます。

02

スクリプトエディタと
ダッシュボード

02 | 01　はじめての GAS

◆ スプレッドシートからスクリプトエディタを開く

　スクリプトエディタは、GAS のスクリプトの編集、実行、デバッグなどを行うための専用のエディタで、メニューやツールバーをはじめ、開発を支援するための便利な機能が搭載されています。スクリプトエディタがあるおかげで、私たちは面倒な準備をすることなく、すぐに GAS をはじめることができます。

　では、実際にスクリプトエディタを起動して、GAS のスクリプトの作成や実行など、GAS 開発の一連の流れを確認してみましょう。

　まず、Google ドライブから新規のスプレッドシートを作成します。Google ドライブでフォルダを開き、右クリックメニューから「Google スプレッドシート」を選択します（図 2-1-1）。左上の「＋新規」ボタン→「Google スプレッドシート」でも同様のことが行なえます。

▶ 図 2-1-1　Google ドライブから新規スプレッドシートを作成

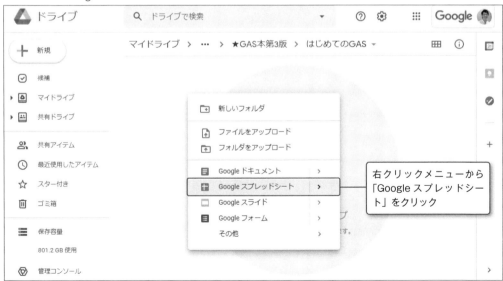

　ブラウザの新規タブで、作成した「無題のスプレッドシート」が開きます。次に、スプレッドシートのメニューから、「ツール」→「スクリプトエディタ」を選択します（図 2-1-2）。

▶図 2-1-2　スプレッドシートからスクリプトエディタを開く

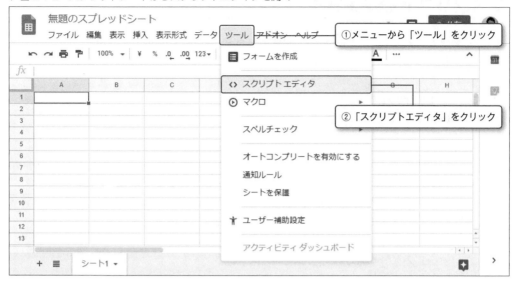

　すると、ブラウザの新規タブでスクリプトエディタが起動し、「無題のプロジェクト」が開きます (図 2-1-3)。この画面でスクリプトの編集や実行、デバッグを行っていきます。

▶図 2-1-3 スクリプトエディタ

スクリプトエディタは GAS のスクリプトの編集・実行・デバッグなどを行う専用エディタ

スクリプトエディタとダッシュボード

◆スクリプトを編集する

では、続けてスクリプトの編集をしていきましょう。現時点では、スクリプトエディタに以下コードが記述されているはずです。

▶サンプル 2-1-1 無題のプロジェクトのコード

```
1   function myFunction() {
2
3   }
```

「function myFunction() {」の行と、「}」の行の間に 1 行空いていますね、そこにコードを入力して、以下のサンプル 2-1-2 を完成させていきます。

▶サンプル 2-1-2 スクリプトの入力

```
1   function myFunction() {
2     Browser.msgBox('Hello');
3   }
```

コードの入力は難しいように思われるかも知れませんが、スクリプトエディタの機能を用いれば簡単に入力を進めることができますので、一緒に進めていきましょう。

まず、2 行目のいずれかの箇所をクリックすると、自動的に半角スペース 2 文字分だけ字下げした位置にカーソルが置かれるのに気づくはずです。この字下げは「**インデント**」といい、コードの読みやすさにとって重要な役割を果たします。そのまま字下げした位置からコードを書き始めてください。

では、半角アルファベットの「br」と入力してみましょう。すると、図 2-1-4 のように、入力候補が一覧表示されます。⬆⬇ キーで選択項目を移動できますので、「Browser」に合わせて Tab キーを押して確定しましょう。

▶図 2-1-4「Browser」の入力

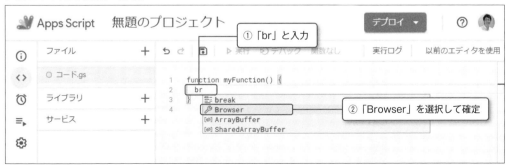

続いて、ドット「.」を入力すると、再度その後の候補が一覧表示されます。「msgBox」を選択して確定させましょう。

▶図 2-1-5「.msgBox」の入力

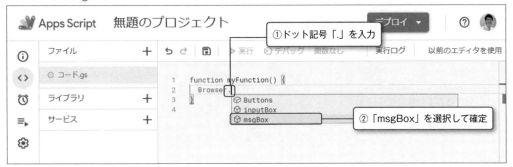

その後、開く丸括弧「(」や、シングルクォーテーション「'」を入力すると、対になる記号が自動で入力されたりしますので活用しましょう。また、「msgBox」を説明するボックスが自動表示されますが、Esc キーで消すことができます。

最終的に、サンプル 2-1-2 と同じになるように進めていきましょう。なお、行最後のセミコロン「;」忘れや、記号の打ち間違いに注意してください。

◆スクリプトを保存する

スクリプトに変更を加えると、「コード .gs」の前に黄色の丸アイコンが付与されることにお気づきでしょうか。

スプレッドシートやドキュメントなど多くの Google アプリケーションでは、クラウド上に自動保存されることが多いのですが、**スクリプトエディタのスクリプトは自動保存がなされません。**

ですから、スクリプトに変更を加えたのであれば、都度手動で保存をする必要があります。

保存の方法は、図 2-1-6 に示すツールバーの「プロジェクトを保存」アイコンをクリックするか、またはショートカットキー Ctrl + S ／ ⌘ + S を使用します。

▶図 2-1-6 スクリプトの保存

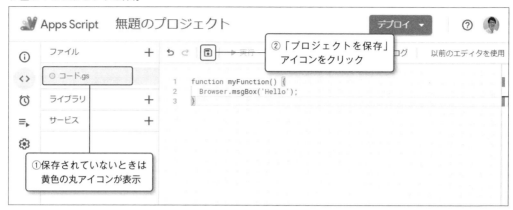

すると、黄色の丸アイコンが消えます。つまり、保存されたということです。

　さて、新規作成したプロジェクトはすべて「無題のプロジェクト」という名称になってしまうので、プロジェクト名を変更しておいたほうがよいでしょう。
　プロジェクト名をクリックすることで、プロジェクトの名前を変更するダイアログが開きますので、プロジェクトタイトルを入力して、「名前を変更」をクリックします（図 2-1-7）。

▶図 2-1-7 プロジェクト名の編集

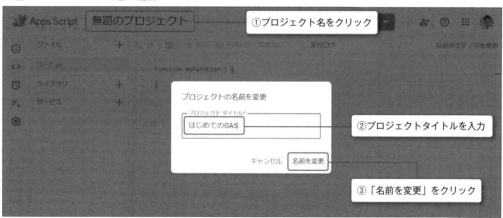

　スプレッドシートから作成、保存をしたスクリプトは、再度スプレッドシートのメニュー「ツール」→「スクリプトエディタ」から開くことで、編集を再開できます。

◆スクリプトを実行する

では、完成したスクリプトを実行してみましょう。

ツールバーに「myFunction」が表示されているのを確認した上で、ツールバーの「▷実行」を
クリックするか、ショートカットキー [Ctrl]＋[R] ／ [⌘]＋[R] を押下します（図 2-1-8）。

▶図 2-1-8 スクリプトの実行

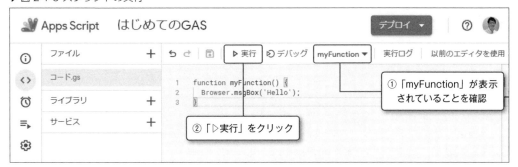

Memo

「myFunction」は関数名といい、関数はスクリプトの実行単位です。詳しくは第 3 章および
第 5 章で解説をしますのでご覧ください。

初回の実行の際は、図 2-1-9 のように「承認が必要です」というダイアログが表示されます。
これは GAS ならではの手順ともいえるものですが、スクリプトに対して、操作対象となるス
プレッドシートのアクセスを許可する必要があるのです。

▶図 2-1-9「承認が必要です」ダイアログ

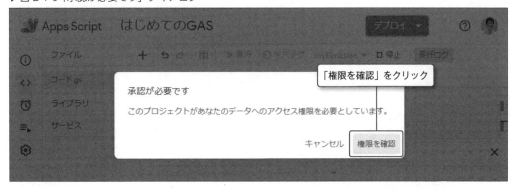

「承認が必要です」ダイアログで「権限を確認」をクリックし、続く画面でアカウントを選
択します（図 2-1-10）。

▶図 2-1-10 アカウントを選択

▶ **アクセス許可の手順**

　以降の手順は使用しているアカウントがGoogle Workspaceアカウントかどうかで変わってきます。無料の google.com アカウントの場合は、図 2-1-11 に示す「このアプリは確認されていません」という画面が表示されます。Google Workspace アカウントの場合は、この画面はスキップされますので、次の手順として図 2-1-13 へ進んでください。

　「このアプリは確認されていません」の画面では「詳細」をクリックしてください。「安全なページに戻る」をクリックすると、アクセス許可されずに戻ってしまいます。

▶図 2-1-11「このアプリは確認されていません」ダイアログ

すると、図 2-1-12 のように画面下部に「はじめての GAS（安全ではないページ）に移動」というリンクが表示されますのでクリックします。

▶図 2-1-12 安全ではないページに移動

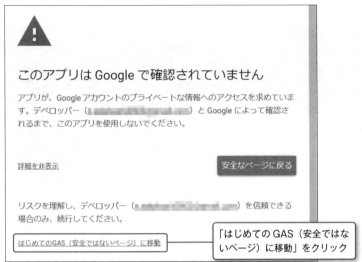

続いて、図 2-1-13 のように「はじめての GAS が Google アカウントへのアクセスをリクエストしています」という画面に移りますので、「許可」をクリックしてアクセスを許可しましょう。

▶図 2-1-13 スクリプトにアクセスを許可

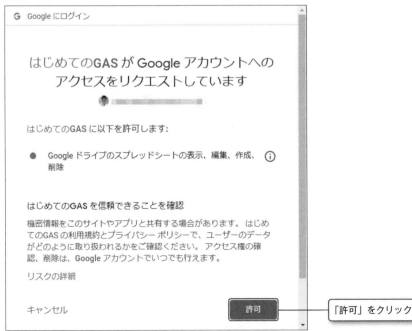

許可が完了すると、スクリプトの実行がなされます。スクリプトエディタでは何も起きていないように見えますが、実はちゃんと動いています。スプレッドシートに画面を切り替えると、図 2-1-14 のように「Hello」と表示されたメッセージボックスが表示されているはずです。

▶図 2-1-14 メッセージボックスの表示

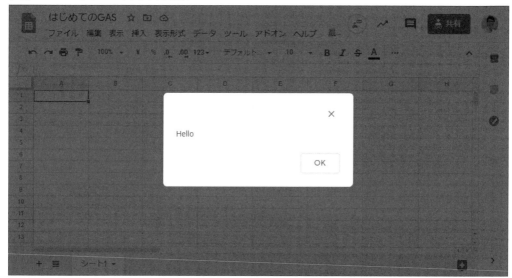

これでスクリプトエディタの起動、スクリプトの編集、保存、実行と、GAS の一連の流れを確認することができました。しかし、スクリプトエディタには、ここでお伝えした以外にも、GAS の開発や習得に便利な機能がたくさん搭載されています。

以降の節で、実際にそれらスクリプトエディタの機能に触れながら、GAS の仕組みの理解を深めていくことにしましょう。

02 02 プロジェクトと スクリプト

◆プロジェクトとファイル

　GAS のスクリプトは、**プロジェクト**という単位で作成します。プロジェクトは単一または複数のファイルで構成されており、GAS のスクリプトは拡張子「.gs」のファイルに記述をします（図 2-2-1）。また、プロジェクト内に「.html」ファイルを作成することもできます。

▶図 2-2-1 プロジェクトとファイル

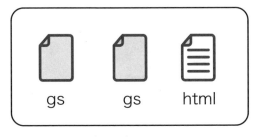

プロジェクト

プロジェクトは単一または複数のファイルで構成される

　図 2-2-2 は、新規作成した時点のプロジェクトをスクリプトエディタで開いた画面です。「無題のプロジェクト」がプロジェクト名、プロジェクトは「コード .gs」という 1 つのファイルで構成されています。

　スクリプトエディタメニューの「ファイル」の「＋」アイコンから新たなスクリプトファイル（.gs）および HTML ファイル（.html）を作成できます。スクリプトファイルを新規作成すると、ファイル一覧にファイルが追加されます。ファイル一覧でファイルをクリックすると、その内容が入力エリアに表示され、編集ができるようになります（図 2-2-3）。

▶図 2-2-2 新規作成した時点のスクリプト

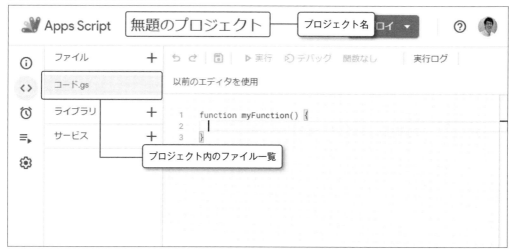

▶図 2-2-3 複数のファイルで構成されるプロジェクト

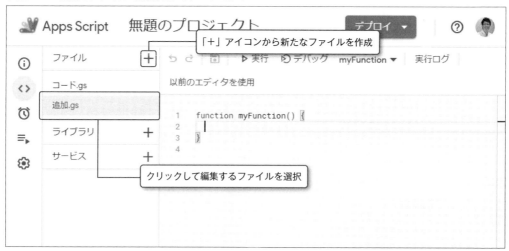

◆スタンドアロンスクリプトとコンテナバインドスクリプト

GAS のスクリプトには 2 種類あり、どちらの種類を使うかで作成および保存の方法が異な
ります。

1 つは、**スタンドアロンスクリプト**といい、Google ドライブにプロジェクトファイル自体
を直接保存します（図 2-2-4）。こちらは、プロジェクトファイル 1 つに対し、1 つのプロジェ
クトしか持つことができません。

▶図 2-2-4 スタンドアロンスクリプト

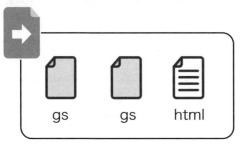

1 つのプロジェクトで構成され、Google ドライブに直接保存する

　もう 1 つはスプレッドシート、ドキュメント、フォームおよびスライドといった、親ファイル（**コンテナ**といいます）に紐づく形で保存するコンテナバインドスクリプトです（図 2-2-5）。なお、2-1 で作成および実行をしたスクリプトは、スプレッドシートに紐づいている**コンテナバインドスクリプト**です。

▶図 2-2-5 コンテナバインドスクリプト

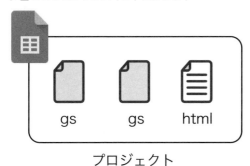

スプレッドシート・ドキュメント・フォーム等に「バインド」している

　コンテナバインドスクリプトは、スプレッドシート、ドキュメント、フォームおよびスライドで作成できます。

　両者の比較について、図 2-2-6 にまとめています。ここに記載した内容以外の点では、どちらも同じ動作をします。

▶図 2-2-6 スタンドアロンとコンテナバインド

	スタンドアロンスクリプト	コンテナバインドスクリプト
スクリプトの保存	単体のスクリプトプロジェクトファイルとして保存	スプレッドシート、ドキュメント、フォーム、スライドに紐づいて保存
スクリプトの作成	Apps Sciprt タッシュボードまたは Google ドライブから作成	スプレッドシート、ドキュメント、フォーム、スライドのメニューから作成
スクリプトのオープン	Apps Script ダッシュボードまたは Google ドライブからプロジェクトファイルを開く	Apps Script ダッシュボードまたはスプレッドシート、ドキュメント、フォーム、スライドのメニューから開く
メソッド	―	紐づいたファイルに対するいくつかのメソッドが利用可能
トリガー	時間主導型、HTTP リクエスト、カレンダーからのトリガーを設置可能	時間主導型、HTTP リクエスト、カレンダーからのトリガーに加えてコンテナに関するトリガーを設置可能
UI	―	コンテナの UI のカスタマイズが可能
スプレッドシートのカスタム関数	―	作成可能
ライブラリ	作成可能	―

　コンテナバインドスクリプトでは、スプレッドシートのカスタム関数の作成ができる、また紐づいたファイルを参照する getActiveSpreadsheet、getActiveDocument、getUi などの、いくつかの便利なメソッドを使用することができるといったメリットがあります。

Ｍemo

　基本的に、GAS によるツールを作成するとき、コンテナバインドスクリプトをメインに使用していくという方針でよいでしょう。しかし、ライブラリの作成など、コンテナバインドスクリプトでは都合がよくない場合もありますので、その際にスタンドアロンを使用するケースが出てきます。

◆Apps Script ダッシュボードとは

　コンテナバインドスクリプトはコンテナに紐づいて保存されていますが、Google ドライブの表面上からはスクリプトが存在してるかどうか、またそのプロジェクト名は何かといったことを把握することができません。

　そこで、登場するのが **Apps Script ダッシュボード**です。Apps Script ダッシュボードは、GAS のプロジェクトを管理およびモニタリングするためのツールで、以下のようなことを行うことができます。

・プロジェクトの閲覧および検索、操作　　・スタンドアロンスクリプトの作成

・スクリプトの使用状況のモニタリング　　・ログの表示と保管

・インストーラブルトリガーの作成、管理

　上記のうち、個別のプロジェクトに対する使用状況のモニタリング、ログの表示と保管、インストーラブルトリガーの作成、管理であれば、スクリプトエディタからも行うことができます。

　コンテナバインドスクリプトもスタンドアロンスクリプトもどちらも合わせて管理できますので、直接的にプロジェクトを探して開いたり、確認したりするときに便利です。

　Apps Script ダッシュボードは、図 2-2-7 のようにスクリプトエディタの左上のアイコンからアクセスできます。

▶図 2-2-7 Apps Script ダッシュボードを開く

　または、以下の URL で直接開くこともできますので、ブックマークしておくとよいでしょう。

https://script.google.com/

　図 2-2-8 が Apps Script ダッシュボードの画面です。

　左側のメニューで表示を切り替えたり、上部の検索ボックスでプロジェクトの検索を行うことができます。中央のプロジェクトのリストにはプロジェクトの一覧が表示されていて、編集アイコンでプロジェクトを開いたり、三点リーダーアイコンのメニューからスターを付ける、削除するといった操作を行うことができます。

▶ 図 2-2-8 Apps Script ダッシュボードの画面構成

プロジェクトをクリックすると、図 2-2-9 のプロジェクトの詳細画面が表示されます。ここで、スクリプトの過去 7 日間の実行状況を確認できます。右側の「プロジェクトの詳細」ではプロジェクトの情報を確認するとともに、プロジェクトやコンテナを開くことも可能です。

▶ 図 2-2-9 プロジェクトの詳細

このように、Apps Script ダッシュボードは GAS のプロジェクトを管理する上で、強力な
ツールになりますので、ぜひご活用ください。

◆スタンドアロンスクリプトの作成と開き方

スタンドアロンスクリプトを作成する場合は、Apps Script ダッシュボードから作成するの
が便利です。Apps Script ダッシュボードの左上の「＋新しいプロジェクト」ボタンをクリッ
クします（図 2-2-10）。

▶図 2-2-10 新しいプロジェクトを作成する

これだけでスタンドアロンスクリプトを作成できます。別のタブで、図 2-2-11 のようにス
クリプトエディタが開きますので、すぐに編集を開始できます。

▶図 2-2-11 作成したスタンドアロンスクリプト

　作成したプロジェクトは、図 2-2-12 のように Apps Script ダッシュボードの一覧に追加されますので、クリックすることで再度開くことができます。

▶図 2-2-12 スタンドアロンスクリプトを開く

　なお、このように作成したスタンドアロンスクリプトは、Google ドライブ上ではマイドライブに作成されます。必要に応じて、適切なフォルダに移動してください。

02 03 スクリプトエディタの編集機能

◆候補の表示

GAS で使用するオブジェクトやメソッドには、「つづり」の長いワードも多く存在しています。それらのワードを手打ちで入力することはタイプミスにつながりますし、そもそも、ワードのつづりを覚えることが難しいでしょう。

また、GAS ではアルファベットの大文字と小文字が区別されますので、「Browser.msgBox('Hello')」を入力すべきときに、「browser」や「msgbox」などとするだけでエラーとなります。

Point

GAS では、大文字と小文字を明確に区別するので注意が必要です。

しかし、そのような GAS での入力を支援するために、スクリプトエディタには**候補の表示**という機能があります。この機能は、2-1 ですでに体験いただいていますが、再度おさらいをしておきましょう。

スクリプトエディタを開き、空白行で Ctrl ＋ Space キーを入力すると、図 2-3-1 のように候補のリストが表示されますね。

Memo

Mac や Chromebook をお使いの場合は Ctrl ＋ Space キーが他に割り当てられていて候補の表示が使えないときがあります。そのような場合は、Ctrl ＋ Space キーを長押ししたり、以下のように fn や option および Alt などと組み合わせると機能することが多いので試してみてください。

・Mac: fn ＋ control ＋ □ ／ control ＋ ⌘ ＋ □ ／ fn ＋ control ＋ ⌘ ＋ □
・Chromebook: Ctrl ＋ Alt ＋ Space

ここに表示されている候補は、トップレベルオブジェクトや予約語などと呼ばれるものです。GAS のコードはこれらのキーワードのいずれかを使って書き始めることになります。↑↓キーで選択して、Tab キーまたは Enter キーで入力を確定できます。もちろん、アルファ

ベットの大文字、小文字も正しく入力がされます。

▶ 図 2-3-1 候補の表示

Memo

　これを機に、トップレベルオブジェクトや予約語にひととおり目を通しておくのもよいでしょう。GAS の全体像を垣間見ることができます。

　2-1 で体験いただいたとおり、候補は文字を入力するだけで自動表示されます。さらに、文字入力を進めていくと、図 2-3-2 のように候補が絞り込まれていきます。

▶ 図 2-3-2 候補の絞り込み

　また、すでに定義されている変数・定数名や関数名も候補として表示されます。たとえば、図 2-3-3 の状態で「n」と入力すると、その候補として「numA」や「numB」が含まれていることが確認できます。

▶図 2-3-3 変数名の候補表示

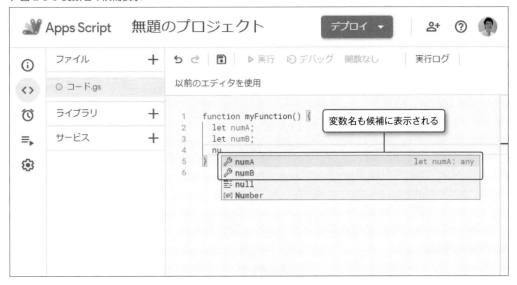

<big>M</big>emo

　変数、定数については第 3 章で、関数については第 5 章で紹介します。

<big>P</big>oint

　候補の表示は、GAS の入力作業の強い味方になりますので、確実に使えるようにしておきましょう。

◆検索と置換

　スクリプトの編集時に、[Ctrl] + [F] ／ [⌘] + [F] キーで、検索バーを表示できます。この検索バーの入力欄にキーワードを入力することで検索を行うことができます（図 2-3-4）。検索にマッチした箇所がオレンジ色に、その行が黄色にハイライトされます。複数の検索結果がある場合は、[Enter] キーで次の検索結果に、[Shift] + [Enter] キーで前の検索結果に移動できます。

▶ 図 2-3-4 検索とその機能

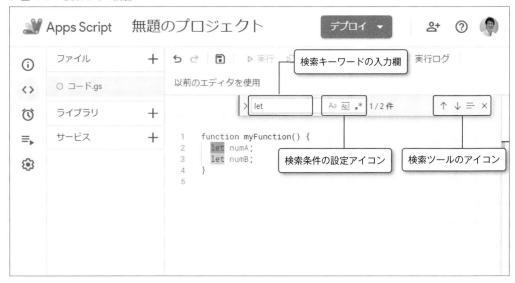

　検索バーの右側に配置する 4 つのアイコンは、左から順番に、検索に関する以下のような操作を行うものです。

・前の検索結果
・次の検索結果
・選択範囲を検索
・閉じる

　また、キーワード入力欄内の右側の 3 つのアイコンは、検索条件を設定するもので、左から順番に以下のような設定の切り替えを行います。

・大文字と小文字を区別する
・単語単位で検索する
・正規表現を使用する

　検索バーの表示中に「>」アイコンをクリックすると、検索バーが置換モードに切り替わります（図 2-3-5）。または、検索バーの非表示時も含めて Ctrl + H ／ ⌘ + H キーで置換の機能を呼び出すことができます。

▶ 図 2-3-5 置換とその機能

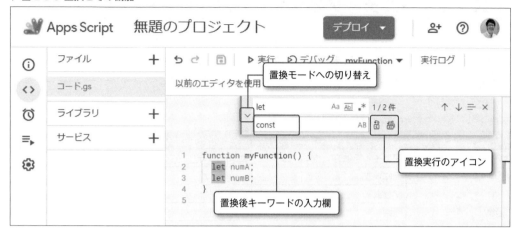

　下の入力欄に置換後のキーワードを入力して、Enter キーで現在の検索結果を置換、Ctrl
+ Alt + Enter ／ ⌘ + Enter キーですべての検索結果を置換します。置換の操作は、
置換後キーワードの入力欄の右側のアイコンでも実行可能です。

◆「元に戻す」と「やり直す」

　スクリプトエディタでは、たとえ直前の動作のあとにファイルの保存をしてしまったとして
も、直前の操作を取り消し、元の状態に戻すことができます。その方法は、ツールバーの「元
に戻す」ボタン、またはショートカットキー Ctrl + Z ／ ⌘ + Z です。

　また、ツールバーの「やり直す」ボタン、またはショートカットキー Ctrl + Y ／ ⌘ +
Y で、元に戻した操作をやり直すこともできます。それぞれのアイコンの位置は、図 2-3-6
をご覧ください。

▶ 図 2-3-6「元に戻す」と「やり直す」

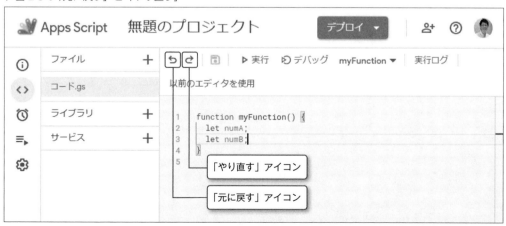

◆スクリプトエディタのショートカットキー

　スクリプトエディタには、これまで紹介したものも含めて便利なショートカットキーが用意されていますので、図 2-3-7 にまとめています。いずれも GAS の開発効率を上げる有用なものばかりですので、使いこなせるようにしておくとよいでしょう。

▶図 2-3-7 スクリプトエディタのショートカットキー

メニュー	操作	Windows	Mac
ファイル	ファイルを保存	Ctrl + S	⌘ + S
編集	元に戻す	Ctrl + Z	⌘ + Z
	やり直す	Ctrl + Y	⌘ + Y
	検索	Ctrl + F	⌘ + F
	置換	Ctrl + H	⌘ + H
	すべての出現箇所を変更	Ctrl + F2	shift + ⌘ + L
実行	選択している関数を実行	Ctrl + R	⌘ + R
移動・削除・コピー	単語単位で移動	Ctrl + ←→	option + ←→
	定義へ移動	Ctrl + F12	⌘ + F12
	行の移動	Alt + ↑↓	option + ↑↓
	行を削除	Ctrl + Shift + K	shift + ⌘ + K
	行のコピー	Shift + Alt + ↑↓	shift + option + ↑↓
表示	候補をトリガー	Ctrl + Space	control + ▭
	コマンドパレットの表示	F1	F1
	コンテキストメニューの表示	Shift + F10	shift + F10
整形・コメント	インデントをする	Tab	tab
	ドキュメントのフォーマット	Shift + Alt + F	shift + option + F
	行コメントの切り替え	Ctrl + /	⌘ + /
	ブロックコメントの切り替え	Shift + Alt + A	shift + option + A

ログとデバッグ

◆ログの出力

　GAS では、スクリプトの動作を確認するため**ログ**を出力する機能が用意されています。以下のサンプル 2-4-1 を入力して、実行をしてみてください。

▶サンプル 2-4-1 ログ出力するスクリプト [sample02-04.gs]

```
1  function myFunction02_04_01() {
2    console.log('Hello GAS!');
3    console.log('I am', 25, 'years old.');
4  }
```

　実行すると、図 2-4-1 のように「実行ログ」という画面が表示され、その一部に「Hello GAS!」「I am 25 years old.」という表示が確認できます。

▶図 2-4-1 実行ログ

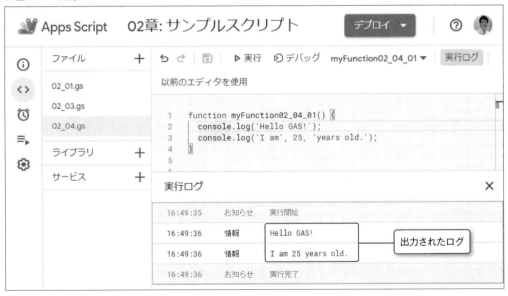

　ここで登場する「**console.log**」は、GAS で**ログ出力をするための命令**です。以下のように、括弧内に複数の値をカンマ区切りで記述することにより、それらの値をログに出力できます。

▶構文

```
console.log(値1[, 値2, …])
```

　なお、構文内の角括弧は省略可能という意味です。以降の構文でもこの表記法が登場しますので、覚えておきましょう。

> console クラスは GAS の Base サービスで提供されているクラスです。

　実行ログでは、最新の実行についてのログのみを確認できますが、左側にあるメニューの「**実行数**」から、ログを表示したい実行をクリックすることで、過去のログを確認できます（図2-4-2）。

▶図 2-4-2 実行数

　「実行数」の画面では、過去7日分の実行結果とそのログが蓄積されています。また、トリガーなどにより、スクリプトエディタを開かずに実行したものも確認できます。

> ログとその出力については、第16章でも詳しく紹介していますので、そちらもご覧ください。

◆デバッグ機能

スクリプトエディタには、**デバッグ機能**が搭載されています。ツールバーの「デバッグ」を
クリックすると、選択されている関数について**デバッグ実行**を行います。

図 2-4-3 のように、スクリプトの行番号の左側をクリックすることで、**ブレークポイント**
を設置できます。この状態でデバッグ実行を行うと、各ブレークポイントの位置で一時停止し
ます。

▶図 2-4-3 ブレークポイントの設置とデバッグ実行

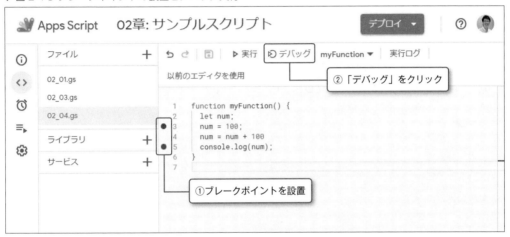

一時停止中は、画面右側に表示される**デバッガ**を使って、停止している時点の情報を確認し
たり、デバッグ実行の操作を行うことができます（図 2-4-4）。

▶図 2-4-4 デバッガ

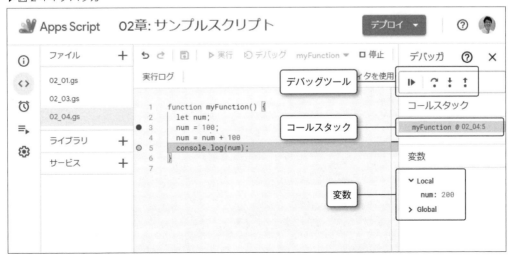

デバッグツールを使って、デバッグ実行の方法をコントロールできます。それぞれのアイコンは、左側から順に以下の機能となります。

・再開：デバッグ実行を再開する

・ステップオーバー：1行ずつ実行、呼び出した関数では一時停止しない

・ステップイン：1行ずつ実行、呼び出した関数でも一時停止する

・ステップアウト：現在の関数の最後まで実行する

デバッガでの「変数」には、停止時点に使用されている変数とその内容が表示されます。また、コールスタックでは、停止位置のファイル名と行数とともに、関数の呼び出し履歴を確認できます。

これら、デバッグ実行とデバッガの機能は、スクリプトの動作確認や、不具合（バグといいます）を解決するときに大いに役立ちますので、ぜひ使いこなしていきましょう。

02 / 05 権限と許可

◆スクリプトの共有と権限

GASはクラウドにスクリプトが存在していますから、**どのユーザーが該当のスクリプトの編集や実行についての権限を持っているのかが明確に定められています。**図2-5-1に示す通り、スクリプトの権限のレベルは3段階に分かれています。

▶図2-5-1 スクリプトの権限

操作	オーナー	編集者	閲覧者
スクリプトの閲覧	○	○	○
実行・デバッグ	○	○	○
ログ表示	○	○	○
トリガー設定	○	○	○
スクリプトの編集	○	○	
他のユーザーの権限設定	○	○	
プロジェクトの公開	○		
オーナー権限の譲渡	○		

まず、スタンドアロンスクリプトの場合は、スクリプトの作成者がオーナーとなります。他のユーザーと共有するには、図2-5-2のスクリプトエディタの右上の「他のユーザーとこのプロジェクトを共有」アイコンをクリックして、「ユーザーやグループと共有」ダイアログを開きます。

▶図2-5-2 スタンドアロンスクリプトの共有

続いて、入力欄に共有したいユーザーの名前かメールアドレスを入力します（図 2-5-3）。

▶図 2-5-3 ユーザーやグループと共有

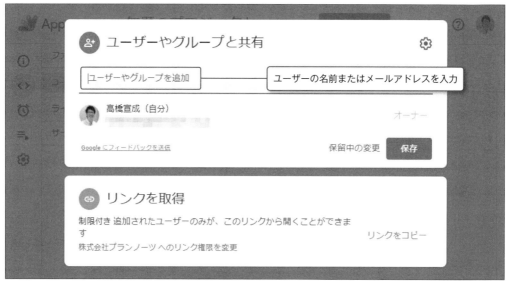

すると、図 2-5-4 の画面となります。ここで、共有するユーザーの権限をプルダウンから選択し、「送信」をクリックすることで共有が完了です。「通知」にチェックが入っている場合は、共有先のユーザーにメールで通知されますので、必要に応じてチェックおよびメッセージを入力するとよいでしょう。

▶図 2-5-4 ユーザーの権限の選択と送信

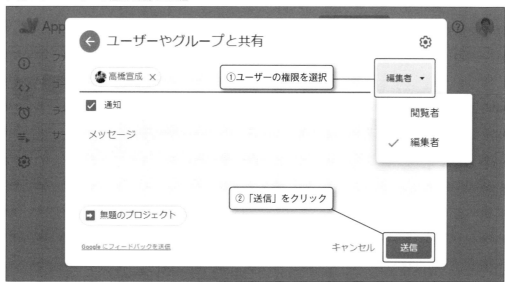

コンテナバインドスクリプトの権限は、親ファイルとなるコンテナの権限と紐づいています。ですから、コンテナの作成者がそのままスクリプトのオーナーとなります。ほかのユーザーと共有する場合は、図 2-5-5 のようにコンテナの「共有」から共有の操作をすることで、スクリプトの共有も同時になされます。以降の共有の手順はスタンドアロンスクリプトの手順と同様です。

▶図 2-5-5 コンテナバインドスクリプトの共有

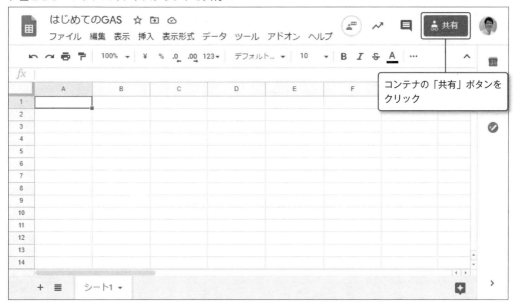

> **Memo**
>
> 　コンテナの権限が「閲覧者」または「閲覧者（コメント可)」である場合、コンテナのメニューで「ツール」→「スクリプトエディタ」が表示されません。しかし、Apps Script ダッシュボードから開くことで閲覧可能です。

　共有について覚えておくべき重要な点として、異なるドメイン同士ではコンテナ（そのコンテナバインドスクリプトも含む）およびスタンドアロンスクリプトのオーナー権限の譲渡ができません。したがって、組織で Google Workspace を使用している場合で、外部のパートナーと共同で GAS の開発や運用をする際には注意をする必要があります。

> **Point**
>
> スクリプトのオーナー権限は異なるドメイン間では譲渡ができません。

◆スクリプトからのアクセス許可

　本章の冒頭で「はじめての GAS」の初回実行時に、「承認が必要です」ダイアログが表示されたのを覚えていますでしょうか？

　その際は、スクリプトに対してスプレッドシートへのアクセス許可を与えましたね。GAS のスクリプトの多くは Google アプリケーションにアクセスをしますから、**スクリプトがそれぞれのアプリケーションにアクセスをしてもよいという許可を与える必要がある**のです。

　GAS ではスクリプトを実行する、またはトリガーを設定する際に、自動的にコードの内容を検査し、必要となるアプリケーションへの許可を求めにいきます。許可はプロジェクト単位でなされ、一度与えられた許可は解除をするまで保持されます。

スクリプトから Google アプリケーションを操作するには、それぞれのアプリケーションへのアクセス許可が必要です。

　アクセス許可の情報は、スクリプトエディタの左メニュー「概要」を開き、プロジェクトの詳細画面の「プロジェクトの OAuth スコープ」の欄で確認できます。

02 06 サポートメニューとリファレンス

◆ サポートメニュー

スクリプトエディタの右上の「?」アイコンは**サポートメニュー**です（図 2-6-1）。

▶図 2-6-1 サポートメニュー

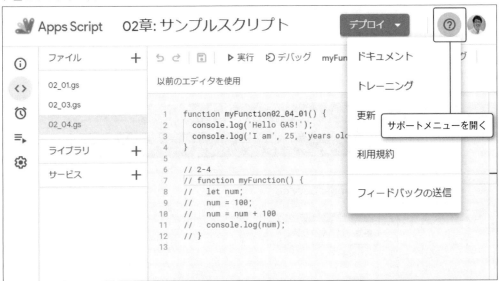

メニューの上から 4 つについては、以下公式ドキュメントへのリンクとなっています。

・ドキュメント：公式トップ　https://developers.google.com/apps-script/

・トレーニング：Samples　https://developers.google.com/apps-script/articles/

・更新：Release Notes　https://developers.google.com/apps-script/releases/

・利用規約：Additional Terms　https://developers.google.com/apps-script/terms

---

また、「フィードバックの送信」では、スクリプトエディタの不具合の報告や、要望の送信が可能です。

◆ リファレンスの活用

スクリプトを作成する上で、GAS で提供されているたくさんのクラスやメソッドについて知る必要があります。スクリプトエディタ上でもそれらの情報を得ることができますが、より詳しく調べたいときには、公式ドキュメントの「Reference」を使うことができます。

サポートメニューの「ドキュメント」から公式ドキュメントを開き「Reference」タブを選択するか、以下 URL で開くことができます。

Reference overview | Apps Script
https://developers.google.com/apps-script/reference

リファレンスページの左側の一覧から、調べたいサービスやクラスについてアクセスできます（図 2-6-2）。

▶図 2-6-2 リファレンス：サービス概要

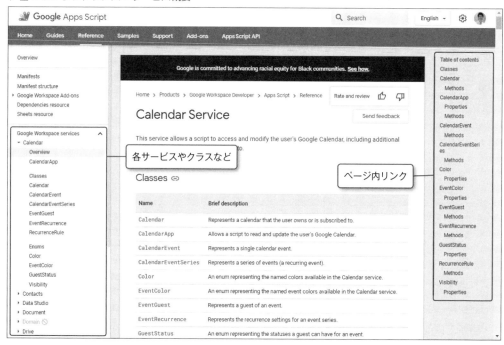

各メソッドの解説は、図 2-6-3 のようになっています。基本構成はすべてのメソッドで統一されていますので、構成さえ理解してしまえば英語が苦手でも読み進めやすくなると思います。

▶図 2-6-3 リファレンス：メソッド

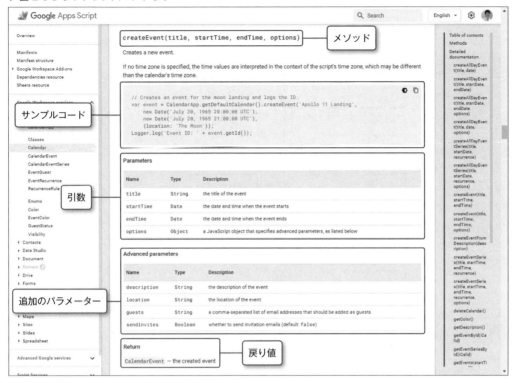

　画面上部の検索ボックスを使用すれば、リファレンス内を検索できます。いくつかの文字を入力すると、図 2-6-4 のようにキーワードや、ページまたはリファレンスのサジェストが表示されますので活用しましょう。

　GAS で提供されるクラスやメソッドはかなりのボリュームがありますので、すべてを網羅して覚える必要はありません。入力はコンテンツアシストを活用し、使用方法を知りたい場合は都度、本書やリファレンスを参照するとよいでしょう。

Memo

　クラスとは何か、メソッドとは何かについては、第 6 章で解説をします。

▶図 2-6-4 リファレンス内検索

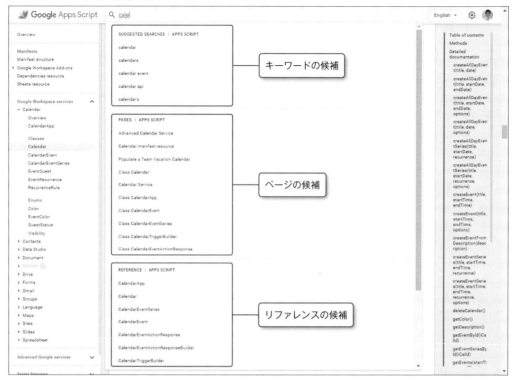

さて、本章では、GAS の専用エディタである「スクリプトエディタ」とプロジェクトの管理ツールである「Apps Script ダッシュボード」の使い方についてお伝えしてきました。これまで見てきたように、GAS の開発をサポートするさまざまな機能が提供されています。上手に使いこなすことで、習得のスピードも上がることでしょう。

次章から、いよいよ本格的なプログラミングへと入っていきます。GAS のベースとなる JavaScript の基本構文について学んでいくことにしましょう。

03

基本構文

03 01 JavaScript の基本

◆ステートメントと改行

　第 1 章でお伝えした通り、GAS のベースは JavaScript です。本章から第 7 章までは、GAS の開発で使う JavaScript の構文やオブジェクトについて解説をしていきます。すべてのサンプルが GAS でも実行できる内容ですので、ぜひ実際にスクリプトエディタでタイプして、その実行結果も見ながら進めてみてください。

　JavaScript ではスクリプトを実行すると、上から順に 1 つずつの命令が処理されていきます。その処理をする命令の最小単位を、**ステートメント**と呼びます。ステートメントは、サンプル 3-1-1 に示す通り、単語の途中でない箇所に限り、改行を加えることができます。

▶ サンプル 3-1-1 ステートメントの途中で改行 [sample03_01.gs]

```
1  function myFunction03_01_01() {
2    console.log(
3      'Hello GAS!'
4    );
5  }
```

　ですから、ステートメントにはその終わりの合図として、セミコロン (;) を付与するルールになっています。ただ、わかりやすさのために、1 行に 1 ステートメントを記述するのが一般的ですので、特別な理由がない限りはサンプル 3-1-1 のような書き方はおすすめできません。

> Point
>
> 処理の最小単位をステートメントと呼び、その末尾にはセミコロン (;) を付けます。

> Memo
>
> 　実はセミコロンが末尾になくても、自動でステートメントの末尾が判別され、実行できてしまう場合があります。しかし、判別が常に正しいとは限りませんので、セミコロンの省略は一般的に非推奨とされています。

◆関数とブロック

関数とは、一連の処理をひとまとめにしたものです。実際にスクリプトを実行する際は、関数名で関数を呼び出すことで、その中に記述された処理を実行します。

関数は、以下のように **function キーワード**で定義をします。

▶構文

```
function 関数名 () {
    処理
}
```

　前述の function キーワードによる構文は、引数や戻り値のないもっともシンプルなタイプの関数です。他のタイプの関数を含めて、詳しくは第 5 章で解説をします。

これまで本書で作成してきた関数はすべて「myFunction」からはじまる関数名でした。しかし、関数名は好きに命名できますから、その処理の内容に合わせて決めるのがよいでしょう。

波括弧 ({}) で囲った範囲は、複数のステートメントをグループ化したもので、**ブロック**と呼びます。ブロックは関数以外にも、条件分岐や反復などの制御フロー構文でも使います。

ブロックは、サンプル 3-1-2 のように改行をせずに記述することもできますが、読みやすさのためにサンプル 3-1-3 のように、ブロック内は改行をした上でインデントを加えるのが一般的です。

▶サンプル 3-1-2 改行をせずに関数を記述 [sample03_01.gs]

```
function myFunction03_01_02() { console.log('Hello GAS!'); }
```

▶サンプル 3-1-3 改行をして関数を記述 [sample03_01.gs]

```
1  function myFunction03_01_03() {
2    console.log('Hello GAS!');
3  }
```

◆JavaScriptで使用する文字

JavaScriptでコードを記述する際には、一般的には半角の英数字と記号を使用します。全角の文字や全角スペースに関しては、文字列やコメント以外で使用することはありません。

また、アルファベットを入力する際には注意すべき点があります。それは、JavaScriptでは大文字と小文字が厳密に区別されるという点です。

Point

大文字と小文字は厳密に区別されます。

たとえば、サンプル3-1-4のスクリプトを実行すると図3-1-1のように「TypeError: console.Log is not a function」というエラーが発生します。

▶サンプル3-1-4「log」と「Log」は異なる [sample03_01.gs]

```
1  function myFunction03_01_04() {
2    console.Log('Hello GAS!');
3  }
```

▶図3-1-1 大文字と小文字のタイプミスによるエラー

このように、大文字と小文字のタイプミスでエラーとなってしまうようなことが十分に起こり得ます。その点、スクリプトエディタのコード補完機能を活用すると、そのようなタイプミスを防ぐことができます。

◆コメント

コメントとは、スクリプトの中に自由に記述できるメモ書きのようなものです。コメントはスクリプトの動作には影響しません。コメントを上手に入れておくことで、あとで読み返すときや、他の人が読むときに助けとなります。

1行だけをコメントとしたい場合は「//」を挿入します。その位置から行末までが、コメントとみなされます。

▶構文

```
// コメント
```

複数行をまたいでコメントしたい場合には、「/*」と「*/」でその範囲を囲みます。

▶構文

```
/*
複数行にまたがる
コメントを入力する
*/
```

サンプル 3-1-5 は、実際にスクリプト内でコメントを使用した例です。

▶サンプル 3-1-5 コメントの使い方 [sample03_01.gs]

```
 1  function myFunction03_01_05() {
 2    //console.log('Hello GAS!');
 3    console.log('Hello GAS!'); // ログ出力
 4
 5    /*
 6
 7    console.log('Hello GAS!');
 8
 9    */
10  }
```

また、デバッグなどの際に一時的に実行をさせたくない命令があるときにも、コメントが有効です。一時的に、コメント化して無効にすることを**コメントアウト**、コメントを解除してコードを有効にすることを**コメントイン**といいます。スクリプトエディタでは Ctrl + / ／ control + / で、現在カーソルのある行や選択範囲をコメントイン、コメントアウトできますので、ぜひ活用ください。

ショートカットキーも使えますし、管理もしやすくなりますので、コメントをする場合は「/* ～ */」によるコメントよりも、「//」によるコメントを優先して使うのがよいでしょう。

03 02 変数・定数

◆ 変数とその宣言

変数とは、スクリプトを実行する上で発生する数値、文字列、オブジェクトなどのデータを格納する「データの箱」のことをいいます。変数を使うことで、データを一時的に保管したり、データをわかりやすい名称で取り扱ったりできるようになります。

たとえば、図 3-2-1 のように桁数の多い数値や長い文字列なども、一度変数に格納すれば「num」や「msg」などといった短い名称で取り扱いできますし、スクリプト内の好きなタイミングで取り出して利用できます。

▶ 図 3-2-1 変数にデータを格納する

1234567890

num

'Hello Google Apps Script!'

msg

> 数値や文字列などのデータを一時的に保管できる

変数を実際に使う際には、その変数を「**宣言**」する必要があります。宣言は、その変数の利用準備をすること、またその変数の名前をつけることを指します。

JavaScript で変数を宣言するには、以下の **let キーワード**を使用します。

▶ 構文 **V8**

```
let 変数名 ,…
```

カンマ区切りをすることで、複数の変数の宣言をまとめて行うこともできます。たとえば、以下のサンプル 3-2-1 では num、a、b という名前の変数を宣言しています。

▶サンプル 3-2-1 変数の宣言

```
1  let num;
2  let a, b;
```

変数の宣言もステートメントですから、セミコロンを忘れないようにしましょう。

let キーワードによる変数宣言は V8 ランタイムがサポートされてから使用できるようになりました。それ以前は、変数宣言には var キーワードが使用されていましたが、V8 ランタイム上であれば、var キーワードによる変数宣言を使用する必要はありません。

◆変数に値を代入する

変数にデータを格納することを**代入**と呼びます。代入する際は、以下のようにイコール (=) 記号を使います。

▶構文

```
変数名 = 値
```

また、変数名をステートメントの中で記述すれば、変数の値を使用できます。サンプル 3-2-2 では「10」という値が変数 num に代入され、その内容をログ出力しています。

▶サンプル 3-2-2 変数に値を代入する [sample03_02.gs]

```
1  function myFunction03_02_02() {
2    let num;
3    num = 10;
4    console.log(num); //10
5  }
```

では、サンプル 3-2-3 のように、同じ変数に連続して代入を行ったら、最終的な変数の値はどうなるでしょうか？

```
1  function myFunction03_02_03() {
2    let num;
3    num = 10;
4    num = 100;
5    console.log(num); //100
6  }
```

　変数は 1 つの値しか持つことができませんので、新たな代入により元の値は上書きされます。ですから、図 3-2-2 のように変数の値は上書きされ、結果として、ログには「100」が出力されることになります。

▶ 図 3-2-2 変数への代入は上書きとなる

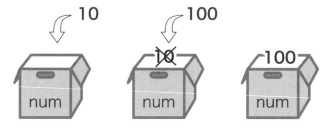

変数の値が上書きされると
元の値は消失する

　また、以下のように書くことで変数の宣言時に代入を行うことができ、このことを**初期化**といいます。この場合も、カンマ区切りでまとめて変数の宣言と代入を行うことができます。サンプル 3-2-4 も、合わせてご覧ください。

▶ 構文

```
let 変数名 = 値,…
```

▶ サンプル 3-2-4 変数の宣言時に値を代入する

```
1  let num = 100;
2  let x = 5, y = 7;
3  let msg = 'Hello GAS!';
```

　宣言のみされた変数には、値が代入されるまでの間は、undefined という未定義を表す特殊な値が割り当てられている状態となります。

◆定数とその宣言

　変数は上書きが可能でしたが、上書きによる変更をさせたくないときがあります。そのようなときは、**定数**を使います。定数は変数と同様、名前をつけられる「データの箱」として使用しますが、一度値を格納したら、その値を変更することはできません。

　定数を使うときには、**const キーワード**で宣言と値の代入を同時に行います。変数と同様、カンマ区切りで複数の定数の初期化を行うことも可能です。

▶構文 **V8**

```
const 変数名 = 値,…
```

　定数の動作を確認するために、サンプル 3-2-5 を実行してみましょう。

▶サンプル 3-2-5 定数の宣言と上書き [sample03_02.gs]

```
1  function myFunction03_02_05() {
2    const tax = 1.08;
3    console.log(tax); //1.08
4
5  //  tax = 1.1;                    コメントを外して実行すると
6  }                                 エラーが発生する
```

　そのまま実行すると、定数 tax の内容は代入時の値である「1.08」が出力されます。では、定数の値を「1.1」へと再代入するステートメントをコメントインして再度実行をしてみてください。すると、図 3-2-3 のように「TypeError: Assignment to constant variable.」というエラーが発生します。

▶図 3-2-3 定数への再代入はエラーとなる

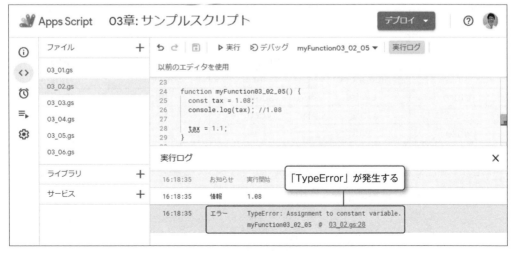

このように、定数への再代入は許されていません。一見、定数は使いづらいように思えるかも知れませんが、定数を使うことで値を安全に保管しておくことができますので、再代入の必要がない場合は、変数よりも定数を優先して使用するとよいでしょう。

再代入の必要がない場合は、定数を使用します。

◆識別子の命名規則

変数、定数、また関数などにつける名前を、**識別子**と呼びます。JavaScript では、識別子を比較的自由に命名できますが、守るべきいくつかのルールがあります。

Point

①先頭文字は数字、一部 (アンダースコア (_)、ドル記号 ($)) を除いて記号文字は使えない
②予約語は使用できない
③大文字と小文字は区別される

予約語というのは、JavaScript で特別な意味を持つ単語としてあらかじめ定められたもののことです。たとえば、変数宣言の際に使用する「let」や、関数を定義する「function」が挙げられます。

JavaScript の予約語は、図 3-2-4 の通りです。

▶図 3-2-4　JavaScript の予約語一覧

break	case	catch	class	const
continue	debugger	default	delete	do
else	enum	export	extends	false
finally	for	function	if	import
in	instanceof	let	new	null
return	switch	super	this	throw
true	try	typeof	var	void
while	with			

また、予約語でなくとも、すでに JavaScript や GAS で定義されているオブジェクトやそのメンバーの名前を、変数名として使用するのは避けるべきです。

◆ 識別子命名のコツ

　識別子の命名規則さえ守っていれば、自由に命名できますが、そのネーミングの仕方で、スクリプトの読みやすさや開発効率が変わってきます。

　以下のポイントを守るようにネーミングをするとよいでしょう。

①中身や役割がわかるような意味のある名前をつける

②英単語を使い、日本語は使わない

③用途や場所によってキャメル記法、スネーク記法、パスカル記法を使い分ける

　キャメル記法は単語を連結した場合に、2つ目以降の単語の頭文字を大文字にする記法です。たとえば maxRow、userName、sheetContacts などです。ちょうど文字列のフォルムがラクダ（Camel）のコブのように見えますよね。一般的に、関数名や関数内の変数名、定数名にはキャメル記法を用います。

　キャメル記法の最初の単語の頭文字を大文字にすると、**パスカル記法**となります。DateObject、SlackApp などです。パスカル記法はクラス名に用いられます。

　スネーク記法は単語をアンダースコア (_) で連結しつつすべてを大文字とする記法で、例としては TAX_RATE、USER_ID などが挙げられます。グローバル定数、プロパティストアのキーなどにはスネーク記法を用いるとよいでしょう。

　クラスやグローバル定数およびプロパティストアについては、後ほどの章でそれぞれ紹介します。その際に、その命名について再度確認してみてください。

　JavaScript では大文字と小文字が区別されますので、記法を定めておくことで識別子の入力ミスを防ぐ効果もあります。

　これらのポイントを意識しつつ、どのような名称にすれば読みやすいスクリプトになるのか考えながら命名するとよいでしょう。

03
03 データ型

◆ JavaScript のデータ型

データ型とは、データの種類のことをいいます。扱うデータが「数値型」であれば加減乗除の処理を行うことができますが、「文字列型」のデータに対して加減乗除の処理を実行することはできません。このように、データ型が異なると、そのデータに対して実行できる処理が異なってきます。

JavaScript で扱うことができる主なデータ型を、図 3-3-1 にまとめます。

▶ 図 3-3-1　JavaScript で扱う主なデータ型

データ型	説明	例
数値型（Number）	整数値や浮動小数点値	100 1.08
文字列型（String）	文字列	' データ ' "Google Apps Script"
真偽型（Boolean）	true（真）と false（偽）のどちらかの値を取るデータ型	true false
null	値がないことを表す特殊な値	null
undefined	未定義であることを表す特殊な値	undefined
配列型（Array）	インデックスをキーとするデータの集合	[10, 20, 30] ['ABC', true,100]
オブジェクト型（Object）	プロパティをキーとするデータの集合	{x:10, y:20, z:30} {name:'Taro', age:25}

これらのデータ型の値は、それぞれ定められた記法にしたがってスクリプト内で直接使用すること、また変数や定数に格納して使用できます。その定められた記法のこと、またはそれによって記述された図 3-3-1 の例で示した値自体のことを、**リテラル**と呼びます。

Memo

　他のプログラミング言語では、変数の宣言時に指定したデータ型以外のデータ型の値を格納することを許さないものもありますが、JavaScript は変数とそのデータ型については寛容です。数値型の値を入れていた変数に、文字列型の値を上書きするといった処理も可能です。

リテラルで記述したデータであれば、そのデータ型はわかりますが、たとえばスプレッドシートなど外部から取得してきたデータがどのデータ型なのかを調べたいときがあります。そのようなときには、以下のように **typeof 演算子**を使ってそのデータ型を調べることができます。

▶構文

```
typeof 値
```

では、typeof 演算子の使用例として、サンプル 3-3-1 を実行してみましょう。

▶サンプル 3-3-1 typeof 演算子 [sample03_03.gs]

```
1  function myFunction03_03_01() {
2    console.log(typeof 123); //number
3    console.log(typeof "hoge"); //string
4    console.log(typeof false); //boolean
5    console.log(typeof {}); //object
6  }
```

ログの出力から、それぞれのデータが「number」「string」「boolean」「object」であるとわかります。データの型を調べたいときに、活用してみてください。

Memo

配列型（Array）のデータについて typeof 演算子でそのデータ型を調べると「object」と出力されます。その理由は、配列もオブジェクトの一種だからです。typeof 演算子は、オブジェクトのどの種類かまでは細かく調べることはできません。

◆ 数値リテラルと指数表現

数値型では、整数、小数以外に 16 進数を取り扱うことができます。整数、小数は半角数字と「.」を用いて、スクリプト内でそのまま記述できます。16 進数は、「0x」（ゼロとエックス）に続けて記述することで表現できます。

サンプル 3-3-2 は、整数、小数、16 進数をログ出力するスクリプトです。

▶サンプル 3-3-2 数値をログ出力する [sample03_03.gs]

```
1  function myFunction03_03_02() {
2    console.log(100);
3    console.log(1.08);
```

```
4    console.log(0xFFFF); //65535
5
6    console.log(1000000000000000000000); //1e+21
7    console.log(0.0000001); //1e-7
8  }
```

サンプルを実行してログを確認すると「1e+21」または「1e-7」という表記になっていることに気づくでしょう。これは**指数表現**といい、「1e+21」は「1×10^{21}」、「1e-7」は「1×10^{-7}」を表します。GAS のログ出力では、整数部の桁数が 22 桁以上、小数部の桁数が 7 桁以上の数値は指数表記となります。

◆ 文字列リテラルとエスケープシーケンス

文字列を扱うデータ型が**文字列型**です。JavaScript では文字列を扱う場合は、シングルクォーテーション (')、ダブルクォーテーション (") またはバックティック (`) で囲みます。

文字列はシングルクォーテーション (')、ダブルクォーテーション (") またはバックティック (`) で囲みます。

シングルクォーテーションとダブルクォーテーションについては、サンプル 3-3-3 のように、文字列内でどちらかが使用されているケースでは、文字列は他方の引用符で囲むという使い分けが有効です。

▶ サンプル 3-3-3 シングルクォーテーションとダブルクォーテーションの使い分け [sample03_03.gs]

```
1  function myFunction03_03_03() {
2    console.log('Hello "GAS!"'); //Hello "GAS!"
3    console.log("I'm fine."); //I'm fine.
4  }
```

本書では文字列を囲む際は、とくに理由がない限りはシングルクォーテーションを使います。

さて、バックティック (`) については、それらとは異なる用途で使用されます。バックティックで囲まれた文字列は**テンプレート文字列**といい、文字列の中に式を組み込むことや、複数行に渡る文字列を実現できます。

テンプレート文字列には、ドル記号と波括弧による「${式}」という形式のプレースホルダーを含めることができます。プレースホルダーの波括弧内には変数や定数をはじめ、任意の式を記述し、文字列内に埋め込むことができます。

▶構文 V8

```
`… ${ 式 } …`
```

テンプレート文字列の使用例として、サンプル 3-3-4 を実行してみましょう。

▶サンプル 3-3-4 テンプレート文字列 [sample03_03.gs]

```
 1  function myFunction03_03_04() {
 2
 3    const name = 'Bob';
 4    const age = 25;
 5
 6    console.log(`I'm ${name}. I'm ${age} years old.`);
 7    console.log(`I'm ${name}.
 8    I'm ${age} years old.`);
 9
10  }
```

◆実行結果

```
I'm Bob. I'm 25 years old.
I'm Bob.
  I'm 25 years old.
```

定数の内容が文字列に埋め込まれていることを確認できます。また、2つ目のログから、テンプレート文字列に含まれる改行やインデントが、そのままログにも反映されていることが確認できます。しかし、複数行に渡る文字列はインデントによるコードのフォルムがわかりづらくなります。改行を文字列に含めたい場合は、後述するエスケープシーケンスを用いるほうがよいでしょう。

また、改行やシングルクォーテーションなど、直接表現ができない文字や特別な意味を持つ文字は、バックスラッシュ (\) に指定の文字を組み合わせることで表現できます。これを**エスケープシーケンス**といいます。GAS で使用する主なエスケープシーケンスを、図 3-3-2 にまとめました。

03
基本構文

▶図 3-3-2 GAS で使用する主なエスケープシーケンス

エスケープシーケンス	説明
\n	改行（Line Feed）
\r	復帰（Carriage Return）
\t	タブ
\\	バックスラッシュ
\'	シングルクォーテーション
\"	ダブルクォーテーション
\`	バックティック

　たとえば、以下のサンプル 3-3-5 を実行してみましょう。ログ画面を確認すると、「Hello」の後に改行、そして次の行に「'GAS'!」と表示されます。

▶サンプル 3-3-5 エスケープシーケンス [sample03_03.gs]

```
1  function myFunction03_03_05() {
2    console.log('Hello\n\'GAS\'!');
3  }
```

◆実行結果

```
Hello
'GAS'!
```

◆真偽型の true と false

　真偽型は、「真または偽」「Yes または No」「成立している、または成立していない」といった二者択一の状態を、「true」「false」のどちらかの値で表現をするデータ型です。論理型、または Boolean（ブーリアン）型とも呼ばれます。

　たとえば、「10<100」という式は成立しているので true の状態、「10>100」という式は成立していませんので false の状態といえます。また「日本の通貨は円である」という文であれば、これは true ですし、「円は世界のどこでも使用できる通貨である」は false になります。

- ・10 < 100 → true
- ・10 > 100 → false
- ・日本の通貨は円である → true
- ・円は世界のどこでも使用できる通貨である → false

真偽型は、条件式と密接な関係にあります。つまり、スクリプト内で特定の条件によって処理を変えたいときに、その条件を表す条件式が true なのか false なのかを、その判断材料として使用するのです。

条件式については、第4章で詳しく解説をします。

◆undefined と null

undefined は未定義、つまり値が定義されていないことを表す値です。たとえば、サンプル 3-3-6 のように変数だけを宣言して、値を参照すると undefined となります。

▶ サンプル 3-3-6 代入をしていない変数の値 [sample03_03.gs]

```
1  function myFunction03_03_06() {
2    let x;
3    console.log(x); //undefined
4  }
```

null は、該当する値がないことを表す値です。null も undefined も、広義の意味で「ない」という状態を表す特殊な値を表します。それほど厳密にその区別を意識する必要はありませんので、以下のように理解しておくとよいでしょう。

・undefined は未定義の状態
・null は値がない状態

03 04 配列

◆配列と配列リテラル

　これまでは一つひとつの値を取り扱ってきましたが、同種のデータをいくつも取り扱わなければならない場合、それぞれ変数宣言をして管理するのは困難です。そのような場合に、複数のデータをまとめて集合として取り扱う方法の 1 つが**配列**です。配列は、以下のように複数の値をカンマ区切りにしつつ、全体を角括弧（[ ]）で囲みます。この表現方法を**配列リテラル**といいます。

▶構文

```
[ 値1, 値2,…]
```

　配列は図 3-4-1 のように、複数の入れ物が連結しているような構造になっています。それぞれの入れ物には「0」から順番に番号が振られており、それぞれ別の値を格納できます。この番号を**インデックス**といい、格納する値を**要素**といいます。
　上記構文により、最初に記述された要素がインデックス 0 に格納され、以降記述された順番に格納されていきます。

▶図 3-4-1 配列のイメージ図

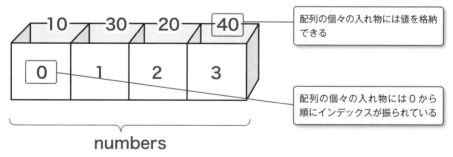

配列の個々の入れ物には値を格納できる

配列の個々の入れ物には 0 から順にインデックスが振られている

numbers

図 3-4-1 の配列を初期化するスクリプトは、サンプル 3-4-1 となります。配列 numbers のインデックス 0 の入れ物には「10」、インデックス 1 の入れ物には「30」といったように、各要素がインデックス 0 から順番に格納されます。

▶ サンプル 3-4-1 配列の初期化 [sample03_04.gs]

```
const numbers = [10, 30, 20, 40];
```

・配列はインデックスをキーとしたデータの集合
・インデックスは 0 からはじまる整数

◆配列の要素の参照と代入

配列から値を取り出す際には、インデックスを用いて以下のように記述します。

▶ 構文

配列 [インデックス]

サンプル 3-4-2 では、配列 numbers のインデックス 2 の要素をログ出力します。インデックスは 0 から始まりますので、インデックス 2 の要素は 3 番目の要素、つまり「20」となります。

▶ サンプル 3-4-2 配列の要素を取り出す [sample03_04.gs]

```
1  function myFunction03_04_02() {
2    const numbers = [10, 30, 20, 40];
3    console.log(numbers[2]); //20
4  }
```

インデックスは 0 から始まりますので、1 つ目の要素はインデックス 0、2 つ目の要素はインデックス 1・・・というように、インデックスに 1 を足したものが要素の順番となります。配列を扱う上で間違えやすいポイントですので、しっかり押さえておきましょう。

また、配列内の特定の要素の代入をする際には、以下のように記述します。

▶構文

```
配列 [ インデックス ] = 値
```

　配列内に指定したインデックスの要素が存在している場合は上書きとなります。一方で、配列内に存在しないインデックスを指定した場合は、配列の要素の追加、つまり指定したインデックスの入れ物が生成された上で値が格納されます。

　サンプル 3-4-3 では、インデックス 1 の要素が「30」から「50」に上書きされ、インデックス 4 の要素として「60」が追加されます。したがって、ログ出力は「[10, 50, 20, 40, 60]」となります。

▶サンプル 3-4-3 配列の要素の代入と追加 [sample03_04.gs]

```
1  function myFunction03_04_03() {
2    const numbers = [10, 30, 20, 40];
3    numbers[1] = 50;
4    numbers[4] = 60;
5    console.log(numbers); //[10, 50, 20, 40, 60]
6  }
```

インデックス 1 の要素を 50 に上書き

インデックス 4 は存在しないので、要素の追加となる

Memo

　配列の要素は、たとえば numbers[99] というように、途中のインデックスを飛ばして追加をすることも可能です。その場合、飛ばされたインデックスすべてについて null がセットされます。また、存在していないインデックスの要素を取り出すと、その値は undefined となります。

Memo

　もしかすると、配列は const キーワードで宣言された定数に代入されているにもかかわらずその要素が変更可能なことを不思議に思われるかも知れません。しかし、これは正しい挙動です。const キーワードによる定数はあくまで定数への再代入を禁止するもので、その要素の変更を禁止するものではないからです。

◆二次元配列

　JavaScript では配列を要素とした配列、つまり入れ子状の配列を用いることもでき、それを**二次元配列**といいます。以下のように、配列をカンマ区切りにしつつ、全体を角括弧で囲むことにより表現できます。

▶構文

```
[ 配列 1，配列 2,…]
```

　例として、二次元配列を初期化してみましょう。サンプル 3-4-4 で初期化した二次元配列をイメージ図で表したものが図 3-4-2 です。

▶サンプル 3-4-4 二次元配列の初期化 [sample03_04.gs]

```
const numbers = [[10, 30, 20, 40], [11, 31, 21], [12]];
```

▶図 3-4-2 二次元配列

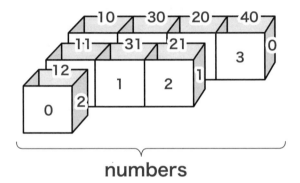

numbers

二次元配列は配列の集まり

　二次元配列は構造が複雑になりますので、イメージがしづらいかもしれません。ちょうど、図 3-4-2 のように縦×横のイメージを持っておくと考えやすいでしょう。

Memo

　二次元配列に対して、「入れ子」になっていないただの配列を一次元配列ともいいます。また、JavaScript では三次元以上の配列を使用することもできますが、取り扱いが難しいので使用しないいに越したことはありません。

　以下のように、二次元配列に対して外側のインデックスのみを角括弧で指定すると、配列を要素と捉えて、参照・代入・追加が可能です。

▶構文

```
配列 [ インデックス① ]
```

▶構文

```
配列 [ インデックス① ] = 値
```

使用例をサンプル 3-4-5 に示しますので、実行して確認してみましょう。インデックス 0 は 1 つ目の配列を表します。インデックス 2 の要素を代入することで配列の上書きを、またインデックス 3 の要素は存在していませんので、配列要素の追加となります。

▶ サンプル 3-4-5 二次元配列の操作 [sample03_04.gs]

```
1  function myFunction03_04_05() {
2    const numbers = [[10, 30, 20, 40], [11, 31, 21], [12]];
3    console.log(numbers[0]); //[10, 30, 20, 40]
4    numbers[2] = [22, 32];
5    numbers[3] = [13];
6    console.log(numbers); //[[10, 30, 20, 40], [11, 31, 21], [22, 32], [13]]
7  }
```

> インデックス 0 の配列をlog出力

> インデックス 2 の配列自体を上書き

> インデックス 3 の配列は存在しないので、配列を要素として追加

二次元配列の内側の要素を取り出す際には、以下のように外側のインデックスに続けて内側のインデックスも指定します。この表記にて、内側の配列について値の代入、要素の追加をすることもできます。

▶ 構文

配列 [インデックス①] [インデックス②]

▶ 構文

配列 [インデックス①] [インデックス②] = 値

サンプル 3-4-6 は、二次元配列の内側の要素の参照、代入および追加をするものです。それぞれのステートメントで、図 3-4-2 のイメージ図がどのように変化するのかを予想しながら作成をしてみましょう。

▶ サンプル 3-4-6 二次元配列の操作その 2 [sample03_04.gs]

```
1  function myFunction03_04_06() {
2    const numbers = [[10, 30, 20, 40], [11, 31, 21], [12]];
3    console.log(numbers[2][0]); //12
4    numbers[0][1] = 50;
5    numbers[2][1] = 62;
6    console.log(numbers); //[[10, 50, 20, 40], [11, 31, 21], [12, 62]]
7  }
```

> インデックス 2 の配列のインデックス 0 の値をログ出力

> インデックス 0 の配列のインデックス 1 の値を上書き

> インデックス 2 の配列のインデックス 1 の要素を追加

　GAS では、スプレッドシートのシートの行列、Gmail のスレッドとメッセージなど、さまざまなデータを二次元配列で取り扱います。一次元配列だけでなく、二次元配列についても十分に理解しておくことが求められますので、きちんとその用法を押さえておいてください。

◆ 配列の分割代入

　複数の変数や定数に配列の要素をまとめて代入したいときには、**分割代入**を用いると便利です。変数への分割代入は、以下のように記述します。

▶ 構文 V8

```
[ 変数 1, 変数 2,…] = 配列
```

　これにより、変数 1 にインデックス 0 の要素、変数 2 にインデックス 1 の要素、... とまとめて代入を行うことができます。
　複数の定数にまとめて代入をしたい場合は、以下のように定数宣言と分割代入をまとめて行うこともできます。

▶ 構文 V8

```
const [ 定数 1, 定数 2,…] = 配列
```

　例として、サンプル 3-4-7 を実行して、その動作を確認してみましょう。

▶ サンプル 3-4-7　配列の分割代入 [sample03_04.gs]

```
1  function myFunction03_04_07() {
2    const numbers = [10, 30, 20, 40];
3    let a, b, c, d;
4    [a, b, c, d] = numbers;
5    console.log(a, b, c, d); //10 30 20 40
6
7    const [name, age, favorite] = ['Bob', 25, 'apple'];
8    console.log(name, age, favorite); //Bob 25 apple
9  }
```

> 変数の宣言と配列の分割代入

> 定数の宣言と配列の分割代入

　このように、分割代入を用いることで、ステートメントの数を減らし、コードを読みやすくすることができます。

◆配列のスプレッド構文

配列をある場所で個々の要素に展開したいとき、**スプレッド構文**を使うことができます。以下のようにドット記号（.）を3つつなげた後に、配列を記述します。

▶構文 V8

```
... 配列
```

例として、サンプル3-4-8を実行してみましょう。

▶サンプル3-4-8 スプレッド構文による配列の展開 [sample03_04.gs]

```
1  function myFunction03_04_08() {
2    const numbers = [10, 30, 20, 40];
3    console.log([0, ...numbers, 50]); //[ 0, 10, 30, 20, 40, 50 ]
4    console.log(...numbers); //10 30 20 40
5  }
```

配列の中に配列の要素を展開

console.log メソッドの括弧内に配列の要素を展開

配列リテラルの中でスプレッド構文を記述すると、その位置で要素が展開されます。これを応用することで、2つの配列を結合するような処理が実現できます。また、この特性を利用して、[...numbers] の記述で配列のコピーを生成することもできます。

さらに、console.log メソッドの括弧内に記述すると、配列の要素が括弧内に個別の値として展開されます。

Memo

配列と同様のスプレッド構文を「反復可能オブジェクト」と呼ばれるデータに対して使用できます。反復可能オブジェクトについては、第4章の for...of 文でも触れますのでご覧ください。

なお、次節でオブジェクトのスプレッド構文を紹介しますが、オブジェクトは反復可能オブジェクトではありません。したがって、オブジェクトのスプレッド構文は、配列のそれと同様の働きをするものではありません。

03 05 オブジェクト

◆オブジェクトとオブジェクトリテラル

　これまで、複数のデータを扱う方法として配列についてお伝えしてきましたが、JavaScript には複数のデータの集合を扱う別の方法があります。それが**オブジェクト**です。

　オブジェクトは以下のように、プロパティと値をコロン (:) でつないだ組み合わせをカンマ区切りで列挙し、全体を波括弧（{ }）で囲みます。この表記方法を、**オブジェクトリテラル**といいます。

▶構文

```
{ プロパティ1 : 値1,　プロパティ2 : 値2,…}
```

　配列ではインデックスをキーにしてその要素を参照したり、代入したりすることができました。一方、オブジェクトでは**プロパティ**をキーにすることで、それを実現します。つまり、図 3-5-1 のように複数の入れ物に、それぞれ名前がつけられているような構造です。それぞれの入れ物につけられている名前が、プロパティということになります。

　オブジェクトでは、文字列であるプロパティをキーにしてデータにアクセスできるので、配列と比較すると可読性が高いデータ構造といえます。

▶図 3-5-1 オブジェクトのイメージ図

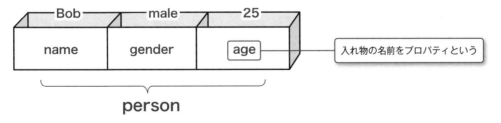

　図 3-5-1 のオブジェクトを初期化するスクリプトが、サンプル 3-5-1 となります。オブジェクト person の name プロパティには 'Bob'、age プロパティに 25、といったように、コロン (:) の後に指定した値が、それぞれのプロパティに格納されます。

▶ サンプル 3-5-1 オブジェクトの初期化 [sample03_05.gs]

```
const person = {name: 'Bob', gender: 'male', age: 25};
```

・オブジェクトはプロパティをキーにしたデータの集合
・プロパティ名は任意の文字列

Memo

　プロパティには文字列や数値などのデータのほか、関数を格納できます。関数が格納されたプロパティを、特別にメソッドといいます。メソッドについては、第6章で改めて解説をします。

◆ プロパティの参照と代入

　オブジェクトから値を取り出す方法は2つあります。1つ目はドット (.) でプロパティを指定する**ドット記法**、もう1つの方法が、角括弧 ([]) 内にシングルクォーテーションで囲ったプロパティを指定する**ブラケット記法**です。

　それぞれ、以下のように記述します。

▶ 構文

```
オブジェクト . プロパティ
```

▶ 構文

```
オブジェクト [ ' プロパティ ' ]
```

　サンプル 3-5-2 では、オブジェクト person の name プロパティの値をドット記法で、また age プロパティの値をブラケット記法で取り出し、ログ出力します。

▶ サンプル 3-5-2 オブジェクトの値を取り出す [sample03_05.gs]

```
1  function myFunction03_05_02() {
2    const person = {name: 'Bob', gender: 'male', age: 25};
3    console.log(person.name); //Bob
4    console.log(person['age']); //25
5  }
```

　一般的にドット記法のほうが単純に記述することができ、可読性も高いので、どちらでもよい場合はドット記法を使うとよいでしょう。一方で、ブラケット記法では、変数を使用してプロパティの指定ができるという点がメリットとして挙げられます。

for...in 文によるループ内でプロパティの値を取り出す際などに、ブラケット記法が有効です。詳しくは、第4章で解説します。

また、サンプル 3-5-3 で示すようなオブジェクトのプロパティからも、値を取り出すことができます。

▶ サンプル 3-5-3 ブラケット記法でのみアクセスできるプロパティ [sample03_05.gs]

```
1  function myFunction03_05_03() {
2    const numbers = {'1': '一', '10': '十', '100': '百'};
3    console.log(numbers['100']); // 百
4  }
```

プロパティ名も識別子としてみなされますので、「100」のような数値から始まる文字列は、プロパティ名として適切とはいえません。

いずれの記法でも、以下のようにイコール (=) を使うことで、指定したプロパティの値を代入できます。また、オブジェクトに存在しないプロパティを指定して代入をすると、オブジェクトにプロパティと値が追加されます。

▶ 構文

オブジェクト . プロパティ = 値

▶ 構文

オブジェクト [' プロパティ '] = 値

▶ サンプル 3-5-4 プロパティの代入と追加 [sample03_05.gs]

```
1  function myFunction03_05_04() {
2    const person = {name: 'Bob', gender: 'male', age: 25};
3    person.name = 'Tom';
4    person['job'] = 'Engineer';
5    console.log(person); //{name: 'Tom', gender: 'male', age: 25, job: 'Engineer'}
6  }
```

> name プロパティを上書き

> job プロパティは存在していないので追加される

存在していないプロパティの要素を取り出すと、その値は undefined となります。

◆オブジェクトとプリミティブ値

これまで見てきたとおり、オブジェクトは変数や定数について代入して取り扱うことができます。しかし、数値や文字列などの代入と異なる性質を持っており、注意が必要です。ここではその点を解説していきましょう。

まず、文字列の代入の例をサンプル 3-5-5 を使って見ていきましょう。

▶ サンプル 3-5-5 プリミティブ値の代入 [sample03_05.gs]

```
1  function myFunction03_05_05() {
2    const x = 'Bob';
3
4    let y = x;          ── 変数 y を宣言し x を代入
5    y = 'Tom';          ── 変数 y に、「Tom」を再代入
6    console.log(y); //Tom
7
8    console.log(x); //Bob  ── x の値に変更はない
9  }
```

定数 x の値を変数 y に代入します。そのあと、変数 y の値を上書きして値を変更します。その際、もとの定数 x の値を確認すると、その値は「Bob」のまま変更はありません。この挙動は、感覚的に自然なものに思えますね。

スクリプトの実行中、変数や定数の値は Google のサーバー上のメモリに保持されていますが、サンプル 3-5-5 の処理の流れと、メモリ上のようすを表したものが図 3-5-2 です。

▶ 図 3-5-2 プリミティブ値の代入

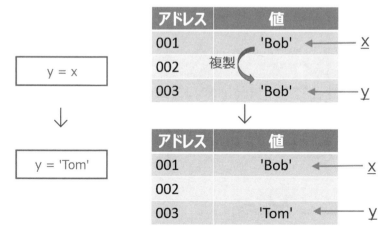

つまり、定数 x を変数 y に代入すると時点で、その値が別のアドレスに複製され、変数 y はその新たなアドレスを参照することになります。

しかし、オブジェクトの代入においては、これとは異なる挙動をします。サンプル 3-5-6 を実行してみましょう。

▶ サンプル 3-5-6 オブジェクトの代入 [sample03_05.gs]

```
1  function myFunction03_05_06() {
2    const x = {name: 'Bob'};
3
4    const y = x;                          定数 y に x を代入
5    y.name = 'Tom';                       y の name プロパティに「'Tom'」を代入
6    console.log(y); //{name: 'Tom'}
7
8    console.log(x); //{name: 'Tom'}       x の name プロパティの値も変更された
9  }
```

定数 x にはオブジェクトが格納されていますが、それを定数 y に代入します。そのあと、定数 y のプロパティを「Tom」に変更します。定数 x のオブジェクトには何もしていないように見えますが、その内容をログ出力すると、その name プロパティの値も「Tom」と変更されているのです。

なぜ、そのようなことが起こるのでしょうか？

その理由を、図 3-5-3 を使って解説していきましょう。

▶ 図 3-5-3 オブジェクトの代入

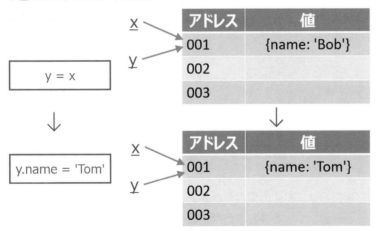

実は定数 x にオブジェクトが格納されている場合、定数 x を定数 y に代入したとき、定数 y に渡されるのは実際の値ではなく、**参照値**と呼ばれるものです。参照値というのは、メモリ上のアドレスの場所についての情報です。つまり、定数 y は定数 x と同じアドレスを参照し、同じ値を指し示すことになるのです。

　このように、JavaScript ではそのデータの種類により、代入の振る舞いが異なります。
　数値、文字列およびブール値は別の変数や定数に代入することで、その複製がメモリ上に展開されます。このようなデータを**プリミティブ値**といいます。
　一方で、オブジェクトを別の変数や定数に代入したときには、参照値が渡され、メモリ上の同一のオブジェクトを参照するようになります。別のアドレスにコピーが作られるわけではありません。

> オブジェクトの代入では参照値が渡されます。

> 　プリミティブ値には数値、文字列、ブール値のほか、undefined、BigInt、シンボルがあります。第 7 章で詳しくお伝えしますが、配列をはじめそれ以外のすべてのデータはオブジェクトなので、それらの代入では、参照値が渡されることになります。

◆ オブジェクトの分割代入

　オブジェクトでも**分割代入**が用意されています。オブジェクトの値を変数および定数にまとめて代入する書式はそれぞれ以下のとおりです。

▶構文 V8
```
{ 変数 1, 変数 2,…} = オブジェクト
```

▶構文 V8
```
const { 定数 1, 定数 2,…} = オブジェクト
```

　この場合、各変数名および定数名は、右辺の指定したオブジェクトのプロパティと一致している必要があり、プロパティと一致している変数または定数に、そのペアとなっている値を代入します。
　例として、サンプル 3-5-7 を実行して、その動作を確認してみましょう。

▶サンプル 3-5-7 オブジェクトの分割代入 [sample03_05.gs]

```
1  function myFunction03_05_07() {
2    const numbers = {a: 10, b: 30, c: 20, d: 40};
3    let a, b, c, d;
4    ({a, b, c, d} = numbers);
5    console.log(a, b, c, d); //10 30 20 40
6
7    const {name, age, favorite} = {name: 'Bob', age: 25, favorite: 'apple'};
8    console.log(name, age, favorite); //Bob 25 apple
9  }
```

> 変数の宣言とオブジェクトの値の分割代入（ブロックと判定されないように丸括弧で囲っている）

> 定数の宣言とオブジェクトの値の分割代入

オブジェクトの値を、プロパティと同名の変数や定数に代入しておくことで、コード内の記述が短縮できますので、有効に活用していきましょう。

Memo

　サンプル 3-5-7 で、「({a, b, c, d} = numbers)」というように丸括弧で囲っているのは、宣言キーワードがないときに波括弧が「ブロック」と判定されてしまうことを避けるためです。丸括弧を付与しないと、「SyntaxError: Unexpected token '='」というエラーが発生します。ブロックについては、第 5 章で詳しく解説します。

◆オブジェクトのスプレッド構文

オブジェクトに対しても**スプレッド構文**を使うことができます。以下のようにドット記号(.)を 3 つつなげたあとに、オブジェクトを記述します。

▶構文 V8

```
...オブジェクト
```

例として、サンプル 3-5-8 を実行してみましょう。

▶サンプル 3-5-8 スプレッド構文によるオブジェクトの展開 [sample03_05.gs]

```
1  function myFunction03_05_08() {
2    const obj = {age: 25, gender: 'male'};
3    const person = {name: 'Bob', ...obj, favorite: 'apple'};
4    console.log(person); //{ name: 'Bob', age: 25, gender: 'male', favorite: 'apple' }
5    //console.log(...obj);
6  }
```

> オブジェクトの中にオブジェクトのプロパティと値のペアを展開

> console.log メソッドの括弧内でオブジェクトを展開することはできない

実行結果から、オブジェクトリテラルの中で、オブジェクトのプロパティと値が展開されていることが確認できます。オブジェクトのスプレッド構文は、オブジェクトのコピーを生成したり、複数のオブジェクトを合成したいときなどに有効です。

　サンプル 3-5-8 のコメントアウトを外して実行すると、「TypeError: Found non-callable iterator」というエラーが発生します。同じスプレッド構文でも、配列をはじめとした反復可能オブジェクトでの動作と、オブジェクトでの動作は別ものになりますので注意してください。

算術演算子と代入演算子

◆算術演算子と優先順位

演算子は値や変数などに対して、何らかの処理を行うための記号のことをいいます。**算術演算子**は、四則演算など数学的な演算を行うための演算子です。図 3-6-1 に、JavaScript で一般的に使用する算術演算子についてまとめています。その使用例をサンプル 3-6-1 に示しますので、合わせてご覧ください。

▶図 3-6-1 JavaScript の算術演算子

演算子	説明	例	V8 以降
+	数値の加算または文字列の連結	1 + 2 //3 'a' + 'bc' //'abc'	
-	減算または符号を反転	3 - 1 //2 - x	
*	乗算	3 * 2 //6	
/	除算	6 / 3 //2	
%	剰余	12 % 5 //2	
**	べき乗	3 ** 4 //81	V8

▶サンプル 3-6-1 算術演算 [sample03_06.gs]

```javascript
function myFunction03_06_01() {
  const x = 9;
  const y = 4;
  console.log(x + y); //13
  console.log(x - y); //5
  console.log(x * y); //36
  console.log(x / y); //2.25
  console.log(x % y); //1
  console.log(x ** y); //6561
  console.log(-x); //-9
}
```

　式の中に複数の演算が含まれている場合、数学での演算と同様に、加減よりも乗除のほうが先に処理されます。優先順位が同列である場合には、左に記述されている順に処理されます。

また、優先順位は丸括弧を使用することで変更できます。演算の優先順位について、図 3-6-2 にまとめています。

▶ 図 3-6-2 算術演算の優先順位

優先順位	演算子	内容
1	()	丸括弧
2	-	符号を反転
3	**	べき乗
4	*	乗算
4	/	除算
4	%	剰余
5	+	数値の加算 文字列の連結
5	-	減算

◆数値の加算と文字列の連結

「+」による演算は、演算対象のデータ型によりその処理内容が異なります。演算対象がすべて数値であれば加算となりますが、**どちらか一方が文字列である場合は、他方の数値を文字列とみなして文字列の連結の処理を行い、演算結果として文字列を返します。**

サンプル 3-6-2 を実行すると、どの段階で加算が行われているのか、また文字列の連結が行われているかを理解することができるでしょう。

▶ サンプル 3-6-2 数値の加算と文字列の連結 [sample03_06.gs]

```
1  function myFunction03_06_02() {
2    console.log(12 + 34); //46
3    console.log(12 + '34'); //'1234'
4    console.log(12 + 34 + '56'); //'4656'
5    console.log(12 + '34' + 56); //'123456'
6  }
```

先に「12 + 34 = 46」が行われ、次いで「'46' + '56'」が行われる

先に「'12' + '34' = '1234'」が行われ、次いで「'1234' + '56'」が行われる

◆インクリメント演算子とデクリメント演算子

数値を 1 だけ増加する、または 1 だけ減少させる処理を、それぞれ**インクリメント**、**デクリメント**といいます。それらの処理をシンプルに記述するために、図 3-6-3 に示す演算子が用意されています。

▶図 3-6-3 インクリメント演算子・デクリメント演算子

演算子	説明	例
++	インクリメント	x++ ++x
--	デクリメント	x-- --x

　インクリメント演算子・デクリメント演算子は、演算対象となる変数の値自体を変更するという特性がありますので、それぞれ以下の記法は同じ処理となります。サンプル 3-6-3 を実行して、その動作を確認してみましょう。

$$x++ \Leftrightarrow x = x + 1$$
$$x-- \Leftrightarrow x = x - 1$$

▶サンプル 3-6-3 インクリメントとデクリメント [sample03_06.gs]

```
1  function myFunction03_06_03() {
2    let x = 1, y = 10;
3    x++;
4    console.log(x); //2
5    y--;
6    y--;
7    console.log(y); //8
8  }
```

　インクリメント演算子・デクリメント演算子は、「++x」のように変数の前に置く**前置**と、「x++」のように後ろに置く**後置**の 2 種類があります。それぞれ、以下のように値を返すタイミングが異なりますので、その結果を利用するときには注意が必要です。

・前置：変数をインクリメント・デクリメントした値を返す
・後置：変数の値を返してからインクリメント・デクリメントする

　サンプル 3-6-4 を実行してみましょう。x のインクリメントは前置ですから、「++x」のログ出力ではインクリメントされた後の値が出力されます。一方で、y のインクリメントは後置ですから、「y++」のログ出力ではインクリメントされる前の値が出力され、その後にインクリメントされているということがわかります。

▶サンプル 3-6-4 インクリメントの前置と後置 [sample03_06.gs]

```
1  function myFunction03_06_04() {
2    let x = 1, y = 10;
3    console.log(++x); //2
4    console.log(x); //2
5    console.log(y++); //10
6    console.log(y); //11
7  }
```

インクリメントされた後にログ出力

ログ出力してからインクリメント

◆代入演算子

変数に値を代入する演算子が**代入演算子**です。これまで登場してきた「=」は、もっとも代表的な代入演算子です。代入演算子には、算術演算と同時に代入を行う**複合代入演算子**が存在していますので、それらも含めて図 3-6-4 にまとめます。

▶図 3-6-4 JavaScript の代入演算子

演算子	説明	例
=	左辺の変数に値を代入	x = 5
+=	左辺の値に右辺の値を加算して代入	x += 5
-=	左辺の値から右辺の値を減算して代入	x -= 5
*=	左辺の値に右辺の値を乗算して代入	x *= 2
/=	左辺の値を右辺の値で除算した値を代入	x /= 2
%=	左辺の値を右辺の値で除算した剰余を代入	x %= 3
**=	左辺の値を右辺の値でべき乗して代入	x **= 3

複合代入演算子は、それぞれ以下の記法と同じ処理を表現しており、使用することでスクリプトをシンプルに記述することができるようになります。

x ● = ⇔ x = x ● 1

サンプル 3-6-5 も実行してみましょう。

▶サンプル 3-6-5 複合代入演算子 [sample03_06.gs]

```
1  function myFunction03_06_05() {
2    let x = 1, y = 10;
3    x += 3;
4    console.log(x); //4
5    y %= 3;
6    console.log(y); //1
7  }
```

x の値に 3 を加算して x に代入

y の値を 3 で割った剰余を y に代入

演算子には、ここで紹介した算術演算子、代入演算子のほか、代表的なものとして比較演算子と論理演算子があります。それらの演算子については、第4章で解説します。

ここでは JavaScript の基本構文、変数、データ型そして演算子など、GAS のプログラミングでもっとも基礎となる部分について解説しました。配列とオブジェクトについては直観的にイメージがしづらい構造かも知れませんが、GAS では非常に重要な役割を果たしますので、しっかり理解をしておくことをおすすめします。

さて、これまでは書かれている順番にステートメントを実行するパターン、つまり「順次処理」と呼ばれる処理の仕方のみを紹介してきました。

しかし、実際のプログラミングでは実行途中で処理を分岐したり、同じ処理を何度も繰り返しをしたり、別の処理のパターンを組み合わせることで、より複雑で多機能なスクリプトを組むことができるようになります。

続く第4章では、それらの処理パターン、すなわち「条件分岐」と「反復」を記述する方法について学びを進めていきましょう。

03

基本構文

制御構文

04 01 if 文による条件分岐

◆if 文と条件式

JavaScript ではスクリプトを実行すると、上から順に 1 つずつのステートメントを処理していきます。しかし、実際に GAS の開発を進めるにあたって、次のような条件によって、そのあとの処理を分岐させたいときが出てきます。

・ダイアログボックスで押したボタンは「YES」か「NO」か

・今日の日付や曜日

・スプレッドシートに記載されているデータの内容

・Gmail の受信トレイに未読メッセージがあるかどうか

・翻訳結果でエラーが発生したかどうか

このような分岐処理を実現する命令の 1 つが、**if 文**です。

if 文は日本語で表現すると「もし～であれば…」という処理を実現する命令で、以下のように記述します。

▶構文

```
if（条件式）{
    // 条件式が true の場合に実行する処理
}
```

if 文では、丸括弧内に**条件式**を記述します。条件式は、true または false のいずれかの値を取るものです。条件式が true であれば続く if ブロック内の処理を実行し、false であれば続く if ブロックには入らずに無視されます。

この処理の流れを表したものが図 4-1-1 です。

▶図 4-1-1 if 文による条件分岐

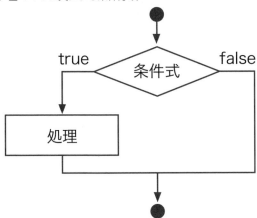

条件式が true なら処理を実行する

　シンプルな例として、サンプル 4-1-1 を実行してみましょう。1 つ目の条件式は「5 < 10」で、これは成立しているので true が返されます。したがって、その if ブロック内の処理が実行されます。2 つ目の if ブロックは条件式が成立しておらず false の値を取りますから、実行されることはありません。

▶サンプル 4-1-1 if 文による条件分岐 [sample04-01.gs]

```
1  function myFunction04_01_01() {
2    if (5 < 10) {
3      console.log('5 < 10 が成立していると出力されます');
4    }
5    if (10 < 5) {
6      console.log('10 < 5 が成立していると出力されます');
7    }
8  }
```

◆実行結果

```
5 < 10 が成立していると出力されます
```

◆if...else 文と if...else if 文

　if 文の条件式が false であった場合に別の処理をさせたい場合には、以下 **if...else 文**を使います。

▶構文

```
if ( 条件式 ) {
    // 条件式が true の場合に実行する処理
} else {
    // 条件式が false の場合に実行する処理
}
```

　条件式が true の場合は if ブロック内の処理が実行され、false の場合は else ブロック内の処理が実行されます。

　この流れを表したものが図 4-1-2 です。

▶図 4-1-2 if...else 文による条件分岐

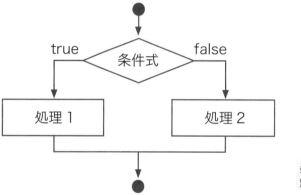

条件式が false のときに
別の処理を実行する

　if...else 文の例を、サンプル 4-1-2 に示します。変数 x に代入する値を変更しながら、複数回実行をしてみてください。

▶サンプル 4-1-2 if...else 文による条件分岐 [sample04-01.gs]

```
1  function myFunction04_01_02() {
2    const x = 5;
3    if (x < 5) {
4      console.log('xは5より小さい');
5    } else {
6      console.log('xは5以上');
7    }
8  }
```

◆実行結果

x は 5 以上

if...else 文で実現できるのは、条件式が true か false かといった二者択一の分岐です。分岐を 3 つ以上にしたい場合は、以下の **if...else if 文**を使うと、必要な分だけ条件式を列記することが可能となります。

▶構文

```
if ( 条件式 1 ) {
   // 条件式 1 が true の場合に実行する処理
} else if ( 条件式 2 ) {
   // 条件式 2 が true の場合に実行する処理
…
} else {
   // すべての条件式が false だった場合に実行する処理
}
```

条件式 1、条件式 2、… と順番に判定をしていき、最初に条件式が true だった際に該当のブロック内の処理をします。また、最後の else ブロックは省略可能です。条件式が 2 つで、分岐が 3 つの場合の、if...else if 文の処理の流れを図 4-1-3 に示します。

▶図 4-1-3 if...else if 文による複数の条件分岐

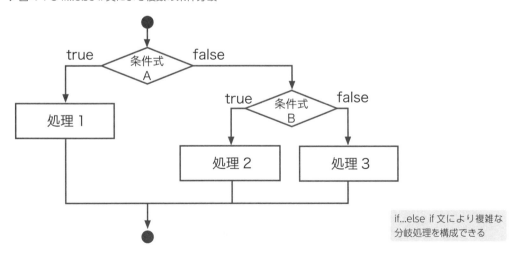

if...else if 文により複雑な分岐処理を構成できる

サンプル 4-1-3 を実行して、if...else if 文の動作を確認してみましょう。

04
制御構文

```
 1  function myFunction04_01_03() {
 2    const x = 5;
 3    if (x < 5) {
 4      console.log('xは5より小さい');
 5    } else if (x < 10) {
 6      console.log('xは5以上で10より小さい');
 7    } else {
 8      console.log('xは10以上');
 9    }
10  }
```

◆実行結果

xは5以上で10より小さい

条件式と比較演算子・論理演算子

◆比較演算子

これまでに登場した「<」は、数学でもおなじみの記号ですね。左辺と右辺を比較し、右辺のほうが大きければ条件式として true を返すという機能を持ちます。このように、条件式内で使用して、左辺と右辺を比較して true、または false を返す役割を持つ演算子を**比較演算子**といいます。

JavaScript で使用できる比較演算子を、図 4-2-1 にまとめました。

▶図 4-2-1 JavaScript の比較演算子

演算子	説明	例

==	左辺と右辺が等しければ true	10 == 10 //true
		10 == 11 //false

!=	左辺と右辺が等しくなければ true	10 != 10 //false
<	左辺が右辺より小さければ true	10 < 10 //false 10 < 11 //true
<=	左辺が右辺以下であれば true	10 <= 10 //true 10 <= 11 //true
>	左辺が右辺より大きければ true	10 > 10 //false 11 > 10 //true
>=	左辺が右辺以上であれば true	10 >= 10 //true 11 >= 10 //true

===	左辺と右辺がデータ型も含めて等しければ true	10 === 10 //true
		10 === '10' //false

!==	左辺と右辺がデータ型も含めて等しくなければ true	10 !== 10 /false 10 !== '10' //true

いずれも直観的に理解しやすいですが、いくつか注意すべき点があります。まず、サンプル 4-2-1 をご覧ください。それぞれ、ログには true と false のどちらが出力されると思いますか？

▶サンプル 4-2-1 配列の比較とオブジェクトの比較 [sample04-02.gs]

```
1  function myFunction04_02_01() {
2    const words1 = ['Google','Apps','Script'];
3    const words2 = ['Google','Apps','Script'];
4    console.log(words1 == words2); //false
5
6    const personA = {name:'Bob'};
7    const personB = {name:'Bob'};
8    console.log(personA == personB); //false
9  }
```

実は、いずれもログ出力は「false」となります。**配列やオブジェクトを変数に代入した場合、変数に格納されるのはメモリ上のアドレス（参照値）**です。したがって、その要素や構造がまったく一緒でも、物理的に別のアドレスに割り当てられている配列またはオブジェクト同士の比較は、false となるのです。

一方で、サンプル 4-2-2 を実行してみると、いずれもそのログへの出力は true となります。代入式の右辺を変数にするということは、その参照値を代入するということに他なりません。したがって、2 つの変数が指し示すメモリのアドレスも等しいため、比較の結果は true となるのです。

▶サンプル 4-2-2 配列の比較とオブジェクトの比較その 2 [sample04-02.gs]

```
1  function myFunction04_02_02() {
2    const words1 = ['Google','Apps','Script'];
3    const words2 = words1;
4    console.log(words1 == words2); //true
5
6    const personA = {name:'Bob'};
7    const personB = personA;
8    console.log(personA == personB); //true
9  }
```

Point

配列とオブジェクトの比較は、その参照値の比較となります。

◆ 寛容な比較と厳密な比較

別の点として「==」と「===」、また「!=」と「!==」の違いについて補足しておきましょう。演算子「==」と「!=」は、左辺と右辺のデータ型が異なっていても、データ型を変換した上で比較をします。一方で、**演算子「===」と「!==」は、左辺と右辺のデータ型が異なっていることを厳密に判断して比較をします。**

例として、サンプル 4-2-3 をご覧ください。

▶ サンプル 4-2-3 データ型に寛容な比較とデータ型に厳密な比較 [sample04-02.gs]

```
1  function myFunction04_02_03() {
2    console.log(5 == '5'); //true
3    console.log(5 === '5'); //false
4
5    console.log(5 != '5'); //false
6    console.log(5 !== '5'); //true
7  }
```

このように、「==」や「!=」は寛容な比較を行いますが、それがゆえに想定していない結果を引き起こす可能性があります。比較演算子としては、「===」と「!==」を優先して使用するほうが安全に開発をすることができるでしょう。

◆ 論理演算子

「条件式 A が true で、かつ条件式 B も true であれば」というように、複数の条件式を同時に判定させたいときや、「条件式 A が true でないならば」というように、条件式の結果を反転させたいときに使用するのが**論理演算子**です。

JavaScript で使用できる論理演算子について、図 4-2-2 にまとめました。

▶ 図 4-2-2 JavaScript の論理演算子

演算子	説明	例

&&	左辺と右辺がいずれも true ならば true	10 === 10 && 5 === 5 //true
		10 === 11 && 5 === 5 //false

||	左辺と右辺のどちらかが true ならば true	10 === 11 || 5 === 5 //true
		10 === 11 || 5 === 6 //false

!	条件式の真偽値を反転させる	!(10 === 10) //false !(10 === 11) //true

各論理演算子の使用例を、サンプル 4-2-4 に示します。変数の値や条件式を変更しながら動作を確認してみましょう。

▶サンプル 4-2-4 論理演算子 [sample04-02.gs]

```
 1  function myFunction04_02_04() {
 2    const x = 5, y = 10;
 3    if (x >= 5 && y >= 5 ) {
 4      console.log('x も y も 5 以上 ');
 5    }
 6    if (x >= 10 || y >= 10) {
 7      console.log('x か y のどちらかが 10 以上 ');
 8    }
 9    if (!(x >= 10)) {
10      console.log('x は 10 以上ではない ');
11    }
12  }
```

◆実行結果

```
x も y も 5 以上
x か y のどちらかが 10 以上
x は 10 以上ではない
```

◆真偽値への型変換

　先に、以下のサンプル 4-2-5 をご覧ください。いずれも、条件式のように見えませんが、スクリプトとしてはエラーとはならずに実行できます。

▶サンプル 4-2-5 真偽値が true に変換される例 [sample04-02.gs]

```
 1  function myFunction04_02_05() {
 2    if (123) {
 3      console.log('123 は true');
 4    }
 5    if ('abc') {
 6      console.log("'abc' は true");
 7    }
 8    if ([1, 2, 3]) {
 9      console.log('[1, 2, 3] は true');
10    }
11    if ({lunch: 'curry'}) {
12      console.log("{lunch: 'curry'} は true");
13    }
14  }
```

◆実行結果

```
123 は true
'abc' は true
[1, 2, 3] は true
{lunch: 'curry'} は true
```

　JavaScript では、**条件式として与えられたデータ型の値について、暗黙的に真偽値に変換をするという特性がある**ことによるものです。

　では、もう 1 つのサンプル 4-2-6 も実行してみましょう。

▶ サンプル 4-2-6 真偽値が false に変換される例 [sample04-02.gs]

```
 1  function myFunction04_02_06() {
 2    if (!0) {
 3      console.log('0 は false');
 4    }
 5    if (!'') {
 6      console.log(' 空文字は false');
 7    }
 8    if (!undefined) {
 9      console.log('undefined は false');
10    }
11    if (!null) {
12      console.log('null は false');
13    }
14  }
```

◆実行結果

```
0 は false
空文字は false
undefined は false
null は false
```

　いずれも、条件式を！演算子で反転をさせていますので、反転する前の値は false に型変換されているということがわかると思います。各データ型がどちらの真偽値に変換されるのかを、図 4-2-3 にまとめます。

データ型	変換後の値	
	TRUE	FALSE
数値	0 と NaN を除くすべての数値	0,NaN
文字列	長さ 1 以上の文字列	空文字
null, undefined	―	null,undefined
配列・オブジェクト	すべての配列およびオブジェクト	―

　false、0、NaN（数値でないことを表す特別な数値）、空文字、null、undefined 以外がすべて true に変換されます。つまり、変数やプロパティなどそのものを条件式として当てはめることで、以下のような条件の判定をすることができるということになります。シンプルに条件式を記述できるテクニックとして、押さえておくとよいでしょう。

・値やオブジェクトが存在しているのか
・0 ではない数値が格納されているかどうか
・意味のある文字列が格納されているかどうか

　要素が 1 つもない配列（[]）およびオブジェクト（{}）は、真偽値への型変換では true となります。ですから、配列やオブジェクトの要素が 1 つ以上存在するかどうかは、別の方法で判定する必要があります。

04
03 switch 文による多岐分岐

◆switch 文

　if 文による条件分岐では、条件式が true か false かといった 2 通りにしか分岐をすることができません。それ以上の分岐をしたい場合には、if...else if 文により条件式を追加するという方法がありますが、別の方法として **switch 文**を使うことができます。

　switch 文では、ある式が複数の値のいずれかと一致するかどうかの判定を、よりシンプルな記述で実現できます。

　構文は以下の通りです。

▶構文

```
switch (式) {
  case 値1:
    // 式 === 値1だったときの処理
    break;
  case 値2:
    // 式 === 値2だったときの処理
    break;
  ...
  default:
    // 式がすべての値に合致しなかったときの処理
}
```

　switch 文では、式の結果と一致する値を、値 1, 値 2,... の中から探し出します。一致するものが存在すれば、その位置の **case 節**の処理を実行して、**break 文**により switch ブロック全体から抜けます。式の結果と一致する値が存在しなければ、**default 節**の処理を実行します。

　これら switch 文による処理の流れを表したものを、図 4-3-1 に示します。

▶図 4-3-1 switch 文による多岐分岐

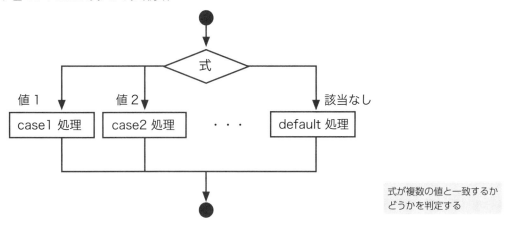

式が複数の値と一致するか
どうかを判定する

　例として、サンプル 4-3-1 を実行してみましょう。変数 rank に「' 優 '」が設定されているので、「すごいですね」とログに出力されるはずです。変数 rank に別の値を入力すると、それに応じてログ出力が変化することを確認しましょう。

▶サンプル 4-3-1 switch 文 [sample04-03.gs]

```
1  function myFunction04_03_01() {
2    const rank = ' 優 ';
3    switch (rank) {
4      case ' 優 ':
5        console.log(' すごいですね ');
6        break;
7      case ' 良 ':
8        console.log(' がんばりましたね ');
9        break;
10     case ' 可 ':
11       console.log(' ギリギリでしたね ');
12       break;
13     default:
14       console.log(' 次がんばりましょう ');
15   }
16 }
```

◆実行結果

すごいですね

◆break 文の省略

　各 case 節の処理の末尾にある break 文は省略できますが、おすすめはできません。その理由を確認するために、まずはサンプル 4-3-1 から break 文を省いたサンプル 4-3-2 を実行してみましょう。

▶サンプル 4-3-2 break 文を省略する [sample04-03.gs]

```
1  function myFunction04_03_02() {
2    const rank = '優';
3    switch (rank) {
4      case '優':
5        console.log('すごいですね');
6      case '良':
7        console.log('がんばりましたね');
8      case '可':
9        console.log('ギリギリでしたね');
10     default:
11       console.log('次がんばりましょう');
12   }
13 }
```

◆実行結果

```
すごいですね
がんばりましたね
ギリギリでしたね
次がんばりましょう
```

　「'優'」の case 節だけでなく、その他の case 節のログ出力もされてしまうことが確認できたはずです。つまり、**switch 文では式に該当する case 節の処理以降のすべての処理を実行する**という仕様になっているのです。一般的には、各 case 節内の処理だけを実行させたい場合が多いですから、ほとんどの switch 文では break 文もセットで記述することになります。

Point

switch 文では、break 文がない限りはブロックから途中で抜け出しません。

04 | while 文による繰り返し

◆while 文

　同じような処理を何度も繰り返し実行したい場合、その処理をスクリプトに何度も記述する必要はありません。JavaScript には繰り返し（**ループ**ともいいます）を実現するための構文がいくつか用意されており、その 1 つが **while 文**です。while 文は条件式を用いた繰り返しを実現するもので、以下のように記述します。

▶構文

```
while (条件式) {
    // 条件式が true の間、実行される処理
}
```

　while 文を使うと、条件式が true の間はブロック内の処理を繰り返し、条件式が false になったときに、while ループを抜けるという流れになります。その流れを表すと、図 4-4-1 となります。

▶図 4-4-1 while 文による繰り返し

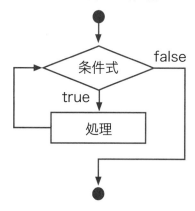

条件式が true の間は繰り返しをする

　では、例としてサンプル 4-4-1 を実行してみましょう。ログの出力を確認すると、変数 x の値が 100 を超えた段階で while ループから抜けていることがわかるでしょう。

▶ サンプル 4-4-1 while 文による繰り返し [sample04-04.gs]

```
1  function myFunction04_04_01() {
2    let x = 1;
3    while (x < 100) {
4      x *= 3;
5      console.log(`xの値：${x}`);
6    }
7  }
```

◆実行結果

```
xの値：3
xの値：9
xの値：27
xの値：81
xの値：243
```

◆ 無限ループ

　while 文を使う際に、気を付けるべき点があります。それは、while ループを抜けるように組まなければならないということです。

　たとえば、サンプル 4-4-2 をご覧ください。

▶ サンプル 4-4-2 無限ループ [sample04-04.gs]

```
1  function myFunction04_04_02() {
2    let x = 0;
3    while (x < 100) {
4      x *= 3;
5      console.log(`xの値：${x}`);
6    }
7  }
```

　このサンプルを実行すると、図 4-4-2 のように実行ログに「x の値：0」というログが出力され続け、処理が終了しません。というのも、変数 x には初期値として 0 が代入されていますから、いくら掛け算を繰り返してもその値は 0 のままです。したがって、while 文の条件式が false になることがなく、無限に処理が繰り返されてしまいます。このようなループを**無限ループ**といいます。

▶図 4-4-2 無限ループの実行

GAS で無限ループになってしまった場合は、ツールバーの「□停止」をクリックすることで、スクリプトの実行を停止できます。

しかし、無限ループが望まれることはないでしょうから、while 文を使う際には実行する前にループが終了することを確認しておきましょう。

while 文による繰り返しでは無限ループに注意しましょう。

for 文による繰り返し

◆for 文

while 文は条件式が true の間は繰り返すという命令でしたが、繰り返しの回数があらかじめ決められている場合には **for 文**を使います。

その記述方法は次のようになります。

▶構文

```
for （初期化式 ; 条件式 ; 増減式） {
    // 条件式が true の間、実行される処理
}
```

for 文では、**カウンタ変数**と呼ばれる繰り返し制御用の変数を用います。そのカウンタ変数に関連して、以下に挙げる 3 つの式で繰り返しを実現します。

・初期化式：カウンタ変数の初期値を決めるための式
・条件式：カウンタ変数を用いた条件式で、true の間は for ループが実行される
・増減式：毎回の繰り返しでブロック内の処理の最後に実行される式で、一般的にはカウンタ変数の値を増減させる式

for 文による繰り返しの流れを表したものが、図 4-5-1 になります。

for 文の構文は while 文に比べて複雑に見えるかも知れませんが、決められた回数の繰り返しを極めてシンプルに表現できます。サンプル 4-5-1 は、カウンタ変数の値を 1 ずつ増やしながら、その内容をログ出力するという処理を 5 回繰り返すものです。

▶ 図 4-5-1 for 文による繰り返し

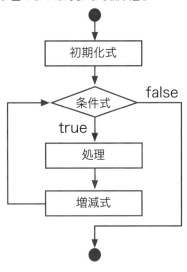

カウンタ変数と 3 つの式
で繰り返しを実現する

▶ サンプル 4-5-1 for 文による繰り返し [sample04-05.gs]

```
1  function myFunction04_05_01() {
2    for (let i = 1; i <= 5; i++) {
3      console.log(`iの値：${i}`);
4    }
5  }
```

◆ 実行結果

```
iの値：1
iの値：2
iの値：3
iの値：4
iの値：5
```

サンプル 4-5-1 と同様の繰り返し処理を、while 文で実現したものがサンプル 4-5-2 です。
2 つのサンプルを比較すると、for 文のほうがシンプルに表現できることがわかるでしょう。

▶ サンプル 4-5-2 while 文で決まった回数の繰り返し [sample04-05.gs]

```
1  function myFunction04_05_02() {
2    let i = 1;
3    while (i <= 5) {
4      console.log(`iの値：${i}`);
5      i++;
6    }
7  }
```

for...of 文による繰り返し

04
06

◆for...of 文

　配列に含まれるすべての要素について何らかの処理を行いたいときには、**for...of 文**を使うと便利です。for...of 文は、配列や文字列といった**反復可能オブジェクト**に含まれるすべての要素について繰り返し処理を行うことができます。

　for...of 文の構文は以下のとおりです。

▶構文 V8
```
for ( 変数 of 反復可能オブジェクト ) {
    // ループ内で実行する処理
}
```

　for...of 文は配列などの反復可能オブジェクトに含まれる要素を、定められた順番どおりに取り出します。それを、変数に代入しながらループを行うのです。そして、次に取り出すべき要素がなくなったときループを終了します。なお、要素を代入する変数の代わりに、const キーワードの宣言による定数を用いることができます。

　for...of 文の流れを表したものが図 4-6-1 になりますので、合わせてご覧ください。

▶図 4-6-1 for...of 文による繰り返し

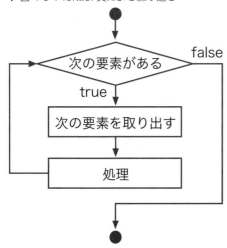

反復可能オブジェクトのすべての要素を取り出すまで繰り返す

では、for...of 文の例として、サンプル 4-6-1 を実行してみましょう。

▶ サンプル 4-6-1　for...of 文による繰り返し [sample04-06.gs]

```
 1 | function myFunction04_06_01() {
 2 |   const members  = ['Bob', 'Tom', 'Jay'];
 3 |   for (const member of members) {
 4 |     console.log(member);
 5 |   }
 6 |
 7 |   for (const char of 'Hello') {
 8 |     console.log(char);
 9 |   }
10 | }
```

◆実行結果

```
Bob
Tom
Jay
H
e
l
l
o
```

配列についてはその含まれる要素について、文字列については 1 文字ずつループを行っているようすがわかります。

反復可能オブジェクトには配列、文字列のほか、Map オブジェクト、Set オブジェクトなどがあります。本書ではこれらのオブジェクトについては詳しく紹介しませんが、必要に応じて調べてみてください。

さて、サンプル 4-6-1 と同様のループ処理は、for 文を使っても実現できます。サンプル 4-6-2 を実行してみましょう。

▶サンプル 4-6-2　for 文による配列の繰り返し [sample04-06.gs]

```
 1  function myFunction04_06_02() {
 2    const members  = ['Bob', 'Tom', 'Jay'];
 3    for (let i = 0; i < 3; i++) {
 4      console.log(`${i}: ${members[i]}`);
 5    }
 6
 7    for (let i = 0; i < 5; i++) {
 8      console.log(`${i}: ${'Hello'[i]}`);
 9    }
10  }
```

◆実行結果

```
0: Bob
1: Tom
2: Jay
0: H
1: e
2: l
3: l
4: o
```

　これらのループ処理は、for 文よりも for...of 文を用いたほうがシンプルに記述できますね。一方で、for 文を用いると現在対象となっている値のインデックスをブロック内で使用できるというメリットがあります。

Memo

　サンプル 4-6-2 について、ループの条件式に用いる要素数または文字数を求めるには、Array オブジェクトまたは String オブジェクトの length プロパティを用いると便利です。また、Array オブジェクトの entries メソッドを用いることで、for...of 文のループ内でインデックスと要素の両方を取り扱うことができます。これらについて、詳しくは第 7 章で紹介します。

04
制御構文

07 for...in 文による繰り返し

◆for...in 文

for...in 文を使うと、オブジェクトのすべてのプロパティについて繰り返しをすることができます。以下のように記述します。

▶構文

```
for ( 変数 in オブジェクト ) {
    // ループ内で実行する処理
}
```

for...in 文ではオブジェクト内のプロパティを順不同で取り出し、変数に格納してからループ内の処理を実行します。オブジェクト内のすべてのプロパティについて取り出し終わると、ループを終了します。この流れを表したものが図 4-7-1 です。ここで、**変数として取り出すのは値ではなく、プロパティ自体である**ことに注意してください。また、for...of 文と同様、プロパティを代入する変数の代わりに、const キーワードの宣言による定数が使用可能です。

▶図 4-7-1 for...in 文による繰り返し

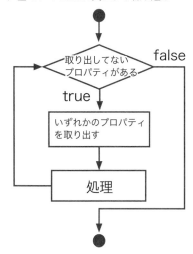

例として、サンプル 4-7-1 を実行してみましょう。オブジェクト points のプロパティと、

その値の組み合わせをログに出力をするものです。

▶ サンプル 4-7-1　for...in 文による繰り返し [sample04-07.gs]

```
1  function myFunction04_07_01() {
2    const points = {Japanese: 85, Math: 70, English: 60};
3    for (const subject in points) {
4      console.log(`${subject}の点数：${points[subject]}`);
5    }
6  }
```

オブジェクトのプロパティを
取り出して subject に格納

ブラケット記法でプロパティの値を取り出す

◆ 実行結果

```
Japaneseの点数：85
Mathの点数：70
Englishの点数：60
```

　for...in 文によって、オブジェクト points 内の各プロパティが定数 subject に格納されます。このようすをイメージ化したものが、図 4-7-2 です。ここで定数に格納されるプロパティは文字列型になりますので、ブラケット記法を用いて points[subject] とすることで、各プロパティの値を取り出すことができます。

▶ 図 4-7-2 for...in 文とオブジェクトのプロパティ

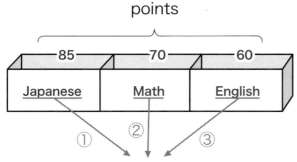

プロパティを順不同で取り出して
定数に格納する

　for...of 文では要素を取り出す順序が保証されていますが、for...in 文でプロパティを取り出す順序は保証されていません。

Rhino ランタイムであれば、for...of 文や for...in 文と類似した繰り返しの命令として、for each...in 文を使うことができます。しかし、最新の ECMAScript では非推奨であり、V8 ランタイムでは使用することができません。もし、Rhino ランタイムで動いているスクリプトで、for each...in 文を使用しているのであれば、for 文や for...of 文に書き換えましょう。

　配列のループには for...in 文の使用は適していません。順序が保証されていないことに加えて、想定していない要素まで反復対象してしまう可能性があります。for 文、for...of 文または Array オブジェクトの反復メソッドを使用するようにしましょう。反復メソッドについては、第 7 章で詳しく紹介します。

04 08 繰り返し処理の中断とスキップ

◆break 文でループを中断する

switch ブロックから抜ける際に **break 文**を使用しましたが、while 文、for 文、for...of 文および for...in 文によるループを中断させたいときにも使うことができます。break 文は、中断したい箇所で以下のように記述します。

▶構文

```
break
```

例として、サンプル 4-8-1 を見てみましょう。ここで、for 文によりカウンタ変数 i が 10 になるまで繰り返すように指定されていますが、if 文により変数 num が 50 を超えたら break 文で中断をします。

このようにして、i の値が 10 に到達するか、もしくは num の値が 50 を超えるかという、2 つのループの終了条件を与えることができるようになります。

▶サンプル 4-8-1　break 文によるループの中断 [sample04-08.gs]

```
 1  function myFunction04_08_01() {
 2    let num = 1;
 3    for (let i = 1; i <= 10; i++) {
 4      num *= 2;
 5      console.log(`iの値：${i}, numの値：${num}`);
 6      if (num > 50) {
 7        break;                              ← numの値が50を超えたら中断する
 8      }
 9    }
10  }
```

◆実行結果

```
iの値：1, numの値：2
iの値：2, numの値：4
iの値：3, numの値：8
iの値：4, numの値：16
iの値：5, numの値：32
iの値：6, numの値：64
```

◆continue 文でループをスキップする

break 文ではループ自体を中断しますが、現在のループだけをスキップしてループ自体は継続したいというときには、**continue 文**を使います。ループをスキップさせたい箇所に、以下のように記述します。

▶構文

```
continue
```

例として、サンプル 4-8-2 を実行してみましょう。for 文によりカウンタ変数 i が 10 になるまで繰り返すように指定されていますが、if 文により i が 3 の倍数であった場合、または 5 の倍数であった場合には、continue 文で処理がスキップされ、ログへの出力がされません。

▶サンプル 4-8-2 continue 文によるループのスキップ [sample04-08.gs]

```
1  function myFunction04_08_02() {
2    for (let i = 1; i <= 10; i++) {
3      if (i % 3 === 0 || i % 5 === 0) {
4        continue;
5      }
6      console.log(`iの値：${i}`);
7    }
8  }
```

iの値が 3 の倍数または 5 の倍数のときはスキップする

◆実行結果

```
iの値：1
iの値：2
iの値：4
iの値：7
iの値：8
```

◆ループにラベルを付与する

　if 文などの条件分岐、while 文や for 文などの繰り返しを使用する際に、ブロックの中にブロックが含まれるような構造を**ネスト（入れ子）**といいます。

　ループがネストになっている際に、break 文によるループの中断、continue 文によるループのスキップをした場合には、どのようになるでしょうか？

　例として、サンプル 4-8-3 を実行してみましょう。

▶ サンプル 4-8-3　ネストされたループの中断 [sample04-08.gs]

```
 1  function myFunction04_08_03() {
 2    for (let i = 1; i <= 3; i++) {
 3      for (let j = 1; j <= 3; j++) {
 4        if (i === 2 && j === 2) {
 5          break;
 6        }
 7        console.log(`iの値：${i}, jの値：${j}`);
 8      }
 9    }
10  }
```

◆実行結果

```
iの値：1, jの値：1
iの値：1, jの値：2
iの値：1, jの値：3
iの値：2, jの値：1
iの値：3, jの値：1
iの値：3, jの値：2
iの値：3, jの値：3
```

　カウンタ変数 i とカウンタ変数 j が、ともに 2 の値になった以降も、スクリプトの処理は継続をしていますね。つまり、サンプルの break 文で中断をしたのは内側のループだけということになります。このように、break 文では**もっとも内側のループを中断する**というルールとなっています。continue 文も同様で、ネストされているときには、**もっとも内側のループのみをスキップ**します。

　そこで、ネストされている際に外側のループを中断、またはスキップするときには、**ラベル**を付与するというテクニックを用います。ラベルはループに付与することができる識別子で、ループの先頭にコロン (:) を使って以下のように記述します。

▶構文

ラベル：

　そして、指定のループを中断またはスキップする場合は、break 文および continue 文で以下のようにラベルを指定します。

▶構文

```
break ラベル
```

▶構文

```
continue ラベル
```

　先ほどのサンプル 4-8-3 をラベル用いて変更したものが、サンプル 4-8-4 です。外側のループに「outerLoop」というラベルを付与して、break 文にそのラベルを指定しています。実行結果を見てもわかる通り、カウンタ変数 i とカウンタ変数 j が、ともに 2 の値になった時点でログの出力が終了しています。

▶サンプル 4-8-4 ラベル指定によるループの中断 [sample04-08.gs]

```
 1  function myFunction04_08_04() {
 2    outerLoop:
 3    for (let i = 1; i <= 3; i++) {
 4      for (let j = 1; j <= 3; j++) {
 5        if (i === 2 && j === 2) {
 6          break outerLoop;
 7        }
 8        console.log(`iの値：${i}, jの値：${j}`);
 9      }
10    }
11  }
```

外側のループにラベル「outerLoop」を付与

ラベル「outerLoop」を付与したループを中断する

◆実行結果

```
iの値：1, jの値：1
iの値：1, jの値：2
iの値：1, jの値：3
iの値：2, jの値：1
```

04 09 try...catch 文と例外処理

◆例外と例外処理

　GASでスクリプトを実行するときに想定しないエラーが発生することがあります。たとえば、サンプル 4-9-1 はごくシンプルなスクリプトですよね。しかし、うっかりスタンドアロンスクリプトで実行をしてしまうと図 4-9-1 のようなエラーが発生し、スクリプトはその時点で停止してしまいます。

　このように発生するエラーを、JavaScript では**例外**といいます。

▶ サンプル 4-9-1 メッセージダイアログの表示 [sample04-09.gs]

```
1  function myFunction04_09_01() {
2    Browser.msgBox('Hello');
3  }
```

▶ 図 4-9-1 GAS のエラーメッセージ

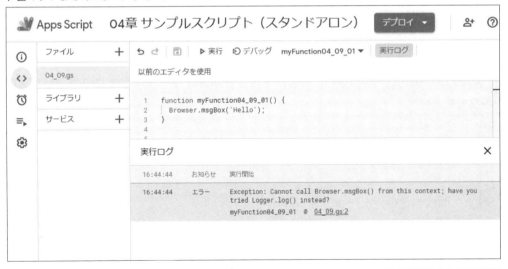

GAS ではさまざまな要因で例外が発生する

もちろん、例外が起きないようにスクリプトを組むのが理想ですが、サンプル 4-9-1 の例をはじめ GAS ならではのルールも多いですし、他のユーザーの操作や割り当てや制限など、例外が発生する要因は多岐に渡りますから、そのすべてを想定して完全に防ぐことは困難です。

そこで、そのようなときには、例外が発生した場合の対応をするた処理、すなわち**例外処理**が有効となります。例外処理を用いると、例外の発生を検知して、その発生に応じて処理を継続したり、例外の内容に応じて処理を分岐したりできます。

◆try...catch...finally 文

JavaScript で例外処理を行う場合は、**try...catch...finally 文**を使用します。記述方法は以下の通りです。

▶構文

```
try {
  // 例外を検知する対象となる処理
} catch( 変数 ) {
  // 例外が発生したときに実行する処理
} finally {
  // 例外の有無にかかわらず実行する処理
}
```

例外の発生を検知したい処理の範囲を、try ブロック内に記述します。try ブロック内で例外が発生した場合には、その時点ですぐさま catch ブロックに処理が移ります。finally ブロックは、例外が発生するかどうかにかかわらず実行される処理で、不要であれば省略可能です。

サンプル 4-9-1 に、try...catch...finally 文による例外処理を追加したものが、サンプル 4-9-2 です。

▶サンプル 4-9-2　try...catch...finally 文による例外処理 [sample04-09.gs]

```
 1  function myFunction04_09_02() {
 2    try {
 3      Browser.msgBox('Hello');
 4    } catch(e) {
 5      console.log(' 例外が発生しました：' + e.message);
 6    } finally {
 7      console.log(' スクリプトの実行完了！');
 8    }
 9  }
```

◆実行結果

例外が発生しました： このコンテキストから `Browser.msgBox()` を呼び出せません。代わりに
`Logger.log()` を試しましたか？
スクリプトの実行完了！

　実行をすると例外が発生しますが、停止はせずに catch ブロックの内容が実行され、「例外が発生しました：」の文字列に続いてエラーメッセージ表示されます。finally ブロックは例外の有無に関係なく実行されますので、「スクリプトの実行完了！」は常にログに出力されます。

　ここで変数 e には、例外が発生したときに生成される Error オブジェクトが渡されます。Error オブジェクトの message プロパティにはエラーメッセージが格納されていますので、サンプル 4-9-2 の catch ブロックではそれを取り出して表示をしています。Error オブジェクトについては、第 7 章で詳しく解説します。

◆throw 文

　例外は、発生したものを受動的に検知して利用するだけではなく、スクリプト内で能動的に発生をさせることができます。以下、**throw 文**を使います。また、例外を発生させることを、「例外をスローする」ともいいます。

▶構文

```
throw new Error( エラーメッセージ )
```

　サンプル 4-9-3 を実行してみましょう。図 4-9-2 のように例外が発生し、エラーメッセージ「x に 0 が代入されました」が表示されます。

▶サンプル 4-9-3 throw 文で例外をスローする [sample04-09.gs]

```
1  function myFunction04_09_03() {
2    const x = 0;
3    if (x === 0) {
4      throw new Error('xに0が代入されました');
5    }
6  }
```

▶図 4-9-2 throw 文で例外をスローする

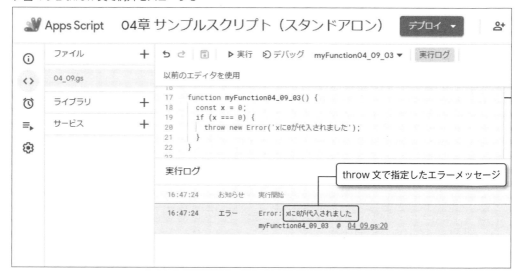

　throw 文では文字列などのプリミティブ値を渡して例外を発生させることも可能です。しかし、Error オブジェクトを生成し例外としてスローをすることで、その catch ブロックの中でそのプロパティを取り出して処理を行うことができます。Error オブジェクトについては第 7 章で詳しく解説します。

　throw 文と try...catch 文を組み合わせた例が、サンプル 4-9-4 です。定数 x の値が 0 の場合に例外をスローし、処理を分岐させることができます。

▶サンプル 4-9-4　throw 文と try...catch 文 [sample04-09.gs]

```
 1  function myFunction04_09_04() {
 2    const x = 0;
 3    try {
 4      if (x === 0) {
 5        throw new Error('xに0が代入されました');
 6      }
 7    } catch(e) {
 8      console.log('例外が発生しました： ' + e.message);
 9    }
10  }
```

◆実行結果

例外が発生しました： xに0が代入されました

制御構文

　これまでお伝えしてきた通り、GAS ではユーザーの操作や、HTTP 通信の結果、割り当てや制限など、さまざまな外的要因で例外が発生します。そのような可能性がある箇所には、try...catch 文の使用を検討するのがよいですね。

　さて、本章では条件分岐や繰り返しなど、JavaScript の制御構文について紹介してきました。これらの処理は、GAS プログラミングで頻繁に活躍する機会がありますので、しっかり押さえておきましょう。

　続く第 5 章では、「関数」についてお伝えします。

　関数を使用することで、一連の処理をひとまとめにし、再利用がしやすくなります。GAS である程度の規模のアプリケーションを開発する、またそのメンテナンス性を高める上では重要な機能となりますので、しっかり学んでいきましょう。

05

関数

関数とは

◆関数の宣言と呼び出し

関数とは一連の処理をまとめたものをいい、その定義の方法として、以下のようにいくつかの方法があります。

・function 文による関数の宣言
・関数リテラル
・アロー関数

まずは、**関数の宣言**による関数の定義から整理をしていくことにしましょう。

これまで何度も登場してきた関数「myFunction 〜」は、**function 文**による関数の宣言で、その中でも引数も戻り値もない、もっともシンプルなタイプのものでした。

その書式を、以下で再確認しておきましょう。

▶構文

```
function 関数名 () {
   // 処理
}
```

まず、サンプル 5-1-1 をスクリプトエディタに入力して保存をしてみましょう。

▶サンプル 5-1-1 複数の関数を宣言 [sample05-01.gs]

```
1  function sayHello() {
2     console.log('Hello!');
3  }
4
5  function sayGoodBye() {
6     console.log('Good bye.');
7  }
```

　すると、スクリプトエディタのツールバーの「関数を選択」のプルダウンに「sayHello」と「sayGoodBye」のそれぞれが選択可能となっているのが確認できますよね（図5-1-1）。それぞれの関数を選択し、スクリプトを実行してそのログ表示を確認してみましょう。「sayHello」であれば「Hello!」、「sayGoodBye」であれば「Good bye.」と出力されるはずです。

▶図 5-1-1 スクリプトエディタで関数を選択

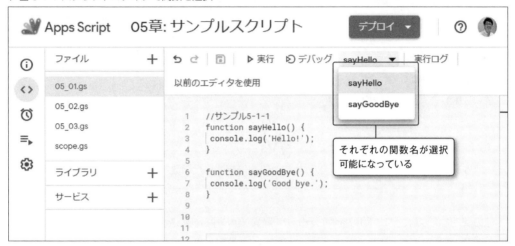

　このように、gs ファイルには複数の関数を定義できます。また、それらの関数のうち「関数を選択」のプルダウンで選択した関数を実行します。

　関数は「関数を選択」で選択して実行するだけでなく、**別の関数から呼び出す**ことができます。その場合は、以下のように記述します。

▶構文

```
関数名 ()
```

　他の関数を呼び出す例として、サンプル 5-1-2 を入力して「sayGoodBye」を実行してみましょう。ログの出力では、「Good Bye.」の前に「Hello!」も出力されるはずです。

▶ サンプル 5-1-2 関数を呼び出す [sample05-01.gs]

```
1  function sayHello() {
2    console.log('Hello!');
3  }
4
5  function sayGoodBye() {
6    sayHello();              関数 sayHello を呼び出す
7    console.log('Good bye.');
8  }
```

◆実行結果

```
Hello!
Good bye.
```

Memo

同じプロジェクト内であれば、別の gs ファイルに記述した関数も呼び出すこともできます。

　この例でわかるように、関数を呼び出した場合、その呼び出した関数の処理が完了した時点で、元の関数に処理が戻ります。そのようすを図 5-1-2 に表していますので、合わせてご覧ください。

▶ 図 5-1-2 関数の呼び出し

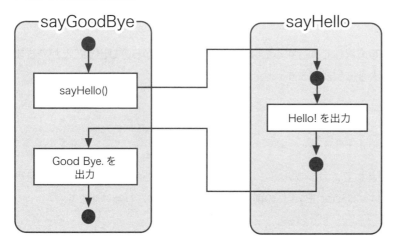

　さて、スクリプトファイルに次々と関数を宣言していくと、スクリプトエディタのプルダウンに多数の関数名が列挙されていき、選択が面倒になるときがあります。そのようなときは、表示する必要がない関数について、以下のように関数名の最後にアンダースコア（_）を付与

して**プライベート関数**にするとよいでしょう。

▶構文
```
function 関数名_() {
  // 処理
}
```

　プライベート関数は、プロジェクト内からの呼び出しは引き続き可能ですが、プロジェクト外からは見えなくなり、呼び出すことができなくなります。スクリプトエディタのプルダウンにも表示されません。

　たとえば、先ほどのサンプル 5-1-2 を、以下のサンプル 5-1-3 のように変更します。

▶サンプル 5-1-3 プライベート関数 [sample05-01.gs]
```
1  function sayHello_() {
2    console.log('Hello!');
3  }
4
5  function sayGoodBye() {
6    sayHello_();
7    console.log('Good bye.');
8  }
```

> 関数名の末尾にアンダースコアを付与し、プライベート関数とする

　スクリプトエディタのプルダウンを確認すると、図 5-1-3 のように関数 sayHello_ の表示がされていないことが確認できます。

▶図 5-1-3 プライベート関数とプルダウン

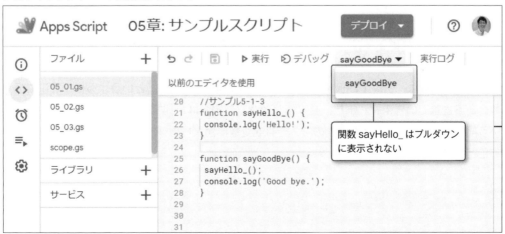

◆引数と戻り値

　関数を呼び出して処理を渡す際、また呼び出し関数から処理も戻す際に、値の受け渡しを行うことができます。呼び出した関数に渡す値を**引数**、呼び出した関数から受け取る値を**戻り値**といいます。

　引数、戻り値を含めた関数の宣言は、以下のように記述します。

▶構文
```
function 関数名 ( 仮引数 1, 仮引数 2,…) {
  // 処理
  return 戻り値 ;
}
```

　関数が呼び出されたときに受け取る値を格納する変数を**仮引数**といい、関数名の後ろの丸括弧内に指定します。ここでは、let などのキーワードは不要です。複数ある場合は、カンマ区切りで記述をします。

　また、**return 文**で戻り値を指定します。戻り値が不要の場合は、retrun 文を省略しても構いません。return 文が実行されると、それ以降の処理は実行されませんので、配置する場所には注意が必要です。

return 文が実行されると、戻り値とともに処理も戻ります。

　一方で、引数を渡して関数を呼び出す記述は以下の通りです。

▶構文
```
関数名 ( 引数 1, 引数 2,…)
```

　列挙した引数は、引数 1 が仮引数 1 に、引数 2 が仮引数 2 に … というように、順番に仮引数へと渡されていきます。また、戻り値が返された場合は、「関数名 (引数 1, 引数 2,…)」という部分自体が戻り値を持ちますので、それを変数に代入したり、引数として利用をしたりすることが可能です。

　では、例としてサンプル 5-1-4 を見てみましょう。長方形の面積を求める、calcArea_ 関数の例です。引数として縦の長さ x、横の長さ y を渡して、return として x*y で算出した値を戻すという流れになっています。calcArea_(3, 4) が戻り値を持ちますので、そのままログ出力の内容として使用しています。

　処理および引数、戻り値の流れを図 5-1-4 に示しますので、合わせてご覧ください。

▶ サンプル 5-1-4 引数と戻り値の受け渡し [sample05-01.gs]

```
1  function myFunction05_01_04() {
2    console.log(`長方形の面積：${calcArea_(3, 4)}`); // 長方形の面積：12
3  }
4
5  function calcArea_(x, y) {
6    return x * y;
7  }
```

> 関数 calcArea_ の戻り値
> が出力される

▶ 図 5-1-4 引数と戻り値の受け渡し

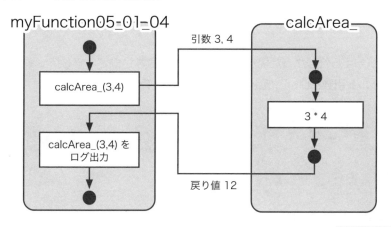

呼び出された関数は引数を受け取って
戻り値を返す

Memo

　return 文を省略した場合、または return 文の戻り値を指定しなかった場合は、いずれも undefined が戻り値となります。

◆デフォルト引数と残余引数

JavaScript では関数に渡す引数の数と、それを受け取る仮引数の数は必ずしも同じでなくとも構いません。では、それらの数が異なる場合、どのような処理がされるのでしょうか。サンプル 5-1-5 を実行して確認してみましょう。

▶ サンプル 5-1-5 引数と仮引数の数 [sample05-01.gs]

```
1  function myFunction05_01_05() {
2    logNumbers_(1, 2, 3); //x: 1, y: 2
3    logNumbers_(1); //x: 1, y: undefined
4  }
5
6  function logNumbers_(x, y) {
7    console.log(`x: ${x}, y: ${y}`);
8  }
```

引数の数が、仮引数の数を上回った場合は、余った引数は使われずに捨てられます。一方で、仮引数の数が、引数の数を上回った場合は、余った仮引数は undefined を持つことになります。

さて、仮引数に引数が与えられなかった場合、undefined ではない既定の値を持つようにできます。それを**デフォルト引数**といい、仮引数の記述部分を以下のようにします。

▶ 構文 V8

```
function 関数名 (…, 仮引数 = 値 ,…) {
  // 処理
}
```

イコール (=) 記号の後に記述した値がデフォルト値となり、対応する引数が与えられなかったときに、仮引数はその値を持つようになります。

では、サンプル 5-1-6 を実行してデフォルト引数の使用方法について確認しておきましょう。

▶ サンプル 5-1-6 デフォルト引数 [sample05-01.gs]

```
1  function myFunction05_01_06() {
2    logMessage_('Bob', 'Good morning'); //Good morning, Bob.
3    logMessage_('Tom'); //Hello, Tom.
4  }
5
6  function logMessage_(name, msg = 'Hello') {
7    console.log(`${msg}, ${name}.`);
8  }
```

仮引数 msg のデフォルト値を「'Hello'」とする

関数に任意の数の引数を渡したいときはどうすればよいでしょうか。引数を配列として渡すという方法もありますが、別の方法として**残余引数**があります。

残余引数は、受け取った引数のうち、余った引数を用意した配列の要素として受け取るというもので、以下構文のように仮引数の前にドット（.）記号を 3 つ記述します。

▶ 構文 **V8**

```
function 関数名 (…, ... 仮引数 ) {
   // 処理
}
```

ここで仮引数は配列となり、余った引数を順番にその要素として追加します。例としてサンプル 5-1-7 をご覧ください。

▶ サンプル 5-1-7 残余引数 [sample05-01.gs]

```
1  function myFunction05_01_07() {
2    logMembers_('Bob', 'Tom', 'Ivy', 'Jay');
3  }
4
5  function logMembers_(first, second, ...members) {
6    console.log(first, second);
7    console.log(members);
8  }
```

余った引数を配列 members の
要素として受け取る

◆実行結果

```
Bob Tom
[ 'Ivy', 'Jay' ]
```

残余引数は不特定多数の引数を渡して、それに対するループ処理の結果を返すなどの処理を行う関数を作りたいときに有効です。

◆値渡しと参照渡し

引数および戻り値には、オブジェクトや配列を指定することもできます。したがって、戻り値は 1 つしか指定できませんが、オブジェクトや配列を指定することで、実質的には複数の値を返すことが可能となります。

ただし、**引数の渡し方には値渡しと参照渡しの 2 種類がある**、という点に注意が必要です。数値、文字列、真偽値などのプリミティブ値を引数に指定した場合は、値を複製して関数に渡します。これを、**値渡し**といいます。その値渡しの例として、サンプル 5-1-8 を見てみましょ

う。変数 x の値を渡して、関数 func はその値に 1 を加算して、戻り値として返します。この場合、変数 x の値は、10 のままで保持されます。

▶ サンプル 5-1-8 値渡し [sample05-01.gs]

```
1  function myFunction05_01_08() {
2    const x = 10;
3    console.log(`func1_(x) の値 : ${func1_(x)}`); //func1_(x) の値 : 11
4    console.log(`xの値 : ${x}`); //xの値 : 10
5  }
6
7  function func1_(y) {
8    y += 1;
9    return y;
10 }
```

> x の値に変更はない

> 受け取った値に 1 を加算した値を戻り値として返す

サンプル 5-1-8 の処理の流れと、メモリ上の値を図解したものが図 5-1-5 となります。変数 x の値を渡した時点で、関数 func1_ ではメモリ上の別のアドレスに仮引数 y の領域を確保して、そこに受け取った値を複製します。したがって、仮引数 y に変更を加えたとしても、元の変数 x とその値には影響は与えません。

▶ 図 5-1-5 値渡しとメモリ

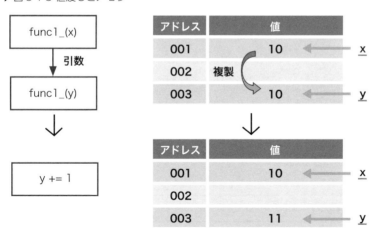

値渡しの場合は、メモリ上の別の場所に値が複製される

一方で、オブジェクトや配列を引数に指定した場合は、オブジェクトや配列のメモリ上のアドレス、つまり参照値を渡します。これを**参照渡し**といいます。参照渡しの例として、サンプル 5-1-9 をご覧ください。

　変数 x には配列が格納されており、関数 func2_ に引数として渡しています。関数 func2_ では、それを仮引数 y として受け取り、その要素の値に 1 を加算した上で戻り値として返しています。一見、仮引数 y に変更を加えているので、変数 x の要素には変更はないように思えますが、実際には x[0] の値にも 1 が加算されているのがわかります。

▶サンプル 5-1-9 参照渡し [sample05-01.gs]

```
 1  function myFunction05_01_09() {
 2    const x = [10, 20, 30];
 3    console.log(`func2_(x) の値: ${func2_(x)}`); //func2_(x) の値 :11,20,30
 4    console.log(`x の値: ${x}`); //x の値 :11,20,30
 5  }
 6
 7  function func2_(y) {
 8    y[0] += 1;
 9    return y;
10  }
```

> x[0] の値も変更された

> 配列を受け取り、そのインデックス 0 の値に 1 を加算した配列を戻り値として返す

　サンプル 5-1-9 の処理と、メモリ上の値のようすを表したものが図 5-1-6 です。変数 x には配列が格納されていますので、引数で渡すのは参照値、すなわちメモリ上のアドレスです。関数 func2_ の仮引数 y には、その参照値がセットされます。したがって、変数 x と仮引数 y が指し示す配列は、同じアドレスに存在する配列、つまり実体として同じものとなります。

▶図 5-1-6 参照渡しとメモリ

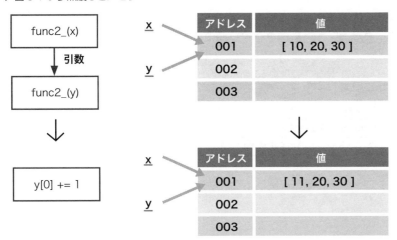

> 参照渡しの場合はメモリ上のアドレスを渡すため、その実体は同一

GAS では、オブジェクトや配列の受け渡しも頻繁に行われます。その場合は、参照渡しとなり、その変更は呼び出した関数外でも有効になるということを覚えておきましょう。

<P>oint

オブジェクト、配列を引数に指定した場合は参照渡しとなり、その変更は呼び出し元でも有効です。

◆ ドキュメンテーションコメント

プログラムの中で何度も呼び出すような処理や、部品として他のプログラムでも使い回せるような処理は、関数として部品化をしておくとよいでしょう。コードの管理やメンテナンスがしやすくなり、再利用性が高まります。

その際に、その関数がどのような役割を持つものか、引数や戻り値がどういったものかなどをコメントとして記述しておくと便利です。それらの記述には、一定の記述法が定められていて、それを**ドキュメンテーションコメント**といいます。

ドキュメンテーションコメントは、以下のようなルールで記述します。

・関数の宣言の直前に記載する
・「/**」ではじまり「*/」で終わる
・概要と特定のタグを用いた情報で構成される

タグは「@」から始まるキーワードで、GAS では図 5-1-7 に挙げるものを使用できます。

▶図 5-1-7 ドキュメンテーションコメントで使用するタグ

タグ	説明	書式
@param	引数の情報を追加する	{データ型} 仮引数名 - 概要
@return	戻り値の情報を追加する	{データ型} - 概要
@customfunction	スプレッドシートの補完の候補にする	-

ドキュメンテーションコメントの簡単な例として、サンプル 5-1-10 をご覧ください。

▶ サンプル 5-1-10 ドキュメンテーションコメント [sample05-01.gs]

```
1   /**
2    * 税込み価格を返す関数
3    *
4    * @param {Number} price - 価格
5    * @param {Number} taxRate - 税率（既定値は 0.1）
6    * @return {Number} - 税込価格
7    */
8   function includeTax(price, taxRate = 0.1) {
9     return price * (1 + taxRate);
10  }
```

本書のサンプルではドキュメンテーションコメントを入れていませんが、実際に作成する関数への記述を習慣づけるようにしましょう。

Point

関数へのドキュメンテーションコメントの記述を習慣づけましょう。

Memo

ドキュメンテーションコメントの記法については以下ページが参考になるでしょう。

@use JSDoc
https://jsdoc.app/index.html

Memo

ドキュメンテーションコメントはライブラリを作成した場合に、スクリプトエディタ上での補完の対象になります。これについては、第23章で解説をします。

また、@customfunction はスプレッドシートのカスタム関数を作成する際に使用します。詳しくは第8章をご覧ください。

05|02 関数リテラル

◆関数リテラルによる定義

5-1 では関数の宣言による関数の定義を見てきましたが、別の定義の方法があります。それが**関数リテラル**です。JavaScript では、関数リテラルを用いて関数を定義することで、変数や定数に代入をしたり、オブジェクトの要素として追加したり、引数として渡したりすることが可能となります。

関数リテラルは以下のように記述します。

▶構文

```
function ( 仮引数 1, 仮引数 2,…) {
  // 処理
}
```

関数の宣言とほぼ書式は同じですが、関数名を記述しないという点が異なります。関数リテラルで定義した関数は、定義時点では名前を持たないという点から、匿名関数または無名関数などとも呼ばれます。retrun 文と戻り値についても関数の宣言と同様、省略をすることが可能です。

関数リテラルで定義した関数は、変数や定数に代入することができ、その代入式を**関数式**といいます。なお、関数式は代入ですから、ステートメントの末尾にセミコロン (;) が必要です。

Point

関数式には末尾にセミコロンが (;) が必要です。

関数式で関数を定義した場合、関数を代入した変数または定数を使って、以下のように関数を呼び出すことができます。

▶構文

```
変数名 ( 引数 1, 引数 2,…)
定数名 ( 引数 1, 引数 2,…)
```

　たとえば、サンプル 5-2-1 を作成し、関数 sayGoodBye を実行してみましょう。これはサンプル 5-1-3 の関数 sayHello_ を、関数リテラルによる定義に置き換えたものです。定数 sayHello_ に関数リテラルを代入することで、関数 sayHello_ として呼び出すことができます。

▶ サンプル 5-2-1 関数式 [sample05-02.gs]

```
1  const sayHello_ = function() {
2    console.log('Hello!');
3  };
4
5  function sayGoodBye() {
6    sayHello_();
7    console.log('Good bye.');
8  }
```

> 関数リテラルを定数 sayHello_ に代入

> 関数 sayHello_ を呼び出す

◆実行結果

```
Hello!
Good bye.
```

　サンプル 5-2-2 は、サンプル 5-1-4 を関数リテラルに置き換えたもので、関数式により定数 calcArea_ へと代入しています。引数の渡し方、return 文による戻り値の指定も、関数の宣言によるものと同様です。

▶ サンプル 5-2-2 引数と戻り値がある場合の関数式 [sample05-02.gs]

```
1  function myFunction05_02_02() {
2    console.log(`長方形の面積：${calcArea_(3, 4)}`); // 長方形の面積：12
3  }
4
5  const calcArea_ = function(x, y) {
6    return x * y;
7  };
```

Memo

　同一プロジェクト内で function 文による関数の関数名のバッティングが発生した場合、その呼び出しの際は、いずれかの関数のみが呼び出されます。しかし、関数式による関数名のバッティング時には「SyntaxError: Identifier 'sayHello_' has already been declared」などというエラーが発生します。

　つまり、関数式で定義すれば関数名のバッティングを確実に検出できるということになります。

◆アロー関数

関数リテラルには、それをより短縮し、よりスマートに記述する構文が用意されており、それを**アロー関数**といいます。アロー関数は以下のように記述します。

▶構文 V8

```
( 仮引数 1, 仮引数 2,…) => {
  // 処理
}
```

受け取る仮引数を丸括弧内に列挙し、続いてイコール（=）記号と大なり記号（>）、そのあと、関数に含める処理を波括弧内に記述します。仮引数リストを矢印（=>）で処理群に渡すようなイメージで捉えるとよいでしょう。

アロー関数による関数も変数や定数に代入することができ、その代入式を**アロー関数式**といいます。アロー関数式により関数を代入した変数や定数は、その名前を関数名として呼び出すことができます。

では、例を見てみましょう。サンプル 5-2-1 の関数 sayHello_ をアロー関数で書き換えたものが、サンプル 5-2-3 です。sayGoodBye 関数を実行して、実際に関数として呼び出せるかどうか確認しましょう。

▶サンプル 5-2-3 アロー関数式 [sample05-02.gs]

```
1  const sayHello_ = () => {
2    console.log('Hello!');
3  }
```

さて、アロー関数は特定の条件下であれば、さらに省略した記法を用いることができますので、ひとつずつ紹介していきましょう。

まず、仮引数がひとつの場合は、それを囲む丸括弧を省略可能です。つまり、以下のように表記できます。

▶構文 V8

```
仮引数 => {
  // 処理
}
```

また、関数に含むステートメントがひとつの場合は、それを囲む波括弧を省略可能です。つまり、以下のように記述できます。

▶構文 V8

(仮引数 1, 仮引数 2,…) => ステートメント

さらに、関数に含むステートメントがひとつであり、それが return 文である場合は、以下のようにキーワード return を省略して、戻り値だけの記述にできます。

▶構文 V8

(仮引数 1, 仮引数 2,…) => 戻り値

たとえば、サンプル 5-2-3 の関数 sayHello_ は、ひとつのステートメントのみで構成されていますので、波括弧を省略し、以下サンプル 5-2-4 のように一行で記述できます。

▶サンプル 5-2-4 ひとつのステートメントのみの場合 [sample05-02.gs]

```
const sayHello_ = () => console.log('Hello!');
```

また、サンプル 5-2-2 の関数 calcArea_ は、return 文のみの関数です。ですから、サンプル 5-2-5 のように、波括弧とともにキーワード return も省略し、戻り値のみの記述にできます。

▶サンプル 5-2-5 return 文のみの場合 [sample05-02.gs]

```
const calcArea_ = (x, y) => x * y;
```

正方形の面積を返す関数 calcSquareArea_ を作るのであれば、その仮引数はひとつですから、サンプル 5-2-6 のように、仮引数リストを囲う丸括弧を省略できます。

▶サンプル 5-2-6 仮引数がひとつのみの場合 [sample05-02.gs]

```
1  function myFunction05_02_06() {
2    console.log(`正方形の面積 : ${calcSquareArea_(3)}`); // 正方形の面積 : 9
3  }
4
5  const calcSquareArea_ = x => x ** 2;
```

Memo

　仮引数がない場合は、サンプル 5-2-4 のように丸括弧が必要になります。丸括弧の省略が可能なのは、仮引数がひとつのときのみです。

アロー関数はとっつきづらいように見えるかも知れませんが、関数リテラルの記述をかなり短くし、コード量を大きく削減できます。

アロー関数はメソッドの定義には適していません。メソッドを定義するには、旧来の関数リテ
ラルまたはメソッド構文を用います。メソッドの定義については、第6章で詳しく解説します。

05

関
数

05
03 スコープ

◆グローバル領域

突然ですが、サンプル 5-3-1 を用意しました。関数 myFunction05_03_01 内にはステートメントが 1 つも存在していませんが、実行するとどのような結果が得られると思いますか？

▶サンプル 5-3-1 関数の外に記述されたステートメント [sample05-03.gs]

```
1  const msg = 'Hello GAS!';
2  console.log(msg);
3
4  function myFunction05_03_01() {
5  }
```

> myFunction05_03_01 を
> 呼び出した際に実行される

◆実行結果

```
Hello GAS!
```

関数 myFunction05_03_01 を実行すると、ログに「Hello GAS!」と表示がされましたね。関数の外に記述した 2 つのステートメント、定数 msg の初期化とログ出力が実行されました。

GAS では、どの関数にも属さない領域にステートメントを記述することができ、この領域を**グローバル領域**といいます。プロジェクトに含まれるいずれかの関数が呼び出されると、**呼び出された関数よりも先に、グローバル領域に記述されたステートメントが実行されます**。

サンプル 5-3-2 で myFunction を実行すると、まずグローバル領域に記述されたステートメントが上から順に実行され、そのあとに呼び出された関数内のステートメントが実行されることが確認できるでしょう。

▶サンプル 5-3-2 グローバル領域のステートメントの実行順 [sample05-03.gs]

```
1  console.log('Hello!');
2
3  function myFunction05_03_02() {
4    console.log('Good night...');
5  }
6
7  console.log('Good bye.');
```

> 最初に実行
> 最後に実行
> 2 番目に実行

◆実行結果

```
Hello!
Good bye.
Good night...
```

さて、別の例としてサンプル 5-3-3 をご覧ください。このコードは、以前紹介しました関数式に関するサンプル 5-2-5 に修正を加え、定数 calcArea_ へ代入する関数式を関数の中に移設したものです。

▶ サンプル 5-3-3 関数式とその呼び出し [sample05-03.gs]

```
1  function myFunction05_03_03() {
2    console.log(`長方形の面積：${calcArea_(3, 4)}`);
3    const calcArea_ = (x, y) => x * y;
4  }
```

> この時点では calcArea は定義されていない

ところが、このスクリプトを実行すると「ReferenceError: Cannot access 'calcArea_' before initialization」というエラーが発生します。

これは、関数式による関数の定義よりも、その関数の呼び出しが先に実行されてしまうことによります。エラーを解消するには、ログ出力と関数式の順番を入れ替える必要があります。これまでステートメントの記述順が逆であったにもかかわらずエラーが起きなかった理由は、関数式がグローバル領域にあったため、前もってその定義が完了していたからです。

このように、グローバル領域へのステートメント記述は、実行順がわかりづらくなります。とくに理由がない限りは記述しないようにしつつ、記述する場合も特定の gs ファイルの一番上にまとめて記述するほうがよいでしょう。

Point

グローバル領域への記述は必要最低限とし、特定の gs ファイルの一番上にまとめます。

Memo

異なる gs ファイルに記述されていたとしても、プロジェクト内の任意の関数呼び出しにより、グローバル領域に記述されるすべてのステートメントが実行されます。複数の gs ファイルのグローバル領域にステートメントを点在させることは、わかりやすさの観点からおすすめすることはできません。

◆スコープとその種類

　変数や定数には、どこからそれらを参照できるかという範囲が定められています。それを**ス
コープ**といいます。

　スコープには以下のように、いくつかの種類があります。

・**グローバルスコープ**：プロジェクト全体から参照できる

・**ローカルスコープ**：特定の範囲のみから参照できる

　・**関数スコープ**：宣言された関数の内部からのみ参照できる

　・**ブロックスコープ**：宣言されたブロックの内部からのみ参照できる

　たとえば、グローバル領域で宣言された変数や定数は、プロジェクトのどこからでも参照す
ることができるようになります。そのようなグローバルスコープを持つ変数や定数を、**グロー
バル変数**および**グローバル定数**といいます。

　一方で、関数内またはブロック内で、let キーワードや const キーワードで宣言された変数
や定数は、その関数内またはブロック内からのみ参照が可能となります。そのような特定の範
囲内からのみ参照できる変数や定数を、**ローカル変数**および**ローカル定数**といいます。

　ここで、ブロックというのは、波括弧で囲うことにより処理をグループ化したもののことを
いいます。詳しくは次節で紹介します。

　これらのスコープについて、スクリプトエディタ上に表すと図 5-3-1 のようになります。

▶図 5-3-1 スコープとその範囲

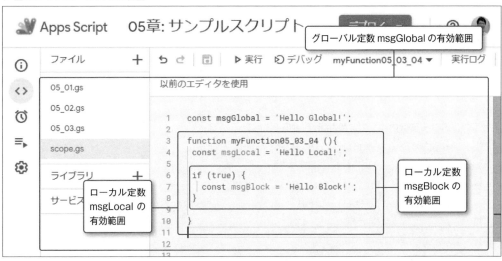

では、それぞれのスコープについて、その動作を確認していきましょう。まず、3つの定数が用意されていて、それぞれ以下のスコープを持つとしましょう。

・msgGlobal: グローバルスコープ

・msgLocal : 関数スコープ

・msgBlock: ブロックスコープ

たとえば、サンプル5-3-4のように各定数に対してグローバルから参照を試みてみましょう。

▶ サンプル5-3-4 グローバルからの参照 [sample05-03.gs]

```
 1  const msgGlobal = 'Hello Global!';
 2
 3  function myFunction05_03_04() {
 4    const msgLocal = 'Hello Local!';
 5
 6    if (true) {
 7      const msgBlock = 'Hello Block!';
 8    }
 9
10  }
11
12  console.log(msgGlobal); //Hello Global!
13  //console.log(msgLocal); //ReferenceError: msgLocal is not defined
14  //console.log(msgBlock); //ReferenceError: msgBlock is not defined
```

実際に実行できるのは定数 msgGlobal のログ表示だけで、他の定数への参照は「ReferenceError」となります。

では次に、関数内からこれらの定数への参照を試みてみましょう。サンプル5-3-5をご覧ください。

▶ サンプル5-3-5 関数内からの参照 [sample05-03.gs]

```
 1  const msgGlobal = 'Hello Global!';
 2
 3  function myFunction05_03_05() {
 4    const msgLocal = 'Hello Local!';
 5
 6    if (true) {
 7      const msgBlock = 'Hello Block!';
 8    }
```

```
 9
10     console.log(msgGlobal); //Hello Global!
11     console.log(msgLocal); //Hello Local!
12     //console.log(msgBlock); //ReferenceError: msgBlock is not defined
13   }
```

　定数 msgGlobal と定数 msgLocal は参照可能で、定数 msgBlock のみ参照ができないという結果になります。

　では、最後のブロック内からの参照を見てみましょう。サンプル 5-3-6 です。

▶ サンプル 5-3-6 ブロック内からの参照 [sample05-03.gs]

```
 1   const msgGlobal = 'Hello Global!';
 2
 3   function myFunction05_03_06() {
 4     const msgLocal = 'Hello Local!';
 5
 6     if (true) {
 7       const msgBlock = 'Hello Block!';
 8
 9       console.log(msgGlobal); //Hello Global!
10       console.log(msgLocal); //Hello Local!
11       console.log(msgBlock); //Hello Block!
12     }
13   }
```

　この例では、すべての定数に対して参照できます。

　さて、一見すると、どこからでも参照が可能なグローバルスコープを持つ変数や定数のほうが、融通が利き、便利なように思えるかも知れません。しかし、逆に捉えると、プロジェクトのあらゆる関数から参照できますし、変数であれば上書き代入ができてしまいます。また、プロジェクト内で同じ変数名や定数名を使用することができません。それらの影響に注意を払いながらの開発はその難易度と労力を増す結果につながります。スコープは可能な限り狭い範囲に限定すべきでしょう。

Point

スコープはできるだけ狭い範囲をとるようにしましょう。

もし、親子関係にあるスコープで同じ名前の変数または定数がバッティングしているのであれば、同じレベルのスコープの変数または定数を参照します。ただし、わかりやすさのために、同じスコープ内での名称のバッティングはできるだけ避けたほうがいいでしょう。

実は、let キーワードや const キーワードによる宣言を省略した場合でも、その変数は使用できます。しかし、そのように宣言された変数は、その宣言された場所にかかわらず、すべてグローバル変数とみなされます。変数や定数を使用する際の let キーワードおよび const キーワードは忘れないように気をつけましょう。

なお、関数にもスコープが存在しています。ある関数内で定義されているのであれば、その関数内からのみ呼び出しが可能です。それを**ローカル関数**といいます。一方で、グローバル領域に記述された関数を**グローバル関数**といいます。

◆ブロック

前節で登場した**ブロック**について、より詳しく解説しておきましょう。ブロックというのは、ステートメントをグループ化したものです。ブロックは、以下のように波括弧で囲うことにより、作成できます。

▶構文

```
{
    // 処理
}
```

ブロックは任意の場所に作成できますので、それを利用して変数や定数のブロックスコープを形成できます。

また、前節ではブロックスコープの例として if 文を用いていました。if 文などの条件式の結果として実行する範囲や、for 文などの反復の対象範囲は波括弧で囲いますが、それらもすべて同じくブロックです。ですから、内部の let キーワードもしくは const キーワードによる変数および定数はブロックスコープを持ちます。

var キーワードにより宣言された変数は、ブロックスコープを持つことができません。関数スコープまたはグローバルスコープの変数は let キーワードによる宣言でも実現できますので、var キーワードを使用する必要はありません。

さて、たとえば if 文の構文はブロックを用いて、以下のようにも表現できます。

▶ 構文
```
if （条件式） ブロック
```

ここでもし、ブロック内のステートメントがひとつであるならば、波括弧で囲ってグループ化する必要はなくなりますので、以下のように記述することができるということになります。

▶ 構文
```
if （条件式） ステートメント
```

たとえば、break 文の例として紹介したサンプル 4-8-1 は、サンプル 5-3-7 のようにより短い行数のスクリプトに書き換えることができます。

▶ サンプル 5-3-7　if 文のステートメントがひとつの場合 [sample05-03.gs]
```
1  function myFunction05_03_07() {
2    let num = 1;
3    for (let i = 1; i <= 10; i++) {
4      num *= 2;
5      console.log(`iの値 : ${i}, numの値 : ${num}`);
6      if (num > 50) break;                          ← if 文を一行で記述
7    }
8  }
```

◆ 実行結果
```
iの値 : 1, numの値 : 2
iの値 : 2, numの値 : 4
iの値 : 3, numの値 : 8
iの値 : 4, numの値 : 16
iの値 : 5, numの値 : 32
iの値 : 6, numの値 : 64
```

これは、if 文に限らず、ブロックを用いて記述できる分岐、反復の各構文でも同様です。ブロック内の処理がひとつのステートメントであれば、波括弧を省略できます。

Memo

　関数定義の際の波括弧の省略についてはこの限りではありません。function 文、関数リテラル、メソッド構文などでは省略することはできません。一方で、サンプル 5-2-4 でお伝えした通り、アロー関数であればステートメントがひとつのときに波括弧を省略可能です。

本章では、関数とは何か、またその定義の方法についてお伝えしてきました。関数を用いてプログラムを部品化することで、可読性やメンテナンス性を高めることができますので、ぜひ効果的に活用していきましょう。また、関数とブロックはスコープを作るという役割を持つこともお伝えしました。

　さて、第 6 章の主題は「オブジェクト」です。第 3 章でデータ型としてのオブジェクトについては紹介していますが、さらにクラスやメソッドといったオブジェクトの根幹の部分の理解を進めていくことにしましょう。

クラスと
オブジェクト

06
01 オブジェクト・プロパティ・メソッド

◆なぜ「オブジェクト」を知るべきなのか

　本章では具体的に、次のようないわゆる「JavaScript のオブジェクト指向」の入り口にあたる部分について解説をしていきます。

- ・メソッドとは何か
- ・クラスとインスタンス化の仕組み
- ・プロトタイプとは何か

　「オブジェクト指向」というと、とても難しく見えてしまい、できれば避けて通りたいと感じるかも知れません。そもそも、独自の「クラス」を作るような必要性は、現時点でそこまで感じることはないでしょう。実際、ほとんどの中小規模のアプリケーションについては、すでに用意されている JavaScript の組み込みオブジェクトや GAS のクラスの利用の仕方を知るだけで、十分に開発を進めることはできるのです。

　だから、あえてこれ以上のオブジェクトの仕組みの理解を深める必要があるのかと思われるかも知れません。

　しかし、そこは急がば回れです。JavaScript のオブジェクトの仕組みは、順番に整理をしながら読み解いていくと、実にシンプルに整理されているのです。そして、JavaScript の組み込みオブジェクトも、GAS の各サービスも、そのオブジェクトの仕組みに忠実に構成されています。

　つまり、JavaScript のオブジェクトの仕組みが理解できているのとそうでないのとでは、これからの JavaScript と GAS の習得スピードと理解度に明らかな差が出てくるのです。

> 　JavaScript の組み込みオブジェクトについては第 7 章で、GAS の各サービスのクラスについては第 8 章以降で解説をします。

◆メソッドとは何か

まずは、オブジェクトの書式について復習をしましょう。

オブジェクトとは以下のような、プロパティと値の組み合わせの集合です。

▶構文

```
{ プロパティ 1：値 1，プロパティ 2：値 2，…}
```

オブジェクトのプロパティには、以下書式でアクセスをすることができました。

▶構文

```
オブジェクト . プロパティ
```

さて、第 5 章でお伝えした通り、関数は関数リテラルとして表現することで、変数に代入をすることができました。それと同じように、オブジェクトの値として関数を持たせることができます。このように、**オブジェクトの要素として関数を持たせた場合は、その要素をプロパティとは呼ばずに、メソッドと呼ぶ**のです。

つまり、以下のような要素がオブジェクトに含まれていれば、それがメソッドとなります。

▶構文

```
メソッド：function（仮引数 1，仮引数 2，…）{
    // 処理
}
```

メソッドとは、関数が格納されたプロパティのことです。

プロパティを呼び出す場合と同様に、メソッドは以下書式で呼び出すことができます。メソッドは関数ですから、いくつかの引数を持つ場合があります。

▶構文

```
オブジェクト . メソッド（引数 1，引数 2，…）
```

Memo

「greeting['sayHello']();」といったように、ブラケット記法でメソッドを呼び出すこともできますが、メソッドの場合はドット記法で呼び出すのが一般的です。

では、実際の例を見てみましょう。サンプル 6-1-1 をご覧ください。オブジェクト greeting に sayHello というメソッドを用意して、それを呼び出すものです。

▶ サンプル 6-1-1 メソッドの定義と呼び出し [sample06-01.gs]

```javascript
1   function myFunction06_01_01() {
2     const greeting = {
3       sayHello: function() {
4         return 'Hello!';
5       }
6     };
7
8     console.log(greeting.sayHello()); //Hello!
9   }
```

オブジェクト greeting に sayHello メソッドを定義する

オブジェクト greeting の sayHello メソッドを呼び出す

　つまりオブジェクトは、「情報」としてのプロパティだけでなく、メソッドという形で関数すなわち「機能」を持つことができるということになります。なお、プロパティとメソッドを総じて、オブジェクトの**メンバー**と呼びます。

Point

オブジェクトは、メンバーとしてプロパティとメソッドを持つことができます。

◆ メソッドの代入・追加

　プロパティと同じく、メソッドも以下のようにして代入できます。オブジェクトに存在しないメソッドを代入すると、メソッドの追加となります。

▶ 構文

```
オブジェクト . メソッド = function ( 仮引数 1, 仮引数 2,…) {
  // 処理
}
```

　サンプル 6-1-1 のオブジェクト greeting に、別のメソッド sayGoodBye を追加する処理を加えたものが、サンプル 6-1-2 です。実行すると、ログには「Good bye.」も出力され、追加したメソッド sayGoodBye も動作していることがわかるでしょう。

▶サンプル 6-1-2 メソッドの追加 [sample06-01.gs]

```
1  function myFunction06_01_02() {
2    const greeting = {
3      sayHello: function() {
4        return 'Hello!';
5      }
6    };
7
8    greeting.sayGoodBye = function() {
9      return 'Good bye.';
10   };
11
12   console.log(greeting.sayHello()); //Hello!
13   console.log(greeting.sayGoodBye()); //Good bye.
14 }
```

オブジェクト greeting に
sayGoodBye メソッドを追加

◆メソッド定義

オブジェクトへのメソッドの追加ですが、従来の関数リテラルを使用すると、どうしてもコード量が増えてしまい、見づらくなりがちです。そこで、オブジェクト内のメソッドの定義を簡略化して記述できる、**メソッド定義**の構文が用意されています。

メソッド定義によるメソッドをオブジェクトの要素とするには、オブジェクト内に以下のように記述します。

▶構文 V8

```
メソッド ( 仮引数 1, 仮引数 2, … ) {
    // 処理
}
```

サンプル 6-1-1 で作成したオブジェクト greeting の sayHello メソッドを、メソッド定義で記述してみましょう。サンプル 6-1-3 をご覧ください。

06

クラスとオブジェクト

```
1  function myFunction06_01_03() {
2    const greeting = {
3      sayHello() {
4        return 'Hello!';
5      }
6    };
7
8    console.log(greeting.sayHello()); //Hello!
9  }
```

　なお、メソッド定義はオブジェクトリテラルまたは後述するクラスの定義内で使用するもので、既存のオブジェクトへのメソッドの追加には使用することはできません。

クラスとインスタンス化

◆クラスとは

まずは、サンプル 6-2-1 をご覧ください。オブジェクト person には、name と age というプロパティと、greet というメソッドが用意されています。

では、このオブジェクトと同じ構造で、5 人分のオブジェクトを用意する必要が出てきた場合、どのようにすればよいでしょうか？

▶ サンプル 6-2-1 オブジェクトの例「person」[sample06-02.gs]

```
 1  function myFunction06_02_01() {
 2    const person = {
 3      name: 'Bob',
 4      age: 25,
 5      greet() {
 6        console.log("I'm Bob. I'm 25 years old.");
 7      }
 8    };
 9
10    person.greet(); //I'm Bob. I'm 25 years old.
11  }
```

すべてのオブジェクトのプロパティとメソッドを漏れなく記述しようとすると、サンプル 6-2-1 の約 5 倍の量のスクリプトになってしまいます。記述する量も多く、冗長なスクリプトになりますよね。また、オブジェクトの構造やメソッドの内容を変更することを考えると、すべてのオブジェクトについて修正を加える必要があり、メンテナンス性にも課題があります（図 6-2-1）。

▶図 6-2-1 同じ構造のオブジェクトをそのまま定義する

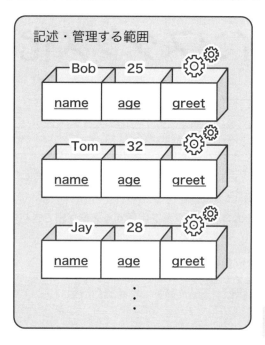

記述・管理する範囲

Bob 25

| name | age | greet |

Tom 32

| name | age | greet |

Jay 28

| name | age | greet |

すべてのオブジェクトについて記述・管理
しなくてはならない

　そこで、JavaScript には**オブジェクトの「ひな形」をベースとして、同じプロパティやメソッドを持つ別のオブジェクトを生成する仕組み**があります。ここで用語の定義として、それぞれ次のように呼びます。

・オブジェクトの特性を定義するひな形を**クラス**
・クラスを元にしてオブジェクトを生成することを**インスタンス化**
・インスタンス化により生成されたオブジェクトを**インスタンス**（または単にオブジェクト）

　オブジェクトをクラスから都度生成をすることにより、オブジェクトを逐一記述して定義をする必要がなくなり、スクリプトを簡潔にまとめることができますし、オブジェクトの構造やメソッドを変更したい場合は、クラスにのみ変更を加えればよいということになります。また、生成後のオブジェクトに変更があったとしても、もとのクラスには影響を与えません（図6-2-2）。
　このように、クラスとインスタンスという仕組みは、スクリプトの可読性、メンテナンス性、安全性などの面でさまざまなメリットをもたらしています。

▶図 6-2-2 クラスからインスタンス化する

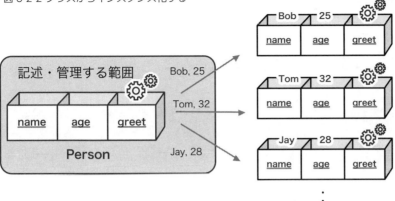

記述・管理する対象はクラス
と各オブジェクトの一部のみ

oint

オブジェクトのひな形をクラス、ひな形から生成したオブジェクトをインスタンスといいます。

emo

　他のプログラミング言語では、クラスという「型」からオブジェクトの実体を生成するのが一般的です。一方で、JavaScript の「ひな形」は実体のあるオブジェクトであり、プロトタイプという別の仕組みによってインスタンス化を実現しています。したがって、JavaScript には「クラスは存在しない」と表現されることがあります。

　しかし、ECMAScript2015 から登場した class 構文のおかげで、他のプログラミング言語と近しい構文でクラスを定義できるようになりました。また、class 構文は V8 ランタイムのサポートにより GAS でも使用可能です。加えて、GAS の公式ドキュメントでも「Class」という表現が採用されています。

　以上を踏まえて、本書ではインスタンスのひな形を「クラス」と呼んでいます。

◆クラス定義と new 演算子によるインスタンス化

　では、クラスを定義し、インスタンス化をする方法について順を追って見ていきましょう。まず、すでにクラスが定義されているとして、そのクラスをインスタンス化するには、以下のように **new 演算子**を使って記述をします。

▶構文
```
new クラス名 ( 引数 1, 引数 2,…)
```

これにより、指定したクラスの定義にもとづいて生成されたインスタンスが戻り値として返ります。

一方で、そのクラスの定義には、以下の **class 文**を用います。

▶構文 V8
```
class クラス名 {
    // クラス定義
}
```

クラス名は一般的にはその内容を表すアルファベットによる単語をパスカル記法で表します。つまり、最初の文字は大文字です。続く波括弧内に、生成されたインスタンスがどのようなプロパティおよびメソッドを持つかなどを定めるコードを記述します。

なお、new 演算子によるインスタンス生成が処理される前に、class 文によるクラス定義が実行される必要がありますので、記述の順番や場所について注意するようにしましょう。

では、もっとも簡単なクラスを題材として、その定義とインスタンス化をするコードを作成してみましょう。サンプル 6-2-2 はクラス Person を定義して、そのインスタンスを生成およびログ出力するというものです。クラスの定義は空ですが、気にせず実行してみましょう。

▶サンプル 6-2-2 クラスの定義 [sample06-02.gs]
```
 1  function myFunction06_02_02() {
 2
 3      class Person {
 4
 5      }
 6
 7      const p = new Person();
 8      console.log(p); //{}
 9
10  }
```

class 文によるクラス Person の定義

クラス Person のインスタンスを生成して、定数 p に代入

すると、ログには「{}」とだけ出力されました。これは、生成されたインスタンス p が「空のオブジェクト」であることを表しています。クラスはオブジェクトを生成するものです。クラスの定義が何もされていないのであれば、空のオブジェクトが生成されるのです。

Point

new 演算子はクラスの定義をもとにインスタンスを生成します。

サンプル 6-2-2 では、関数内に class 文を記述しているので、そのスコープはローカルスコープとなります。実際にクラスを使用する場合は、グローバル領域に記述してグローバルスコープとすることのほうが多いでしょう。本書では、サンプルを使った学習が進めやすいことを考え、各サンプルのクラスの定義をローカルスコープとしています。

◆コンストラクタ

クラスから生成されたインスタンスはオブジェクトですから、プロパティやメソッドを持つことができます。つまり、**クラスというのは、どのようなプロパティやメソッドをインスタンスに持たせるかを定義したもの**といい換えることができます。

ではまず、クラスへのプロパティの定義から見ていきましょう。

クラスにプロパティを定義するには、**コンストラクタ**という特別な関数を使います。コンストラクタというのは、クラスをインスタンス化する際に、最初に呼び出される関数です。ですから、コンストラクタの処理にプロパティの定義を含めておけば、インスタンスにプロパティを持たせることができるわけです。

コンストラクタを定義するには、class 文内に「constructor」という名前のメソッドを定義します。これを **constructor メソッド**といいます。

▶構文 V8

```
constructor ( 仮引数 1, 仮引数 2,…) {
    // 処理
}
```

constructor メソッドは、以下の記述による new 演算子を用いたインスタンス生成時に呼び出されます。

▶構文

```
new クラス名 ( 引数 1, 引数 2,…)
```

そして、丸括弧内に指定された引数 1, 引数 2,... を、仮引数 1, 仮引数 2,... と順番に受け取り、コンストラクタ内で使用できます。ですから、この仮引数を、プロパティの値として代入をすれば、生成時にプロパティを持たせることができます。

クラス Person を例にそれを表したものが、図 6-2-3 です。

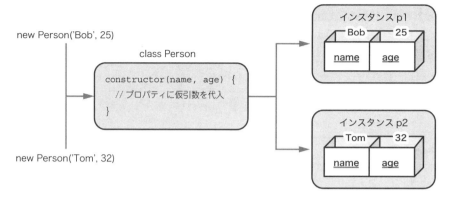

コンストラクタとは、クラスをインスタンス化する際に、最初に呼び出される関数のことです。

◆this キーワード

しかし、解決すべき問題がひとつあります。

通常、オブジェクトにプロパティを定義するには、プロパティへの代入文を用います。たとえば、ドット記法であれば「オブジェクト.プロパティ = 値」というステートメントになります。

さて、この対象となる「オブジェクト」ですが、コンストラクタ内ではどのように表現すればよいでしょうか。これから生成されるものですから、この時点では生成されておらず、変数名や定数名が割り当てられているわけではありません。

そこで登場するのが、**this キーワード**です。**コンストラクタ内で「this」と記述した場合、それはこれから生成されるインスタンス**のことを表します。

ですから、コンストラクタ内で以下のように記述することで、これから生成するインスタンスのプロパティに値を持たせることができます。

▶構文

```
this.プロパティ = 値
```

コンストラクタ内の this キーワードは、これから生成されるインスタンスを表します。

　では、コンストラクタを用いてクラスのプロパティを定義する例を見てみましょう。サンプル6-2-3を実行してみてください。

▶サンプル 6-2-3 クラスにプロパティを定義する [sample06-02.gs]

```
 1  function myFunction06_02_03() {
 2
 3    class Person {
 4      constructor(name, age) {
 5        this.name = name;
 6        this.age = age;
 7      }
 8    }
 9
10    const p1 = new Person('Bob', 25);
11    console.log(p1); //{ name: 'Bob', age: 25 }
12
13    const p2 = new Person('Tom', 32);
14    console.log(p2); //{ name: 'Tom', age: 32 }
15
16  }
```

> this キーワードを用いて name プロパティ、age プロパティを定義

　その結果から、引数として渡した値をプロパティとして持つインスタンスの生成を確認できます。

◆インスタンスのメンバーの変更

　クラスから生成したインスタンスはオブジェクトですから、個別にメンバーの値の変更や、メンバーの追加が可能です。
　サンプル6-2-4を実行してみましょう。ageプロパティの値に5を加算し、jobプロパティを新たに追加しています。

▶サンプル 6-2-4 インスタンスのメンバーの変更 [sample06-02.gs]

```
 1  function myFunction06_02_04() {
 2
 3    class Person {
 4      constructor(name, age) {
 5        this.name = name;
 6        this.age = age;
 7      }
```

```
 8      }
 9
10      const p = new Person('Bob',25);
11      p.age += 5;
12      p.job = 'Engineer';
13      console.log(p); //{ name: 'Bob', age: 30, job: 'Engineer' }
14  }
```

age プロパティの
値を加算

jobs プロパティを
新たに追加

　JavaScript の場合、インスタンスは個別にメンバーの変更が可能ですので、クラスから生
成されたインスタンスが常に同一のメンバー構成であるとは限りません。インスタンスを生成
してから、そのメンバー構成を変更するのは、スクリプトのわかりやすさを損ねる場合があり
ますので注意が必要です。

インスタンスのメンバーは、変更・追加が可能です。

　JavaScript の組み込みオブジェクトや GAS のクラスでは、プロパティを安全に操作できるよ
うにするために、多くの場合はインスタンスのプロパティを直接外部からアクセスできないよう
に制限をかけています。そのように、外部からのアクセスが制限されているプロパティを、プラ
イベートプロパティといいます。その場合、外部からプロパティの値を取得する、または変更す
るためのメソッドが用意されており、それをアクセサメソッドといいます。

メソッドとプロトタイプ

◆メソッドの定義

クラスから生成したインスタンスにメソッドを持たせるためには、クラスの定義にメソッド定義を含めます。その書式は、6-1 で紹介したメソッド定義の書式と同様で、以下のとおりです。

▶構文 V8

```
メソッド ( 仮引数 1, 仮引数 2, …) {
  // 処理
}
```

なお、クラスのメソッド定義内でも this キーワードを用いることができ、その場合も、インスタンス自身を表します。

では、クラスへのメソッドの定義の例として、サンプル 6-3-1 をご覧ください。

▶サンプル 6-3-1 クラスにメソッドを定義する [sample06-03.gs]

```
 1  function myFunction06_03_01() {
 2
 3    class Person {
 4      constructor(name, age) {
 5        this.name = name;
 6        this.age = age;
 7      }
 8
 9      greet() {
10        console.log(`Hello! I'm ${this.name}!`);
11      }
12
13      isAdult() {
14        return this.age >= 18;
15      }
```

greet メソッドの定義

isAdult メソッドの定義

```
16    }
17
18    const p = new Person('Bob', 25);
19    p.greet(); //Hello! I'm Bob!
20    console.log(p.isAdult()); //true
21 }
```

　クラス Person に、あいさつ文をログ出力する greet メソッドと、age プロパティが 18 以上かどうかを判定する isAdult メソッドを定義しました。実行すると、その動作を確認できます。

Ｍemo

　オブジェクトリテラル内でメソッド定義をする場合、そのメンバーとメンバーの間はカンマで区切る必要がありましたが、クラス内でのメソッド定義については、メンバー間のカンマ区切りは不要となりますので、その点も確認しておきましょう。

Ｍemo

　メソッドの定義にアロー関数を用いたいと思われるかも知れませんが、アロー関数はメソッドの定義には不向きです。アロー関数内で this キーワードを使用した場合、その外側のスコープでの this の定義にしたがうという特性があります。つまり、「this はそのオブジェクトまたはインスタンスを表す」という、メソッドとして要求される要件を満たすことができないのです。
　メソッドを定義する際には、メソッド定義の構文を使用するようにしましょう。

◆プロトタイプとは

　クラスから生成したインスタンスはプロパティとメソッドを持ちますから、新たなインスタンスを生成するごとに、メモリ上にその分のデータを保存するための領域が必要となります。プロパティは生成されたインスタンスごとに異なる値がセットされるべきものですので、その分のメモリ容量の確保は然るべきです。しかし、メソッドに関しては、すべてのインスタンスについて共通でよいわけですから、インスタンスの数だけ複製されて、その分のメモリ容量を確保されるのであれば、それはもったいない話です。

　その状態を表しているのが、図 6-3-1 です。クラスに定義されている greet メソッドが、インスタンスごとに複製されているようすを表しています。

▶ 図 6-3-1 インスタンス化によるメソッドの複製

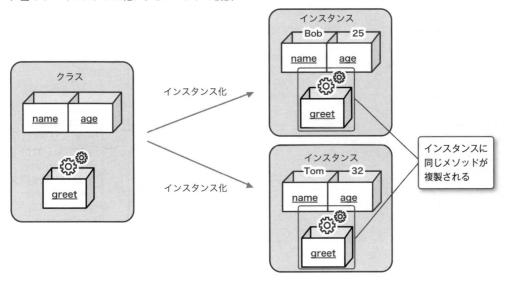

この問題を解決するのが、**プロトタイプ**という仕組みです。JavaScript では、どのクラスも **prototype プロパティ**という特別な役割を持つプロパティを持ちます。デフォルトでは prototype プロパティは空のオブジェクトですが、そこにメンバーを追加できます。そして、クラスの prototype プロパティに追加されたメンバーは、そのクラスをもとに生成されたインスタンスから参照することができるという仕組みです。

例として図 6-3-2 をご覧ください。greet メソッドをクラスの prototype プロパティに追加した場合、生成されたインスタンスには greet メソッドが複製されることはありません。ですから、各インスタンスで greet メソッドが呼び出されたとき、インスタンス自体には見当たりません。

しかし、その場合はクラスの prototype プロパティ内を探しに行くという動きをし、そこで greet メソッドを見つけることができれば実行をするのです。これにより、あたかもインスタンスに対してメソッドを実行するかのように利用できます。

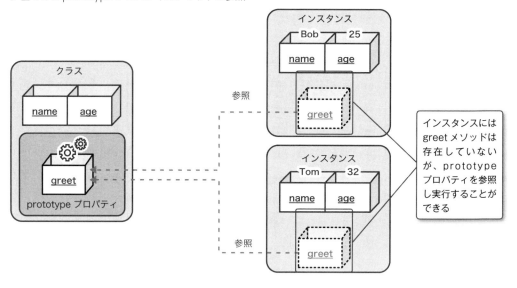

クラスの prototype プロパティに定義されたメソッドを**プロトタイプメソッド**といい、class 文内に定義されたメソッドはプロトタイプメソッドになります。

Point

プロトタイプは、インスタンスからクラスのメソッドを参照できる仕組みです。

では、サンプル 6-3-2 を使って、クラスの prototype プロパティと、そこに追加されたプロトタイプメソッドの存在を確認してみましょう。

▶ サンプル 6-3-2 prototype プロパティとプロトタイプメソッド [sample06-03.gs]

```
1  function myFunction06_03_02() {
2
3    class Person {
4      constructor(name, age) {
5        this.name = name;
6        this.age = age;
7      }
8
9      greet() {
10        console.log(`Hello! I'm ${this.name}!`);
11      }
12    }
```

```
13
14    const p = new Person('Bob', 25);
15    p.greet(); //ここにブレークポイントを置く
16  }
```

　このサンプルについて、15行目にブレークポイントを置いた状態でデバッグ実行をして、デバッガをご覧ください。「>」をクリックすることでクラスやオブジェクトの展開をしていくことができます。

　ここで、「> Person」→「> prototype」と展開をして、クラスPersonのprototypeプロパティの内部を見てみると、constructorメソッドとgreetメソッドが追加されていることがわかります。一方で、「> p」を展開すると、インスタンスpにはgreetメソッドは存在してませんね。

▶図6-3-3 prototypeプロパティとプロトタイプメソッド

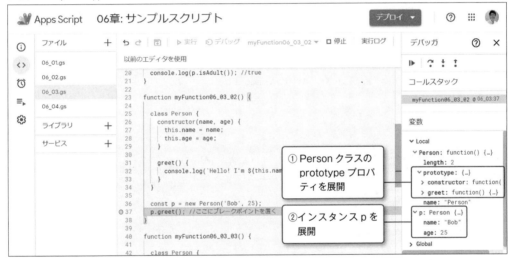

06 クラスとオブジェクト

Memo

　仕組みとしては、prototypeプロパティにはメソッドだけでなく、プロパティを追加することもできます。しかし、プロパティの値はインスタンスで異なるはずですから、その仕組みを利用することは少ないといえます。

　また、クラス共通で定数を扱いたい場合は、6-4で紹介する静的メンバーを使う方法もあるでしょう。

◆インスタンスのメソッドの変更

　6-2 では、生成したインスタンスについてメンバーの変更が可能であるということをお伝えしました。メンバーの変更ということは、メソッドも変更可能ということになりますが、その点についてサンプル 6-3-3 を用いて実験をしてみましょう。

　クラス Person には greet メソッドが定義されていますが、そのインスタンス p を生成したあとに、別の処理を持つ関数リテラルを greet メソッドに代入してしまうのです。

▶ サンプル 6-3-3 インスタンスのメソッドの変更 [sample06-03.gs]

```
 1  function myFunction06_03_03() {
 2
 3    class Person {
 4      constructor(name, age) {
 5        this.name = name;
 6        this.age = age;
 7      }
 8
 9      greet() {
10        console.log(`Hello! I'm ${this.name}!`);
11      }
12
13      isAdult() {
14        return this.age >= 18;
15      }
16    }
17
18    const p = new Person('Bob', 25);
19
20    p.greet = function() {
21      console.log(`Good Bye! I'm ${this.name}!`);
22    };
23    p.greet();
24
25    console.log(Person.prototype.greet.toString());
26    console.log(p.greet.toString());
27  }
```

> 関数リテラルを代入して、インスタンス p の greet メソッドを上書き

◆実行結果

```
Good Bye! I'm Bob!
greet() {
    console.log(`Hello! I'm ${this.name}!`);
  }
function() {
    console.log(`Good Bye! I'm ${this.name}!`);
  }
```

　実行すると、その最初のログ出力から、インスタンス p に対する greet メソッドは、その
生成後に代入した関数によるものであることがわかります。

　続いて、Person の protorype プロパティ内の greet メソッドと、インスタンス p の
greet メソッドの内容を出力しています。比較すると、それら 2 つの greet メソッドは、異
なるものであることが確認できます。

　　console.log メソッドの引数にそのまま関数を与えると、「[[Function]]」とだけ出力され、そ
　の内容を確認することができません。そこで、関数を文字列化する toString メソッドを適用する
　ことで、その内容をログ出力できます。toString メソッドは、多くの組み込みオブジェクトで提
　供されており、本書では第 7 章で解説します。

　つまり、生成したインスタンスへのメソッド変更は、インスタンスのメソッドを直接的に変
更するもので、クラスの prototype プロパティに何らかの変更を与えるものではありません。
そして、インスタンスとクラスの prototype プロパティには同名のメソッドがそれぞれ存在
可能で、バッティングをしている場合はインスタンスのメソッドが優先して呼び出されること
になります。

静的メンバー

◆静的メンバーとは

　これまでクラスに定義してきたメンバーは、生成したインスタンスに対して使用するものです。しかし、クラスには、それとは別にインスタンス化をしなくとも直接的に使用できるプロパティおよびメソッドを定義することができ、それぞれ**静的プロパティ**および**静的メソッド**といいます。また、それらをまとめて**静的メンバー**といいます。

　静的プロパティにアクセスする、また静的メソッドを呼び出すときは、以下のように記述します。

▶構文
```
クラス名 . プロパティ名
```

▶構文
```
クラス名 . メソッド名 ( 引数 1, 引数 2,…)
```

　クラスに静的プロパティを追加するには、クラスを定義する class 文のあとに、以下のように記述します。

▶構文
```
クラス名 . プロパティ名 = 値
```

　クラスに静的メソッドを追加するには、クラスを定義する class 文内に、以下のように static キーワードを付与したメソッド定義を記述します。

▶構文 V8
```
static メソッド名 ( 仮引数 1, 仮引数 2,…) {
    // 処理
}
```

　なお、静的プロパティと同様に、以下の記述により class 文のあとに関数リテラルを代入することでも、静的メソッドの定義は可能です。

▶構文

```
クラス名.メソッド名 = function(仮引数1, 仮引数2,…) {
  // 処理
}
```

例として、サンプル 6-4-1 を見てみましょう。

クラス Person に job という静的プロパティ、greet という静的メソッドを追加するものです。

▶サンプル 6-4-1 静的メンバーの追加 [sample06-04.gs]

```
 1  function myFunction06_04_01() {
 2
 3    class Person {
 4      constructor(name, age) {
 5        this.name = name;
 6        this.age = age;
 7      }
 8
 9      static greet(name) {
10        console.log(`Hello! I'm ${name}!`);
11      }
12    }
13
14    Person.job = 'Engineer';
15
16    console.log(Person.job); //Engineer
17    Person.greet('Bob'); // Hello! I'm Bob!
18  }
```

> クラス Person に静的メソッド greet を追加

> クラス Person に静的プロパティ job を追加

クラスと静的メンバーをグローバル領域に定義をすれば、静的メンバーはプロジェクトのどこからでも利用できるプロパティ、メソッドとなります。つまり、その際の使用する目的としては、グローバル変数またはグローバル関数と同様です。しかし、静的メンバーの場合は、クラス名を指定してアクセスしますから、他の変数と競合をすることを避けられるというメリットがあります。

Point

> グローバルで定義されたメンバーは、プロジェクトのどこからでも利用できるメソッド、プロパティです。

06

クラスとオブジェクト

> JavaScript の組み込みオブジェクトや GAS のクラスでは、とても多くの静的メンバーが用意されています。たとえば、Math オブジェクトにいたっては、そのすべてが静的メンバーです。

◆ プロトタイプメソッドの変更

さて、静的メンバーの追加の方法を応用して、class 文によるクラス定義のあとに、プロトタイプメソッドの変更をすることが可能です。以下のように prototype プロパティ配下のメソッドを変更するのです。

▶ 構文

```
クラス名 .prototype. メソッド名 = function( 仮引数 1, 仮引数 2,…) {
  // 処理
}
```

では、例としてサンプル 6-4-2 を実行してみましょう。

▶ サンプル 6-4-2 インスタンスのメソッドの変更 [sample06-04.gs]

```
 1  function myFunction06_04_02() {
 2
 3    class Person {
 4      constructor(name, age) {
 5        this.name = name;
 6        this.age = age;
 7      }
 8
 9      greet(name) {
10        console.log(`Hello! I'm ${this.name}!`);
11      }
12    }
13
14    Person.prototype.greet = function() {
15      console.log(`Good Bye! I'm ${this.name}!`);
16    };
17
18    const p = new Person('Bob',25);
19    p.greet(); //Good Bye! I'm Bob!
20
21    console.log(Person.prototype.greet.toString());
```

関数リテラルを代入して、Person クラスのプロトタイプメソッド greet を上書き

06 クラスとオブジェクト

```
22 │    console.log(p.greet.toString());
23 │ }
```

◆実行結果

```
Good Bye! I'm Bob!
function() {
    console.log(`Good Bye! I'm ${this.name}!`);
  }
function() {
    console.log(`Good Bye! I'm ${this.name}!`);
  }
```

　最初のログの出力は、変更後の greet メソッドが実行されているということが確認できます。

　続いて、クラス Person の prototype プロパティ内の greet メソッド、インスタンス p の greet メソッドの内容をログ出力していますが、その内容は同じです。つまり、プロトタイプメソッドが変更されたということになります。

　さて、ここまでオブジェクトの仕組みについてお伝えしてきました。

　本章でお伝えした内容は、今後 GAS での開発において独自のクラスを用意する際の基礎となるのはもちろん、以降でお伝えする JavaScript の組み込みオブジェクト、および GAS で提供されているクラスについての習得スピードと理解度が増すものとなるはずです。

　第 7 章では、JavaScript の組み込みオブジェクトを紹介します。

　これらは文字列、配列、日付や時刻、正規表現などといったデータやオブジェクトを取り扱うもので、JavaScript の基本機能ともいえます。

　たくさんのメンバーが用意されていますので、全体像を押さえながら、GAS プログラミングでの使用頻度が高いものを確実に身につけていくことにしましょう。

06
クラスとオブジェクト

189

07

JavaScript の
組み込みオブジェクト

組み込みオブジェクト

◆組み込みオブジェクトとは

これまでお伝えしてきた通り、クラスは自らで定義できますが、JavaScript においてよく利用される基本的なクラスについてはあらかじめ用意されています。それら、標準で組み込まれているクラスを**組み込みオブジェクト**、または標準ビルトインオブジェクトといいます。

> **M**emo
>
> 一般的に、「組み込みオブジェクト」という表現が使われていますが、意味としては「組み込みクラス」と同義です。本書では、「組み込みオブジェクト」をメインの表現として採用しています。

GAS で利用できる主要な組み込みオブジェクトを、図 7-1-1 に示します。

▶図 7-1-1 GAS で利用できる主要な組み込みオブジェクト

組み込み オブジェクト	説明
Number	数値を扱うラッパーオブジェクト
String	文字列を扱うラッパーオブジェクト
Boolean	真偽値を扱うラッパーオブジェクト
Array	配列を扱うオブジェクト
Function	関数を扱うオブジェクト
Object	すべてのオブジェクトのベースとなるオブジェクト
Date	日付や時刻を扱うオブジェクト
RegExp	正規表現を扱うオブジェクト
Error	例外情報を扱うオブジェクト
Math	数学的な定数と関数を提供するオブジェクト
JSON	JSON 形式のデータを操作する機能を提供するオブジェクト

Number、String、Boolean、Array、Function、Object の 6 つは、これまで紹介してきた JavaScript のデータ型に対応した組み込みオブジェクトです。それぞれのデータ型に対して、操作をするためのメンバーが用意されています。

Date、RegExp、Error は、日付・時刻、正規表現、例外情報を表現および操作をするため

の組み込みオブジェクトで、それぞれのインスタンスを生成して使用する、いわゆるスタンダードなクラスの使い方に近いグループです。一方で、Math、JSON はインスタンス化をすることはなく、それぞれで定義されている静的メンバーのみを使用するものとなります。

JavaScript に標準で組み込まれているクラスを、組み込みオブジェクトといいます。

Memo

　V8 ランタイムのサポートにより、これまで使用できなかった Symbol、Map、Set、Promiseなどといった組み込みオブジェクトが新たに使用できるようになりました。本書ではこれらの解説は割愛しますが、必要に応じて調べてみてください。

◆ 組み込みオブジェクトのインスタンス化とラッパーオブジェクト

　組み込みオブジェクトもクラスですから、実際に利用する場合はインスタンス化をするというのが基本の考え方になります。組み込みオブジェクト名がすなわちクラス名ですから、以下のようにしてインスタンスを生成できます。

▶構文
```
new 組み込みオブジェクト名 ( 引数 1 , 引数 2 , … )
```

　しかし、Number、String、Boolean といったプリミティブ型と対応するオブジェクトに関しては、その限りではありません。数値、文字列、真偽値はオブジェクトではありませんので、new 演算子でオブジェクトを生成するものではありません。

　Number、String、Boolean は**ラッパーオブジェクト**というもので、各データをオブジェクトで包みこむことにより、オブジェクトとしての操作を可能にしています。ですから、new 演算子によるインスタンス化は不要でありつつも、組み込みオブジェクトのメンバーによる操作をするときには、オブジェクトと同じように取り扱うことができるようになっています。

07
02
数値を取り扱う - Number オブジェクト

◆Number オブジェクトとは

Number **オブジェクト**は、数値を取り扱うラッパーオブジェクトです。図 7-2-1 に示す通り、数値を文字列に変換するメソッドと、数値の判定を行う静的メソッドおよびいくつかの特別な値を取得するための静的プロパティで構成されています。

なお、数値型はプリミティブ型ですので、new 演算子によるインスタンス化は行いません。

▶ 図 7-2-1 Number オブジェクトの主なメンバー

分類	メンバー	戻り値	説明	V8 以降
メソッド	toExponential(n)	String	数値を小数点桁数 n の指数表記文字列に変換する	
	toFixed(n)	String	数値を小数点桁数 n の小数表記文字列に変換する	
	toPrecision(n)	String	指定した桁数 n の文字列に変換する	
	toString(n)	String	数値を n 進数表記の文字列に変換する	
静的メソッド	Number.isFinite(num)	Boolean	数値 num が有限値であるかを判定する	V8
	Number.isInteger(num)	Boolean	数値 num が整数値であるかを判定する	V8
	Number.isNaN(num)	Boolean	数値 num が NaN であるかを判定する	V8
静的プロパティ	Number.MAX_VALUE	−	表現可能な正の数の最大値	
	Number.MIN_VALUE	−	表現可能な 0 より大きい最小値	
	Number.NaN	−	「数値ではない」を表す特別な値	
	Number.POSITIVE_INFINITY	−	正の無限大を表す特別な値	
	Number.NEGATIVE_INFINITY	−	負の無限大を表す特別な値	

◆Number オブジェクトのメソッドと静的プロパティ

サンプル 7-2-1 を実行して、Number オブジェクトの各メソッドの動作と静的プロパティの値を確認してみましょう。

▶ サンプル 7-2-1 Number オブジェクトのメンバー [sample07-02.gs]

```
 1  function myFunction07_02_01() {
 2    const x = 1000 / 3;
 3
 4    console.log(x.toString()); //333.3333333333333
 5    console.log(x.toExponential(4)); //3.3333e+2
 6    console.log(x.toFixed(4)); //333.3333
 7    console.log(x.toFixed()); //333
 8    console.log(x.toPrecision(4)); //333.3
 9    console.log(x.toPrecision(2)); //3.3e+2
10
11    console.log(Number.isFinite(x)); //true
12    console.log(Number.isInteger(x)); //false
13    console.log(Number.isNaN(x)); //false
14
15    console.log(Number.MAX_VALUE); //1.7976931348623157e+308
16    console.log(Number.MIN_VALUE); //5e-324
17    console.log(Number.NaN); //NaN
18    console.log(Number.POSITIVE_INFINITY); //Infinity
19    console.log(Number.NEGATIVE_INFINITY); //-Infinity
20  }
```

　Number オブジェクトには、数値の桁数を揃えるメソッドがいくつかあり、目的に応じて使用するメソッドが異なります。toFixed メソッドでは指定した引数が小数点以下の桁数になり、引数を省略した場合は整数部のみの表記になります。同様に桁数を揃えるメソッドとしてtoPrecision メソッドがありますが、こちらは指定した引数が全体の桁数となり、桁数が整数部の桁数より小さい場合は、指数表記となります。

文字列を取り扱う - String オブジェクト

◆String オブジェクトとは

String オブジェクトは、文字列を取り扱うラッパーオブジェクトです。図 7-3-1 に示す通り、文字列の加工や抽出などの操作する数々のメソッドと、length プロパティで構成されています。

なお、文字列型はプリミティブ型ですので、new 演算子によるインスタンス化は行いません。これまでお伝えしている通り、文字列を表現するときは、シングルまたはダブルクォーテーションおよびバックティックによる文字列リテラルを使用します。

▶図 7-3-1 String オブジェクトの主なメンバー

分類	メンバー	戻り値	説明	V8 以降
メソッド	charAt(n)	String	インデックス n の文字を返す	
	charCodeAt(n)	Integer	インデックス n の文字の Unicode の値を返す	
	toLowerCase()	String	小文字に変換した文字列を返す	
	toUpperCase()	String	大文字に変換した文字列を返す	
	slice(start[,end])	String	文字列のインデックス start から end の手前までの文字列を抽出する	
	substr(start[, length])	String	文字列のインデックス start から長さ length の文字列を抽出する	
	split(str)	String[]	文字列を str で分割し配列として返す	
	startsWith(str[, start])	Boolean	文字列のインデックス start 以降が文字列 str で始まっているかを判定する	V8
	endsWith(str[, length])	Boolean	文字列の長さ length の部分文字列が文字列 str で終わるかどうかを判定する	V8
	concat(str)	String	文字列の末尾に文字列 str を連結したものを返す	
	includes(str[, start])	Boolean	文字列のインデックス start 以降に文字列 str が含まれているかを判定する	V8
	indexOf(str[, start])	Integer	文字列をインデックス start から後方に向かって検索し部分文字列 str とマッチしたインデックスを返す	
	lastIndexOf(str[, start])	Integer	文字列をインデックス start から前方に向かって検索し部分文字列 str とマッチしたインデックスを返す	
	padStart(length[, str])	String	文字列を長さ length になるまで文字列 str で先頭方向に延長したものを返す	V8
	padEnd(length[, str])	String	文字列を長さ length になるまで文字列 str で末尾方向に延長したものを返す	V8
	localeCompare(str)	Integer	参照文字列が、並べ替え順において str の前であれば 1、後ろであれば -1、同一であれば 0 を返す	

メソッド	repeat(num)	String	文字列を num 回繰り返した文字列を返す	V8
	trim()	String	文字列の前後の空白を削除したものを返す	
	match(reg)	Array	文字列を正規表現 reg で検索してマッチした文字列を含む配列を返す	
	search(reg)	Integer	文字列を正規表現 reg で検索してマッチしたインデックスを返す	
	replace(reg, str)	String	文字列を正規表現 reg で検索してマッチした文字列と文字列 str を置換したものを返す	
プロパティ	length	-	文字列の長さを表す	

◆String オブジェクトのメソッドとプロパティ

　サンプル 7-3-1 は、String オブジェクトの各メンバーの動作を確認するものです。それぞれのステートメントの意味を考えながら入力しましょう。

▶ サンプル 7-3-1 String オブジェクトのメンバー [sample07-03.gs]

```
 1  function myFunction07_03_01() {
 2    let str = "My name is Bob.";
 3
 4    console.log(str.length); //15
 5    console.log(str.charAt(0)); //M
 6    console.log(str.charCodeAt(0)); //77
 7
 8    console.log(str.toLowerCase()); //my name is bob.
 9    console.log(str.toUpperCase()); //MY NAME IS BOB.
10
11    console.log(str.slice(3,7)); //name
12    console.log(str.substr(3,7)); //name is
13
14    console.log(str.split(' ')); //[ 'My', 'name', 'is', 'Bob.' ]
15    console.log(str.startsWith('My')); //true
16    console.log(str.startsWith('Bob', 11)); //true
17    console.log(str.endsWith('Bob.')); //true
18    console.log(str.endsWith('My', 2)); //true
19
20    str = str.concat(" My dog's name is also Bob.");
21    console.log(str); //My name is Bob. My dog's name is also Bob.
22
23    console.log(str.indexOf('Bob')); //11
24    console.log(str.lastIndexOf('Bob')); //38
```

```
25    console.log(str.includes('Bob')); //true
26
27    console.log('1234'.padStart(7, '0')); //0001234
28    console.log('1234'.padEnd(7, '0')); //1234000
29
30    console.log('Bob'.localeCompare('Abc')); //1
31    console.log('Bob'.localeCompare('Bob')); //0
32    console.log('Bob'.localeCompare('Cde')); //-1
33
34    console.log('Bob'.repeat(3)); //BobBobBob
35    console.log('   Bob   '.trim()); //Bob
36  }
```

> match メソッド、replace メソッドは、引数に正規表現を使用するメソッドです。その使用例
> は、7-7 で解説します。

length プロパティは String オブジェクトで唯一のプロパティで、以下の書式で文字列の長さを求めることができます。

▶構文

文字列 .length

とてもよく使いますので、覚えておいてください。

◆文字列内を検索する

String オブジェクトの **indexOf メソッド**、および **lastIndexOf メソッド**は、文字列に対して、引数で指定した部分文字列を検索するものです。

▶構文

文字列 .indexOf (部分文字列 [, インデックス])

▶構文

文字列 .lastIndexOf (部分文字列 [, インデックス])

　指定した部分文字列が見つかった場合は、文字列の先頭を 0 とした場合のインデックスを整数で返します。部分文字列が見つからなかった場合は、-1 を返します。インデックスは省略することができ、その場合はそれぞれ文字列の先頭（または末尾）からの検索となります。

　また、これらとは別に文字列の検索を行うメソッドとして、**includes メソッド**があります。

▶構文 V8

```
文字列 .includes ( 部分文字列 [, インデックス ] )
```

　includes メソッドの戻り値は真偽値で、文字列に部分文字列が含まれていれば true、さもなくば false を返します。

　これらのメソッドの使用例として、サンプル 7-3-2 をご覧ください。

▶サンプル 7-3-2 文字列内の検索 [sample07-03.gs]

```
 1  function myFunction07_03_02() {
 2    const str = 'My name is Bob.';
 3    const subStr = 'Bob';
 4
 5    if (str.includes(subStr)) {
 6      console.log(`${subStr} が含まれています`);
 7    } else {
 8      console.log(`${subStr} は含まれていません`);
 9    }
10
11    const position = str.indexOf(subStr);
12    if(position > -1) {
13      console.log(`${subStr} が ${position} の位置に含まれています`);
14    } else {
15      console.log(`${subStr} は含まれていません`);
16    }
17  }
```

> 文字列 str 内に文字列 subStr が存在すれば true、そうでなければ false を返す

> 文字列 str 内について文字列 subStr を検索し、そのインデックス（存在しなければ -1）を定数 position に代入する

◆実行結果

```
Bob が含まれています
Bob が 11 の位置に含まれています
```

07-04 配列を取り扱う - Arrayオブジェクト

◆Arrayオブジェクトとは

Arrayオブジェクトは、配列を取り扱うオブジェクトです。Arrayオブジェクトは以下のように、new演算子によりインスタンスを生成できます。

▶構文

```
new Array( 要素 1, 要素 2,…)
```

しかし、すでにお伝えしている通り、以下の配列リテラルによる表現のほうが視認性は高いでしょう。

▶構文

```
[ 値 1, 値 2,…]
```

Arrayオブジェクトは図7-4-1に示す通り、多数のメソッドとlengthプロパティで構成されています。本書では、Arrayオブジェクトのメソッド群を以下の3グループに分けて紹介します。

・アクセサメソッド：配列自体は書き換えずに、メソッドに応じた戻り値を返す
・変更メソッド：配列自体を書き換える
・反復メソッド：配列内の各要素に対して何らかの処理を行う

変更メソッドは**破壊的なメソッド**ともいい、配列そのものに変更を及ぼします。元の配列を保持しませんので、使用する際には注意が必要です。

▶図 7-4-1 Array オブジェクトの主なメンバー

分類	メンバー	戻り値	説明	V8 以降
アクセサ メソッド	toString()	String	配列とその要素を表す文字列を返す	
	join(sep)	String	配列のすべての要素を文字列 sep で結合した文字列を返す	
	concat(value1,...)	Array	配列または値 value1,... を配列に連結したものを返す	
	slice(start, end)	Array	配列のインデックス start から end の手前までの要素を抽出する	
	flat([depth])	Array	配列を深さ depth に揃えたものを返す	V8
	includes(element[, start])	Boolean	配列のインデックス start 以降に要素 element が含まれているかを判定する	V8
	indexOf(element[, start])	Integer	配列をインデックス start から後方に向かって検索し要素 element とマッチしたインデックスを返す	
	lastIndexOf(element[, start])	Integer	配列をインデックス start から前方に向かって検索し要素 element とマッチしたインデックスを返す	
変更 メソッド	push(element1[,...])	Integer	配列の末尾に element1,... を追加する	
	unshift(element1[,...])	Integer	配列の先頭に要素を追加する	
	pop()	Object	配列から末尾の要素を抜き出す	
	shift()	Object	配列から先頭の要素を抜き出す	
	splice(start[, n[, element1,...]])	Array	配列のインデックス start の要素から n 個の要素を削除し、element1,... で置き換える	
	copyWithin(target[, start[, end]])	Array	配列のインデックス start から end の手前までの要素をインデックス target の位置にコピーする	V8
	fill(value[, start[, end]])	Array	配列のインデックス start から end の手前までの要素を value に設定する	V8
	sort(fnc)	Array	関数 fnc の定義にしたがって配列の要素を並び替える（省略した場合は昇順）	
	reverse()	Array	配列の要素の順番を逆転する	
反復 メソッド	forEach(fnc)	void	配列の各要素について関数 fnc を実行する	
	filter(fnc)	Array	配列の要素のうち関数 fnc を満たす要素のみで新しい配列を生成して返す	
	map(fnc)	Array	配列の各要素について関数 fnc を呼び出し、その結果を配列として返す	
	some(fnc)	Boolean	配列の少なくとも 1 つの要素が関数 fnc を満たすか判定する	
	every(fnc)	Boolean	配列のすべての要素が関数 fnc を満たすか判定する	
	find(fnc)	Object	配列の要素のうち関数 fnc を満たす最初の要素を返す	V8
	findIndex(fnc)	Integer	配列の要素のうち関数 fnc を満たす最初の要素のインデックスを返す	V8
	reduce(fnc[, initialValue])	Object	配列内の各要素について先頭から末尾に向かって関数 fnc を適用し 1 つの値にまとめたものを返す	

反復 メソッド	reduceRight(fnc[, initialValue])	Object	配列内の各要素について末尾から先頭に向かって関数 fnc を適用し 1 つの値にまとめたものを返す	
	entries()	Array Iterator	配列からインデックスと要素を組み合わせた配列を要素とする反復オブジェクトを生成して返す	V8
プロパティ	length	—	配列内の要素数	

　第 1 章で触れた通り、GAS ではスクリプトの実行時間に制限が設けられています。スプレッドシートのデータや Gmail のメッセージをはじめ、**GAS で取り扱うデータは、直接操作をするよりも、配列に格納して処理をするほうが、格段にその処理速度を向上させることができます**。したがって、これら Array オブジェクトのメンバーは、GAS において重要な役割を持つといえます。

Point

配列を使用することで、GAS のスクリプトの処理速度を格段に向上させることができます。

◆Array オブジェクトのアクセサメソッド・プロパティ

　まずは、**アクセサメソッド**と length プロパティの使用例を見てみましょう。

　サンプル 7-4-1 をご覧ください。ここで紹介するメンバーは、いずれも直観的に理解しやすいものといえます。

▶サンプル 7-4-1 Array オブジェクトのアクセサメソッドとプロパティ [sample07-04.gs]

```
1  function myFunction07_04_01() {
2    const array = ['Bob', 'Tom', 'Jay', 'Tom'];
3
4    console.log(array.length); //4
5
6    console.log(array.toString()); //Bob,Tom,Jay,Tom
7    console.log(array.join('|')); //Bob|Tom|Jay|Tom
8
9    console.log(array.concat(['Dan'])); //['Bob', 'Tom', 'Jay', 'Tom', 'Dan']
10   console.log(array.slice(1, 3)); //['Tom', 'Jay']
11
12   console.log(array.includes('Tom')); //true
13   console.log(array.indexOf('Tom')); //1
14   console.log(array.lastIndexOf('Tom')); //3
15
```

```
16    const array2 = ['Bob', ['Tom'], [['Jay']]];
17    console.log(array2.flat()); //['Bob', 'Tom', ['Jay']]
18    console.log(array2.flat(2)); //['Bob', 'Tom', 'Jay']
19  }
```

length プロパティは配列の要素数を求めるもので、書式は以下のとおりです。

▶ 構文
```
配列 .length
```

さて、配列のインデックスは 0 からはじまりますから、インデックスの最大数と配列の要素数は等しくありません。要素数はインデックスの最大数に 1 を加えたものとなる点、覚えておいてください。

◆配列内を検索する

配列内で要素を検索するには indexOf メソッド、または lastIndexOf メソッドを使うと便利です。

▶ 構文
```
配列 .indexOf ( 値 [, インデックス ])
```

▶ 構文
```
配列 .lastIndexOf ( 値 [, インデックス ])
```

インデックスは、検索を開始するインデックスを表します。省略をすると、それぞれ配列の先頭 (または末尾) からの検索となります。配列に指定の要素が見つかった場合はそのインデックスを、そうでない場合は -1 を返します。String オブジェクトの同名のメソッドと似ていますね。

また、Array オブジェクトにも要素の検索を真偽値で返す includes メソッドが用意されています。

▶ 構文 V8
```
配列 .includes ( 値 [, インデックス ])
```

配列に値が含まれていれば true、そうでない場合は false を返します。

では、これらのメソッドの使用例として、サンプル 7-4-2 を実行してみましょう。

▶サンプル 7-4-2 配列内の検索 [sample07-04.gs]

```
 1  function myFunction07_04_02() {
 2    const array = ['Bob', 'Tom', 'Jay', 'Dan'];
 3    const element = 'Tom';
 4
 5    if (array.includes(element)) {
 6      console.log(`${element} が含まれています `);
 7    } else {
 8      console.log(`${element} は含まれていません `);
 9    }
10
11    const index = array.indexOf(element);
12    if (index > -1) {
13      console.log(`${element} が ${index} の位置に含まれています `);
14    } else {
15      console.log(`${element} は含まれていません `);
16    }
17  }
```

> 配列 array 内に element が存在すれば true、そうでなければ false を返す

> 配列 array 内について element で検索し、そのインデックス（存在しなければ -1）を定数 index に代入する

◆実行結果

```
Tom が含まれています
Tom が 1 の位置に含まれています
```

　要素が配列内に含まれるかを知るだけであれば includes メソッドを使うのがシンプルです。検索した要素のインデックスを知りたい場合は、前方または後方のどちらから検索するべきかで indexOf メソッドと lastIndexOf メソッドを使い分けるとよいでしょう。

◆配列の次元を平滑化する

　flat メソッドは、配列の次元を平滑化する機能を持ちます。

▶構文 V8

```
配列 .flat([ 深さ ])
```

　深さというのは整数により、どの深さまで平滑化するかを決めるものです。たとえば、三次元配列に対して深さ 1 を指定すると二次元配列に、深さ 2 を指定すると一次元配列に平滑化されます。省略時のデフォルト値は 1 です。

　GAS でよく使用するのは、二次元配列を一次元配列に平滑化するというものです。というのも、二次元配列内の末端の要素の検索をしたい場合に、事前に flat メソッドにより一次元

配列化をすることで、includes メソッドや indexOf メソッドで検索ができるようになるのです。

　例として、サンプル 7-4-3 をご覧ください。

▶ サンプル 7-4-3 二次元配列内を検索する [sample07-04.gs]

```
1  function myFunction07_04_03() {
2    const array = [['Bob'], ['Tom'], ['Jay'], ['Dan']];
3    const element = 'Tom';
4
5    console.log(`${element} は ${array.flat().indexOf(element)} の位置にあります`);
6  }
```

二次元配列 array が一次元配列に平滑化される

◆実行結果

Tom は 1 の位置にあります

とてもシンプルに二次元配列内の検索ができますね。

Memo

　スプレッドシートの単一列のデータを取得すると、サンプル 7-4-3 の array のような二次元配列として取得されます。ですから、この例の応用で、特定の列にある値が存在するか、またそれが何行目に存在するかといったことを調べることができるのです。この点は、第 8 章でより詳しく解説します。

◆Array オブジェクトの変更メソッド

　続いて、**変更メソッド**の動作をサンプル 7-4-4 で確認してみましょう。各メソッドを実行するたびに、配列 array の内容に変更が加わっていることがわかるはずです。

▶ サンプル 7-4-4 Array オブジェクトの変更メソッド [sample07-04.gs]

```
1  function myFunction07_04_04() {
2    const array = ['Bob', 'Tom', 'Jay', 'Tom'];
3
4    array.push('Dan');
5    console.log(array); //['Bob', 'Tom', 'Jay', 'Tom', 'Dan']
6
7    array.unshift('Ivy');
8    console.log(array); //['Ivy', 'Bob', 'Tom', 'Jay', 'Tom', 'Dan']
```

```
 9
10     array.reverse();
11     console.log(array); //['Dan', 'Tom', 'Jay', 'Tom', 'Bob', 'Ivy']
12
13     array.sort();
14     console.log(array); //['Bob', 'Dan', 'Ivy', 'Jay', 'Tom', 'Tom']
15
16     array.copyWithin(4, 0, 2);
17     console.log(array); //['Bob', 'Dan', 'Ivy', 'Jay', 'Bob', 'Dan']
18
19     array.fill('Tom', 3, 5);
20     console.log(array); //['Bob', 'Dan', 'Ivy', 'Tom', 'Tom', 'Dan']
21
22     console.log(array.pop()); //Dan
23     console.log(array); //['Bob', 'Dan', 'Ivy', 'Tom', 'Tom']
24
25     console.log(array.shift()); //Bob
26     console.log(array); //['Dan', 'Ivy', 'Tom', 'Tom']
27
28     console.log(array.splice(2, 2, 'Kim')); //['Tom', 'Tom']
29     console.log(array); //['Dan', 'Ivy', 'Kim']
30 }
```

　たとえば、splice メソッドでは、配列内の切り出した部分配列を戻り値として返します。ただし、元の配列自体に変更が加わります。したがって、単に切り出した部分配列を取得したいだけの場合は、同様の機能を持つアクセサメソッドの slice メソッドを使うほうがよいでしょう。

Ｐoint

変更メソッドでは、元の配列自体に変更が加わるので注意が必要です。

　これらのメソッドのうち、配列の最後尾に要素を追加する **push メソッド**、配列の先頭の要素を抜き出す **shift メソッド**は、とくに使用頻度が高いものとなります。
　push メソッドは、引数として指定した要素を配列の末尾に追加します。戻り値は、追加後の配列の要素数となります。

▶構文

```
配列 .push( 要素 1 [, 要素 2,…])
```

shift メソッドは、配列の先頭の要素を抜き出します。戻り値は、抜き出した要素となります。

▶構文

```
配列 .shift()
```

これらのメソッドは、スプレッドシートのデータを二次元配列として取得して操作する際に使用します。詳しくは第 8 章で解説します。

◆ 配列の要素を置換・削除・追加する

splice メソッドは、配列の要素を置換・削除・追加するといった処理を行うことができる万能のメソッドです。

▶構文

```
配列 .splice( インデックス , 要素数 [, 要素 1, 要素 2,…])
```

すべての引数を指定すると、インデックスで指定した要素から要素数で指定した数だけを取り除き、要素 1, 要素 2,... をその位置に挿入する、つまり置換となります。また、要素 1, 要素 2,... を省略すれば、指定範囲の要素の削除となります。さらに、引数の要素数に 0 を指定すれば、削除されませんので、要素 1, 要素 2,... の追加となります。

例として、サンプル 7-4-5 もご覧ください。

▶サンプル 7-4-5 splice メソッドによる置換・削除・追加 [sample07-04.gs]

```
 1  function myFunction07_04_05() {
 2    const array = ['Bob', 'Tom', 'Jay', 'Dan', 'Ivy'];
 3
 4    array.splice(1, 2, 'Kim');
 5    console.log(array); //['Bob', 'Kim', 'Dan', 'Ivy']
 6
 7    array.splice(1, 2);
 8    console.log(array); //['Bob', 'Ivy']
 9
10    array.splice(1, 0, 'Leo');
11    console.log(array); //['Bob', 'Leo', 'Ivy']
12  }
```

> インデックス 1 から 2 つの要素を 'Kim' に差し替える

> インデックス 1 から 2 つの要素を削除する

> インデックス 1 に 'Leo' を挿入する

07

JavaScript の組み込みオブジェクト

◆Array オブジェクトの反復メソッドとコールバック関数

反復メソッドは、Array オブジェクトの中でも特徴的なグループです。その多くは、配列内の各要素について指定の関数を呼び出すという動作をするもので、その呼び出す関数を**コールバック関数**といいます。

反復メソッドで使用するコールバック関数では、そのメソッドの種類に応じて、特定の役割を持つ仮引数を使用できます。たとえば、配列の各要素に処理を実行する **forEach メソッド**であれば、以下を格納するための 3 つの仮引数を使用できます。

・値

・インデックス（省略可）

・元の配列（省略可）

例として、サンプル 7-4-6 を見てみましょう。

▶サンプル 7-4-6 forEach メソッド [sample07-04.gs]

```
1  function myFunction07_04_06() {
2    const array = ['Bob', 'Tom', 'Jay'];
3
4    array.forEach((name, index) => console.log(`${index}: Hello ${name}!`));
5  }
```

> 配列 array のすべての要素について、その値とインデックスを使ってログ出力する

◆実行結果

```
0: Hello Bob!
1: Hello Tom!
2: Hello Jay!
```

コールバック関数の仮引数として、値を格納する name と、インデックスを格納する index を使用しています。動作としては、array 内のすべての要素についての index と name を取り出し、コールバック関数内のログ出力命令を実行するというものです。

なお、反復メソッドのコールバック関数にはアロー関数を使用するのがおすすめです。多くの場合、アロー関数の省略ルールを適用できますので、その記述量を大きく削減して、シンプルなコードにできます。

ここでは反復メソッドとコールバック関数をわかりやすく説明する目的で forEach メソッドを
使用していますが、インデックスと値を使用する反復であれば、for 文または後述する entries
メソッドと for...of 文を使用するとよいでしょう。

他の反復メソッドの動作も確認しておきましょう。

まず、**every メソッド**と **some メソッド**は、配列の要素のすべてまたは少なくとも１つがコー
ルバック関数を満たすかどうか、つまり true を返すかどうかを判定します。**filter メソッド**
は配列の要素の中で、コールバック関数を満たす要素のみの配列を返します。**map メソッド**
はコールバック関数の結果を配列として返します。これらのメソッドに与えるコールバック関
数には、forEach メソッドと同様に値、インデックス、元の配列を格納するための３つの仮
引数が必要です。例として、サンプル 7-4-7 を実行してみましょう。

▶ サンプル 7-4-7 Array オブジェクトの反復メソッド [sample07-04.gs]

```
 1  function myFunction07_04_07() {
 2    const array = ['Bob', 'Tom', 'Jay'];
 3
 4    console.log(array.every(value => value.length === 3)); //true
 5    console.log(array.some(value => value === 'Tom')); //true
 6    console.log(array.find(value => value === 'Tom')); //'Tom'
 7    console.log(array.findIndex(value => value === 'Tom')); //1
 8
 9    console.log(array.filter(value => value.charAt(1) === 'o')); //['Bob', 'Tom']
10    console.log(array.map(value => value.length)); //[3, 3, 3]
11  }
```

一方で、**reduce メソッド**と **reduceRight メソッド**は、配列内の要素を先頭または末尾から、
コールバック関数を実行してひとつの値にまとめて返すという動作をします。コールバック関
数には、以下４つの役割を持つ仮引数を使用できます。

・前回のコールバック関数の戻り値（または初期値）
・現在の値
・インデックス（省略可）
・元の配列（省略可）

これらのメソッドでは、省略可能な第２引数として初期値を設定できます。初期値が指定
されていれば、初回の呼び出しで初期値として使用され、そうでなければ配列のインデックス

0 の要素が初期値、インデックス 1 の要素が現在の値として反復をスタートします。

では、その例として、サンプル 7-4-8 をご覧ください。

▶ サンプル 7-4-8 reduce メソッドと reduceRight メソッド [sample07-04.gs]

```
1  function myFunction07_04_08() {
2    const array = ['Bob', 'Tom', 'Jay'];
3
4    console.log(array.reduce((accumulator, current) => accumulator + current, 'Ivy'));
5    console.log(array.reduceRight((accumulator, current) => accumulator + current));
6  }
```

> 「Ivy」を初期値として、配列 array のすべての要素を先頭から連結する

> 配列 array のすべての要素を末尾から連結する（初期値はなし）

◆実行結果

```
IvyBobTomJay
JayTomBob
```

　反復メソッドは、その動作や組み方が複雑に見えるかもしれません。しかし、配列を使用する機会が多い GAS のプログラミングにおいては、for 文だけでなく、これらの反復メソッドをループ処理として活用できます。

反復メソッドは、配列に対するループ処理として活用できます。

　反復メソッドのコールバック関数内では break 文や continue 文を記述することはできません。それら、反復の制御が必要な場合は、for 文や for...of 文を使用するようにしましょう。

◆for...of 文でインデックスを使用する

　配列のループをする際に、その処理内でインデックスを用いたいとき、for 文を用いる方法や反復メソッドを使用するという方法がありますが、**entries メソッド**を活用すると for...of 文でもそれを実現できます。

▶ 構文 V8

```
配列 .entries()
```

　entries メソッドは、配列から反復可能オブジェクトを生成するというものです。そして、その要素は、図 7-4-2 のようにインデックスと要素の配列で構成されます。

▶図 7-4-2 entries メソッドによる反復可能オブジェクト

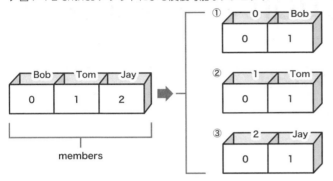

　entries メソッドで生成された反復オブジェクトを for...of 文によるループの対象にすることで、各回の処理内で要素とインデックスを使用できるようになります。
　例として、サンプル 7-4-9 を実行してみましょう。

▶サンプル 7-4-9 for...of 文でインデックスを使用する [sample07-04.gs]

```
1  function myFunction07_04_09() {
2    const members = ['Bob', 'Tom', 'Jay'];
3
4    for (const [index, member] of members.entries()) {
5      console.log(`${index}: Hello ${member}!`);
6    }
7  }
```

> entries メソッドにより生成された反復可能オブジェクトから、分割代入でインデックスと要素を取り出しながらループする

◆実行結果

```
0: Hello Bob!
1: Hello Tom!
2: Hello Jay!
```

　for...of 文で要素を受け取る際に分割代入を使用するという点がポイントです。スマートにインデックスを用いた配列のループが実現できますので、ぜひ活用していきましょう。

関数を取り扱う - Function オブジェクト

◆Function オブジェクトとは

Function オブジェクトは関数を取り扱うオブジェクトです。new 演算子により、インスタンスを生成できます。

▶構文
```
new Function( 仮引数 1, 仮引数 2,…, 関数内の処理 )
```

たとえば、サンプル 7-5-1 のように記述すれば、Function オブジェクトのインスタンス、つまり関数 sayHello を生成します。

▶サンプル 7-5-1 Function オブジェクトのインスタンス生成 [sample07-05.gs]
```
1  function myFunction07_05_01() {
2    const sayHello = new Function('name', 'console.log(`Hello ${name}!`)');
3    sayHello('Bob'); //Hello Bob !
4  }
```

しかし、ご覧の通り new 演算子による関数の定義は可読性が低いので、これまで通りに関数の宣言またはアロー関数による表現を使うほうがよいでしょう。

▶構文
```
function 関数名 ( 仮引数 1, 仮引数 2,…) {
   // 処理
}
```

▶構文 V8
```
( 仮引数 1, 仮引数 2,…) => {
   // 処理
}
```

Function オブジェクトの主なメンバーを、図 7-5-1 に示します。

▶図 7-5-1 Function オブジェクトの主なメンバー

分類	メンバー	戻り値	説明
メソッド	toString()	String	関数を文字列に変換して返す
プロパティ	length	―	引数の数
	name	―	関数の名前

使用例として、サンプル 7-5-2 をご覧ください。

▶サンプル 7-5-2 Function オブジェクトのメソッドとプロパティ [sample07-05.gs]

```
1  function myFunction07_05_02() {
2    const greet = (name, age) => {
3      console.log("I'm ${name}. I'm ${age} years old.");
4    };
5
6    console.log(greet.name);
7    console.log(greet.length);
8    console.log(greet.toString());
9  }
```

◆実行結果

```
greet
2
(name, age) => {
    console.log("I'm ${name}. I'm ${age} years old.");
}
```

　おそらく、実務で使用するスクリプトに Fucntion オブジェクトのメンバーを直接的に使用する機会は多くないかも知れません。ここでは、**関数もオブジェクトの一種である**ということを覚えておいていただければと思います。

日付・時刻を取り扱う - Dateオブジェクト

◆Dateオブジェクトとは

Dateオブジェクトは日付・時刻を取り扱うオブジェクトです。配列や関数などのようにリテラルは存在していませんので、new演算子によってインスタンスを生成します。Dateオブジェクトのインスタンスの生成方法は複数ありますので、それぞれを見てみましょう。

まず、引数を指定しない場合は、現在の日時を表すDateオブジェクトのインスタンスを生成します。

▶構文
```
new Date()
```

また、指定の日時でDateオブジェクトのインスタンスを生成するのであれば、年、月、日、時、分、秒のそれぞれの数値を引数として与えます。時、分、秒、ミリ秒は省略可能です。なお、月は1〜12ではなく、0〜11の数値で与える必要がある点に注意をしてください。

▶構文
```
new Date( 年 , 月 , 日 [, 時 , 分 , 秒 , ミリ秒 ])
```

指定の日時でDateオブジェクトのインスタンスを生成する別の方法として、日付文字列を与える方法があります。たとえば「2017/09/05 09:37:15」といった形式となります。また、「Sep 05 2017 09:37:15」といった英文形式を指定することも可能です。

▶構文
```
new Date( 日付文字列 )
```

1970/01/01 00:00:00からの経過ミリ秒を**タイムスタンプ値**といいます。タイムスタンプ値を指定することでもDateオブジェクトのインスタンスを生成できます。

▶構文

```
new Date( タイムスタンプ値 )
```

　引数に Date オブジェクトを渡してインスタンスを生成することで、その Date オブジェクトのコピーを生成できます。

▶構文

```
new Date(Date オブジェクト )
```

　Date オブジェクトに変更を加える必要があり、かつ、もとの Date オブジェクトを残しておきたいときには、この方法でコピーをしておきましょう。

　それぞれの Date オブジェクトのインスタンス生成の方法について、サンプル 7-6-1 を実行して確認してみましょう。

▶サンプル 7-6-1 Date オブジェクトの生成 [sample07-06.gs]

```
1  function myFunction07_06_01() {
2    console.log(new Date());
3    console.log(new Date(2020, 7, 17, 10, 28, 15));
4    console.log(new Date('2020/07/17 10:28:15'));
5    console.log(new Date(1594949295777));
6
7    const d = new Date();
8    console.log(new Date(d));
9  }
```

◆実行結果

```
Fri Jul 17 2020 10:46:17 GMT+0900 （日本標準時）
Mon Aug 17 2020 10:28:15 GMT+0900 （日本標準時）
Fri Jul 17 2020 10:28:15 GMT+0900 （日本標準時）
Fri Jul 17 2020 10:28:15 GMT+0900 （日本標準時）
Fri Jul 17 2020 10:46:17 GMT+0900 （日本標準時）
```

　実行結果の最初と最後の出力は、スクリプトを実行した日時となるはずです。
　Date オブジェクトの主なメンバーを図 7-6-1 にまとめています。Date オブジェクトの各要素を取得する、または設定するメソッドがその多くを占めていることがわかりますね。

分類	メンバー	戻り値	説明
メソッド	getFullYear()	Integer	「年」(4 桁までの年) を返す
	getMonth()	Integer	「月」(0-11) を返す
	getDate()	Integer	「日」(1-31) を返す
	getDay()	Integer	「曜日」(0-6) を返す
	getHours()	Integer	「時」(0-23) を返す
	getMinutes()	Integer	「分」(0-59) を返す
	getSeconds()	Integer	「秒」(0-59) を返す
	getMilliseconds()	Integer	「ミリ秒」(0-999) を返す
	getTime()	Integer	1970 年 1 月 1 日 00:00:00 からの経過ミリ秒を返す
	getTimezoneOffset()	Integer	現地の時刻と協定世界時刻（UTC）との差を返す
	setFullYear(y)	Integer	「年」を y(4 桁までの年) に設定する
	setMonth(m)	Integer	「月」を m(0-11) に設定する
	setDate(d)	Integer	「日」を d(1-31) に設定する
	setHours(h)	Integer	「時」を h(0-23) に設定する
	setMinutes(m)	Integer	「分」を m(0-59) に設定する
	setSeconds(s)	Integer	「秒」を s(0-59) に設定する
	setMilliseconds(ms)	Integer	「ミリ秒」を ms(0-999) に設定する
	setTime(ts)	Integer	1970 年 1 月 1 日 00:00:00 からの経過ミリ秒を ts に設定する
	toString()	String	日時を文字列に変換したものを返す
	toDateString()	String	日付部分を文字列に変換したものを返す
	toTimeString()	String	時刻部分を文字列に変換したものを返す
	toJSON()	String	日時を JSON 文字列に変換したものを返す

Date オブジェクトの主なメンバーについて、その動作を確認してみましょう。サンプル 7-6-2 をご覧ください。

▶サンプル 7-6-2 Date オブジェクトのメンバー [sample07-06.gs]

```
 1  function myFunction07_06_02() {
 2    const d = new Date(2020, 6, 17, 10, 28, 15, 777);
 3
 4    console.log(d.getFullYear()); //2020
 5    console.log(d.getMonth()); //6(=7月)
 6    console.log(d.getDate()); //17
 7    console.log(d.getDay()); //5(=金曜日)
 8    console.log(d.getHours()); //10
 9    console.log(d.getMinutes()); //28
10    console.log(d.getSeconds()); //15
11    console.log(d.getMilliseconds()); //777
12    console.log(d.getTime()); //1594949295777
13
```

07 JavaScript の組み込みオブジェクト

```
14    console.log(d.getTimezoneOffset()); //-540
15
16    d.setFullYear(2020);
17    d.setMonth(0);
18    d.setDate(1);
19    d.setHours(1);
20    d.setMinutes(11);
21    d.setSeconds(11);
22    d.setMilliseconds(111);
23
24    console.log(d.toString()); //Wed Jan 01 2020 01:11:11 GMT+0900（日本標準時）
25    console.log(d.toDateString()); //Wed Jan 01 2020
26    console.log(d.toTimeString()); //01:11:11 GMT+0900（日本標準時）
27    console.log(d.toJSON()); //2019-12-31T16:11:11.111Z
28  }
```

◆日時の演算と複製

　Date オブジェクトでは日時の演算をするメソッドは用意されていません。Date オブジェクトの日時の演算を行う場合には、Date オブジェクトから必要な要素を取得し、数値演算をした結果を Date オブジェクトに設定をするという手順を踏む必要があります。

　例として、サンプル 7-6-3 をご覧ください。これはある Date オブジェクトから、その120 分後を表す Date オブジェクトを作るというものです。

▶ サンプル 7-6-3 Date オブジェクトの演算と複製 [sample07-06.gs]

```
1  function myFunction07_06_03() {
2    const start = new Date('2020/5/5 20:00');
3    const end = new Date(start);              ← Date オブジェクトの複製を生成
                                                  して end とする
4
5    end.setMinutes(start.getMinutes() + 120); ← start の「分」に 120 を加算し、
                                                  end にセットする
6    console.log(start); //Tue May 05 2020 20:00:00 GMT+0900（日本標準時）
7    console.log(end); //Tue May 05 2020 22:00:00 GMT+0900（日本標準時）
8  }
```

　ここで、定数 end の代入ですが「const end = start」としてはいけません。オブジェクトの代入は参照値の代入ですから、定数 start と定数 end が同じオブジェクトを参照することになってしまいます。new 演算子を用いて、新たな Date オブジェクトをコピーとして生成するようにしましょう。

正規表現を取り扱う - RegExp オブジェクト

◆ 正規表現とは

正規表現とは、文字列のパターンを表現するための方法です。正規表現は a 〜 Z、0 〜 9 などの通常の文字と、[] や {} などの特殊な役割を持つ特殊な文字（**メタ文字**といいます）との組み合わせでパターンを表します。

たとえば、郵便番号は「3 桁の数字、ハイフン、4 桁の数字」というパターンで構成されていますが、そのパターンを正規表現で表すと「[0-9]{3}-[0-9]{4}」となります。また、「B ではじまり、b で終わる、3 文字以上の文字列」（Bob や Bomb など）といったパターンは、正規表現で「B.+b」と表すことができます。

このように、正規表現ではさまざまなパターンを表現することができ、それを用いることでテキストの中から特定のパターンの文字列を検索、抽出、置換などの操作をすることができるようになります。正規表現パターンが検索して一致することを、「**マッチする**」といいます。

Point

正規表現を使うことで、パターンによる検索、抽出、置換ができます。

JavaScript で使用できる正規表現の主なメタ文字とその用法について、図 7-7-1 にまとめましたのでご覧ください。

▶ 図 7-7-1 正規表現で使用する主なメタ文字とその用法

文字	機能	正規表現の例	マッチする文字列の例
.	任意の 1 文字	T.m こん .. は	Tom、Tam、T2m こんにちは、こんばんは
*	直前の文字が 0 文字以上	Bo*b	Bb、Bob、Boob
+	直前の文字が 1 文字以上	Bo+b	Bob、Boob
?	直前の文字が 0 文字または 1 文字	Bo?b	Bb、Bob
?	（他のメタ文字の直後に指定した場合）最短の文字列とマッチするように制限をする	-	-
{n} {n,} {n,m}	直前の文字を n 文字 直前の文字を n 文字以上 直前の文字を n 文字〜 m 文字	Bo{2}B Bo{1,}B Bo{1,2}B	Boob Bob、Booob Bob、Boob

|	または	Bob|Tom	Bob、Tom	
[ ]	角括弧内のいずれかの 1 文字	T[aio]m [0-9] [A-Z]	Tam、Tim、Tom 0、1、9 A、B、Z	
[^]	角括弧内の文字以外のいずれか 1 文字	T[^aio]m [^0-9]	Tem、Tym A、あ、ア	
( )	グループ	(Bob)+ 私は (Bob|Tom)	Bob、BobBob 私は Bob、私は Tom	
^	行の先頭	-	-	
$	行の末尾	-	-	
\	メタ文字をエスケープ	\\\|\+	\、+	
\w	任意の半角英字、数字、アンダースコアの 1 文字 ([A-Za-z0-9_] と同じ）	\w	a、A、0、_	
\d	数字の 1 文字（[0-9] と同じ）	\d	0、1、9	
\n	改行（Line Feed）	-	-	
\r	復帰（Carriage Return）	-	-	
\t	タブ	-	-	
\s	空白文字（改行、復帰、タブを含む）	-	-	

◆RegExp オブジェクトとは

　JavaScript で正規表現を取り扱う機能を提供するのが、**RegExp オブジェクト**です。RegExp オブジェクトは、以下のように new 演算子によってインスタンスを生成できます。

▶構文
```
new RegExp('正規表現'[, 'フラグ'])
```

　しかし、正規表現は、以下のようにスラッシュ（/）で囲むことによる**正規表現リテラル**で表記できますので、こちらを使うほうが一般的です。

▶構文
```
/正規表現/フラグ
```

　ただし、スラッシュ (/) を正規表現パターン内で使用する場合は、「\/」としてエスケープをする必要がある点に注意してください。

　フラグは正規表現による検索時に機能するオプションを設定するものです。複数のフラグを使用する場合は、たとえば「gi」などと並べて指定できます。

　主なフラグを、図 7-7-2 でまとめています。

フラグ	説明
g	グローバルサーチ。最初のマッチで止まらずにすべてのマッチを探す
i	大文字・小文字を区別しない
m	複数行を検索する

また、RegExp オブジェクトの主なメンバーを、図 7-7-3 にまとめています。正規表現で検索をする、または正規表現とその検索についての情報を得るメンバーで構成されています。

▶ 図 7-7-3 RegExp オブジェクトの主なメンバー

分類	メンバー	戻り値	説明
メソッド	exec(str)	Array	文字列に対して正規表現で検索した結果を配列で返す
	test(str)	Boolean	文字列に対して正規表現での検索テスト結果を真偽値で返す
	toString()	String	正規表現を文字列として返す
プロパティ	lastIndex	ー	次のマッチがはじまる位置
	global	ー	g フラグの真偽値
	ignoreCase	ー	i フラグの真偽値
	multiline	ー	m フラグの真偽値
	source	ー	正規表現パターンのテキスト部

RegExp オブジェクトの各メンバーの動作について確認するために、サンプル 7-7-1 を実行してみましょう。

▶ サンプル 7-7-1 RegExp オブジェクトのメンバー [sample07-07.gs]

```
 1  function myFunction07_07_01() {
 2    const str = "I'm Bob. Tom is my friend.";
 3
 4    const reg = /.o./g;
 5    console.log(reg.test(str)); //true
 6
 7    console.log(reg.toString()); ///.o./g
 8    console.log(reg.source); //.o.
 9
10    console.log(reg.global); //true
11    console.log(reg.ignoreCase); //false
12    console.log(reg.multiline); //false
13  }
```

　正規表現のパターンについて補足しておきます。

　正規表現 reg は、「任意の 1 文字、小文字のアルファベットの o、任意の 1 文字」という
パターンで、グローバルサーチのフラグ g が付与されています。文字列 str の中で、「Bob」
と「Tom」が正規表現にマッチします。正規表現による検索について、次節で見ていくこと
にしましょう。

◆正規表現による文字列の検索

　正規表現を用いて文字列を検索するひとつの方法として **exec メソッド**があります。

▶構文

```
正規表現 .exec ( 文字列 )
```

　まず例としてサンプル 7-7-2 を実行してみましょう。

▶サンプル 7-7-2 exec メソッド [sample07-07.gs]

```
1  function myFunction07_07_02() {
2    const str = "I'm Bob. Tom is my friend.";
3    const reg = /.o./g;
4
5    console.log(reg.exec(str));
6  }
```

◆実行結果

```
[ 'Bob',
  index: 4,
  input: 'I\'m Bob. Tom is my friend.',
  groups: undefined ]
```

　ログを確認すると、あまり見慣れない出力となりましたね。また、文字列 str の中で、「Bob」
と「Tom」という 2 つの文字列がマッチするはずですが、「Tom」についての出力は見当たり
ません。この点については、少し解説が必要です。

　まず、exec メソッドは、文字列を検索し正規表現にマッチした最初の文字列を 1 つだけ含
む配列を返します。配列のインデックス 0 にマッチした文字列が格納されています。このとき、
正規表現に g フラグが付与されていれば、正規表現の **lastIndex プロパティ**の値を、マッチ
した部分の次の位置を表す数値に置き換えます。ですから、再度 exec メソッドを実行した場
合、前回の続きから検索を開始します。配列に含まれる「index: 4」「input: 'I\'m Bob. Tom
is my friend.'」は、拡張プロパティといい、その配列のプロパティとして取り出すことがで

きます。なお、マッチする文字列がない場合、exec メソッドは null を返します。

では、これらの確認のために、サンプル 7-7-3 を実行してみましょう。

▶サンプル 7-7-3 exec メソッドですべてのマッチを出力する [sample07-07.gs]

```
1  function myFunction07_07_03() {
2    const str = "I'm Bob. Tom is my friend.";
3    const reg = /.o./g;
4
5    let result;
6    while (result = reg.exec(str)) {
7      console.log(`result: ${result[0]}, lastIndex: ${result.index}`);
8    }
9  }
```

exec メソッドでマッチする文字列がある間だけ繰り返す

マッチした文字列 result[0] と、index プロパティの値をログ出力する

◆実行結果

```
result: Bob, lastIndex: 4
result: Tom, lastIndex: 9
```

文字列 str に関して、正規表現 reg でマッチする文字列すべてについて検索して、その文字列と位置を表す数字がログ出力されます。

正規表現にマッチした文字列を、まとめて取得する別の方法があります。String オブジェクトの **match メソッド**を使う方法です。

match メソッドの書式は、以下の通りです。

▶構文

文字列 .match(正規表現)

match メソッドの使用例として、サンプル 7-7-4 をご覧ください。

マッチしたすべての文字列を、配列として返していることがわかります。ただし、g フラグを外すと、最初にマッチした文字列のみの配列を返しています。

▶サンプル 7-7-4 match メソッドによる文字列の検索 [sample07-07.gs]

```
1  function myFunction07_07_04() {
2    const str = "I'm Bob. Tom is my friend.";
3
4    let reg = /.o./g;
5    console.log(str.match(reg));
6
7    reg = /.o./;
8    console.log(str.match(reg));
9  }
```

g フラグがある場合はマッチ
したすべての文字列を返す

g フラグがない場合は最初に
マッチした文字列のみを返す

◆実行結果

```
['Bob', 'Tom']
['Bob',
  index: 4,
  input: 'I\'m Bob. Tom is my friend.',
  groups: undefined]
```

　一般的に、マッチした文字列をすべて取得するのであれば、match メソッドを使うほうが
簡単に実現できます。ただし、match メソッドでは lastIndex プロパティの書き換えがされ
ませんので、マッチした文字列の位置が処理として必要であれば、exec メソッドを使うのが
有効です。

　　exec メソッドおよび正規表現に g フラグを付与しない場合の match メソッドの戻り値は、厳
密にいえば「最初の検索結果とサブマッチ文字列および拡張プロパティで構成された配列」です。
サブマッチ文字列というのは、正規表現内に丸括弧でグルーピングされた部分（サブマッチパター
ン）にマッチした文字列です。

◆正規表現による文字列の置換・分割

　正規表現でマッチした文字列を置換する場合は、String オブジェクトの **replace メソッド**
を使います。以下のように記述することで、正規表現でマッチした文字列を、置換後の文字列
に置き換えることができます。

▶構文

文字列 .replace (正規表現 , 置換後の文字列)

簡単な例として、サンプル 7-7-5 を確認しておきましょう。正規表現にマッチする「Bob」「Tom」が、ともに「Jay」と置換されます。

▶ サンプル 7-7-5 replace メソッドによる文字列の置換 [sample07-07.gs]

```
1  function myFunction07_07_05() {
2    const str = "I'm Bob. Tom is my friend.";
3    const reg = /.o./g;
4
5    console.log(str.replace(reg, 'Jay')); //I'm Jay. Jay is my friend.
6  }
```

> 正規表現にマッチした文字列を 'Jay' に置換する

String オブジェクトの **split メソッド**は、指定した文字列で対象の文字列を分割して配列として返すメソッドです。split メソッドの引数として、文字列ではなく、以下のように正規表現を使うことができます。

▶ 構文

文字列 .split (正規表現)

例として、サンプル 7-7-6 を実行してみましょう。正規表現のパターンは「コロン (:)、スラッシュ (\/)、空白文字 (\s) のいずれかの文字」です。文字列 str および文字列 date の内容が、それらいずれかの文字で分割されて、配列に格納されているのを確認できるはずです。

▶ サンプル 7-7-6 split メソッドによる文字列の分割 [sample07-07.gs]

```
1  function myFunction07_07_06() {
2    const str = "I'm Bob. Tom is my friend.";
3    const date = '2020/07/19 09:55:15';
4
5    const reg = /[:\/\s]/g;
6    console.log(str.split(reg)); //['I\'m', 'Bob.', 'Tom', 'is', 'my', 'friend.']
7    console.log(date.split(reg)); //['2020', '07', '19', '09', '55', '15']
8  }
```

> 正規表現にマッチした箇所で文字列を分割して配列にする

> 「コロン (:)、スラッシュ (\/)、空白文字 (\s) のいずれかの文字」を表す正規表現

Memo

replace メソッド、split メソッドは、その引数に正規表現ではなく文字列を指定することもできます。両方を活用できるようにしていきましょう。

07 08 例外情報を取得する - Error オブジェクト

◆Error オブジェクトとは

Error オブジェクトは、例外情報を取り扱うオブジェクトです。スクリプトでエラーが発生したときに生成されますが、第 4 章でも触れた通り、new 演算子で Error オブジェクトのインスタンスとして生成させることができます。

▶構文

```
new Error( エラーメッセージ )
```

そして、以下のように throw 文を使うことで、実際に例外を発生させることができます。

▶構文

```
throw new Error( エラーメッセージ )
```

Error オブジェクトの主なメンバーを、図 7-8-1 にまとめます。エラーメッセージをはじめ、例外に関する情報を取得できます。

▶図 7-8-1 Error オブジェクトの主なメンバー

分類	メンバー	戻り値	説明
メソッド	toString()	String	例外を文字列として返す
プロパティ	message	—	エラーメッセージ
	name	—	例外の種類名
	stack	—	スタックトレース

サンプル 7-8-1 にて、Error オブジェクトの各メンバーの内容を確認しましょう。

▶サンプル 7-8-1 Error オブジェクトのメンバー [sample07-08.gs]

```
1  function myFunction07_08_01() {
2    try{
3      throw new Error(' 発生させた例外 ');
4    } catch(e) {
5      console.log(e.name);
```

```
 6        console.log(e.message);
 7        console.log(e.toString());
 8        console.log(e.stack);
 9      }
10  }
```

◆実行結果

```
Error
発生させた例外
Error: 発生させた例外
Error: 発生させた例外
    at myFunction07_08_01 (07_08:3:11)
    at __GS_INTERNAL_top_function_call__.gs:1:8
```

　Error オブジェクトは一般的な例外を表すオブジェクトですが、例外の種類に応じたオブジェクトが用意されていて、それらを代わりに用いることができます。その主なものを、図 7-8-2 にまとめています。

▶ 図 7-8-2 例外を表すその他の主なオブジェクト

オブジェクト	説明
RangeError	値が配列内に存在しない、または値が許容範囲にない場合のエラー
ReferenceError	存在しない変数が参照された場合のエラー
SyntaxError	構文的に正しくないコードについてのエラー
TypeError	値が期待される型でない場合のエラー

　たとえば、サンプル 7-8-2 を実行すると、図 7-8-3 のように「TypeError」を発生させることができます。型に関する問題を伝えるのであれば、こちらのほうが伝わりやすいですね。

▶ サンプル 7-8-2 TypeError を発生させる [sample07-08.gs]

```
1  function myFunction07_08_02() {
2    throw new TypeError(' 発生させた型に関しての例外 ');
3  }
```

▶図 7-8-3 発生させた TypeError

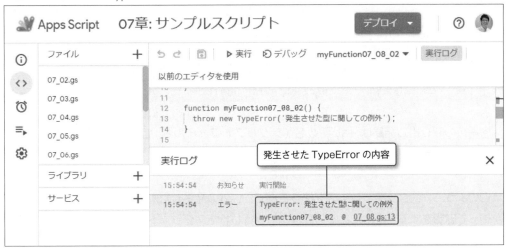

◆スタックトレース

　stack プロパティを使うと**スタックトレース**、つまりその例外が発生するまでに呼び出した関数の記録を取得できます。例として、サンプル 7-8-3 の myFunction07_08_03_c を実行してみましょう。

▶サンプル 7-8-3 stack プロパティでスタックトレースを確認する [sample07-08.gs]

```
 1  function myFunction07_08_03_a_() {
 2    throw new Error(' 発生させた例外 ');     ── 例外が発生する
 3  }
 4
 5  function myFunction07_08_03_b_() {
 6    myFunction07_08_03_a_();     ── myFunction07_08_03_a_
                                        を呼び出す
 7  }
 8
 9  function myFunction07_08_03_c() {
10    try{
11      myFunction07_08_03_b_();     ── myFunction07_08_03_b_
                                          を呼び出す
12    } catch(e) {
13      console.log(e.stack);     ── 発生した例外をキャッチしスタッ
                                        クトレースをログ出力する
14    }
15  }
```

◆実行結果

```
Error: 発生させた例外
    at myFunction07_08_03_a_ (07_08:2:9)
    at myFunction07_08_03_b_ (07_08:6:3)
    at myFunction07_08_03_c (07_08:11:5)
    at __GS_INTERNAL_top_function_call__.gs:1:8
```

　各関数の呼び出し記録は「at 関数名 (スクリプトファイル名 : 行数 : 文字数)」という形式
で出力されます。

　このように、スタックトレースを使うことで、例外の発生した箇所から関数呼び出しの経路
を遡って確認をするとともに、その呼び出しが行われたスクリプトファイル名と、その位置を
確認できます。

07 09 数学演算を実行する - Math オブジェクト

◆Math オブジェクトとは

Math オブジェクトは、多様な数学演算を提供するオブジェクトです。図 7-9-1 に示す通り、Math オブジェクトのメンバーはすべて静的メンバーであり、new 演算子等でインスタンスを生成することはできません。

▶図 7-9-1 Math オブジェクトの主なメンバー

分類	メンバー	戻り値	説明	V8 以降
静的プロパティ	Math.E	―	ネイピア数（オイラー数）	
	Math.LN2	―	2 の自然対数	
	Math.LN10	―	10 の自然対数	
	Math.LOG2E	―	2 を底とした E の対数	
	Math.LOG10E	―	10 を底とした E の対数	
	Math.PI	―	円周率	
	Math.SQRT1_2	―	1/2 の平方根	
	Math.SQRT2	―	2 の平方根	
静的メソッド	Math.abs(x)	Number	x の絶対値を返す	
	Math.sign(x)	Integer	x が正の数ならば 1、負の数ならば -1、0 ならば 0 を返す	V8
	Math.ceil(x)	Integer	x の小数点以下を切り上げた整数を返す	
	Math.floor(x)	Integer	x の小数点以下を切り捨てた整数を返す	
	Math.round(x)	Integer	x を四捨五入した整数を返す	
	Math.trunc(x)	Integer	x の整数部を返す	V8
	Math.exp(x)	Number	ネイピア数 (オイラー数) の x 乗を返す	
	Math.log(x)	Number	x の自然対数を返す	
	Math.log10(x)	Number	底を 10 とする x の対数を返す	V8
	Math.log2(x)	Number	底を 2 とする x の対数を返す	V8
	Math.max(x, y,...)	Number	x,y,... の中で最大の値を返す	
	Math.min(x, y,...)	Number	x,y,... の値の中で最小の値を返す	
	Math.pow(x, y)	Number	x の y 乗を返す	
	Math.random()	Number	0 以上 1 未満の乱数を返す	
	Math.sqrt(x)	Number	x の平方根を返す	
	Math.cbrt(x)	Number	x の立方根を返す	V8
	Math.hypot(x, y,...)	Number	x,y,... の二乗和の平方根を返す	V8

	Math.sin(x)	Number	x のサインを返す	
	Math.cos(x)	Number	x のコサインを返す	
	Math.tan(x)	Number	x のタンジェントを返す	
静的メソッド	Math.acos(x)	Number	x のアークコサインを返す	
	Math.asin(x)	Number	x のアークサインを返す	
	Math.atan(x)	Number	x のアークタンジェントを返す	
	Math.atan2(y, x)	Number	y/x のアークタンジェントを返す	

例として Math オブジェクトのメンバーのいくつかについての使用例を見てみましょう。サンプル 7-9-1 をご覧ください。いずれも直観的に使用方法はわかりますよね。

▶ サンプル 7-9-1 Math オブジェクトのメンバー [sample07-09.gs]

```
 1  function myFunction07_09_01() {
 2    console.log(Math.PI); //3.141592653589793
 3    console.log(Math.SQRT2); //1.4142135623730951
 4    console.log(Math.sqrt(3)); //1.7320508075688772
 5    console.log(Math.cbrt(27)); //3
 6    console.log(Math.hypot(3, 4)); //5
 7
 8    console.log(Math.abs(-3)); //3
 9    console.log(Math.sign(-3)); //-1
10
11    console.log(Math.ceil(10.5)); //11
12    console.log(Math.floor(10.5)); //10
13    console.log(Math.round(10.5)); //11
14    console.log(Math.trunc(10.5)); //10
15
16    console.log(Math.max(3,9,1,7,5)); //9
17    console.log(Math.min(3,9,1,7,5)); //1
18
19    console.log(Math.random()); //0 以上 1 未満の乱数
20  }
```

◆指定範囲内の整数の乱数を発生させる

たとえば、おみくじのような、いずれかの中から 1 つを適当に取り出すプログラムを作りたいときには乱数を使用します。また、テスト用に疑似的なデータを作りたいときも、乱数を生成すると便利です。

JavaScript で乱数を作成するときには、以下に示す Math オブジェクトの **random メソッ**

ドを使います。

▶構文

```
Math.random()
```

　random メソッドは、そのままでは 0 以上 1 未満のいずれかの数値を返します。ですから、たとえば「1 から 100 までの整数」というように、指定範囲内の整数の乱数を発生させたい場合には、ひと工夫が必要です。

　まず、指定範囲の乱数を発生させることを考えてみましょう。たとえば、min から max の範囲で乱数を発生させるには、以下のようにします。

```
Math.random() * (max - min) + min
```

　これで範囲内の乱数を取得できるようになったのですが、その値は小数ですから、小数点以下を切り捨てして整数にする必要があります。数値の小数点以下を切り捨てるには、以下に示す **floor メソッド**を使います。

▶構文

```
Math.floor( 数値 )
```

　以下のように、範囲内で発生させた乱数に対して floor メソッドを用いることで、範囲内の整数の乱数とすることができます。

```
Math.floor(Math.random() * (max - min + 1) + min)
```

　サンプル 7-9-2 は、指定範囲内の整数の乱数を発生する例になります、実行して確認をしてみましょう。

▶サンプル 7-9-2 範囲内の整数の乱数を発生させる [sample07-09.gs]

```
1  function myFunction07_09_02() {
2    const min = 5, max = 10;
3
4    for (let i = 1; i <= 5; i++) {
5      console.log(Math.floor(Math.random() * (max - min + 1) + min));
6    }
7  }
```

min から max の間の整数の乱数を生成する

07

JavaScript の組み込みオブジェクト

◆実行結果

```
9
6
8
10
5
```

◆配列要素の最大値、最小値を求める

　複数の数値からその最大値、最小値を求めるには、Math オブジェクトの **max メソッド**、**min メソッド**を使用します。書式はそれぞれ以下の通りです。

▶構文
```
Math.max( 数値 1, 数値 2, …)
```

▶構文
```
Math.min( 数値 1, 数値 2, …)
```

　ただし、これらのメソッドは対象となる数値の集合を、すべて引数で与える必要があります。数値が多いとき、その数が可変のときは、配列が指定できると便利ですが、max メソッドおよび min メソッドには配列を引数として指定することができません。そのような場合に、スプレッド構文が活躍します。

　サンプル 7-9-3 を実行して、その動作を確認しましょう。

▶サンプル 7-9-3 配列要素の最大値、最小値 [sample07-09.gs]
```
1  function myFunction07_09_03() {
2    const numbers = [3, 9, 1, 7, 5];
3
4    console.log(Math.min(...numbers));  //1
5    console.log(Math.max(...numbers));  //9
6  }
```

JSON データを取り扱う - JSON オブジェクト

◆JSON とは

JSON(JavaScript Object Notation)はデータを表現するための記法の一種で、アプリケーション間のデータのやり取りを行うために使用される文字列データのことをいいます。読み方は「ジェイソン」です。その表記方法が、JavaScript のオブジェクトリテラルおよび配列リテラルの構造をベースとしていることから、JavaScript との親和性が高く、Web アプリケーション間のデータ交換用フォーマットとしてよく使用されています。

GAS でも外部アプリケーションとのデータのやり取りの際に、JSON 形式を使用することが多くあります。

> Memo
>
> JSON のほか、よく利用されるデータ交換フォーマットとして、CSV や XML などがあります。CSV や XML を取り扱う機能は、JavaScript の組み込みオブジェクトとしては提供されていませんが、GAS の Utilities Service や XML Service で提供されています。

JSON 形式は、JavaScript のオブジェクトリテラルと、配列リテラルを組み合わせた表現がベースとなっている文字列データです。しかし、いくつかの点について相違点がありますので注意が必要です。とくに、以下 2 点のルールについて確認をしておきましょう。

・プロパティ名はダブルクォーテーションで囲む
・文字列はダブルクォーテーションで囲む

JSON 形式のデータの例として、サンプル 7-10-1 をご覧ください。

▶ サンプル 7-10-1 JSON 形式のデータ

```
1  [
2    {"name": "Bob", "favorite": ["apple", "curry", "video game"]},
3    {"name": "Tom", "favorite": ["orange", "ramen", "programming"]},
4    {"name": "Jay", "favorite": ["grape", "sushi", "shogi"]}
5  ];
```

この JSON 形式のデータから、どのように個々のデータを取り出すかについては、後述の
サンプル 7-10-3 で解説します。

◆ JSON オブジェクトとは

JSON 形式のデータは文字列ですから、スクリプト内で個々の値を取り出すためには、オ
ブジェクトに変換する必要があります。**JSON オブジェクト**は、JSON 形式の文字列と
JavaScript のオブジェクトを相互に変換する 2 つの静的メソッドを提供するものです。

図 7-10-1 をご覧ください。

なお、Math オブジェクトと同様、JSON オブジェクトは new 演算子等でインスタンスを
生成することはできません。

▶ 図 7-10-1 JSON オブジェクトのメンバー

分類	メンバー	戻り値	説明
静的メソッド	JSON.parse(str)	Object	JSON 形式の文字列 str をオブジェクトに変換したものを返す
	JSON.stringify(obj)	String	オブジェクト obj を JSON 形式の文字列に変換したものを返す

まずは、JavaScript のオブジェクトを JSON 形式の文字列に変換する **stringify メソッド**
の使用例を見てみましょう。サンプル 7-10-2 をご覧ください。オブジェクト obj ではプロパ
ティ、文字列はダブルクォーテーションでくくられていませんが、ログに表示された JSON
形式の文字列では、ダブルクォーテーションでくくられていることが確認できるでしょう。

▶ サンプル 7-10-2 stringify メソッドでオブジェクトを JSON 形式に文字列化 [sample07-10.gs]

```
1  function myFunction07_10_02() {
2    const obj = [
3      {name: 'Bob', favorite: ["apple", "curry", "video game"]},
4      {name: 'Tom', favorite: ["orange", "ramen", "programming"]},
5      {name: 'Jay', favorite: ["grape", "sushi", "shogi"]}
6    ];
7
8    console.log(JSON.stringify(obj));
9  }
```

オブジェクト obj を JSON 文字列化する

◆ 実行結果

```
[{"name":"Bob","favorite":["apple","curry","video game"]},{"name":"Tom","fa
vorite":["orange","ramen","programming"]},{"name":"Jay","favorite":["grape"
,"sushi","shogi"]}]
```

続いて、JSON 形式の文字列を JavaScript のオブジェクトに変換をする **parse メソッド**の使用例を見てみましょう。サンプル 7-10-3 です。

▶ サンプル 7-10-3 parse メソッドで JSON 形式の文字列をオブジェクト化 [sample07-10.gs]

```javascript
 1  function myFunction07_10_03() {
 2    let str = '[';
 3    str += '{"name": "Bob", "favorite": ["apple", "curry", "video game"]},';
 4    str += '{"name": "Tom", "favorite": ["orange", "ramen", "programming"]},';
 5    str += '{"name": "Jay", "favorite": ["grape", "sushi", "shogi"]}';
 6    str += ']';
 7
 8    const persons = JSON.parse(str);        ———  JSON 文字列をオブジェクト化
 9
10    console.log(persons[0].name); //Bob          JSON 文字列をオブジェクト
11    console.log(persons[1].favorite[2]); //programming   化すれば、各要素を取り出すことができる
12
13    const {name, favorite} = persons[2];    ———  オブジェクトの分割代入で要素を取り出す
14    console.log(name, favorite); //Jay ['grape', 'sushi', 'shogi']
15  }
```

外部のアプリケーションから JSON 形式の文字列を受け取った場合は、このように parse メソッドでオブジェクト化をしてからデータを取り出すというのが、基本的な流れになります。

オブジェクトを取り扱う - Object オブジェクト

◆Object オブジェクトとは

　第7章でもっとも簡単なクラスを定義し、インスタンスを生成したときのことを思い出してください。class 文内に何の定義も記述しなかったとき、そのクラスから生成されたインスタンスは空のオブジェクトでした。そのインスタンスは何の性質も持っていないように見えますが、オブジェクトに変わりはありませんから、「オブジェクトとしての基本的な性質」はすでに保有しています。

　そのオブジェクトとしての基本的な性質を提供するのが、**Object オブジェクト**です。

　これまで説明を繰り返してきた通り、すべての組み込みオブジェクトも、次章以降に登場する GAS で提供されているオブジェクトも、すべてオブジェクトです。これらもすべて土台となっているのは Object オブジェクトであり、その上に、固有のメソッドやプロパティなどが追加で定義されているものとなります。

　new 演算子を使って、以下のようにすることで Object オブジェクトのインスタンスを生成できます。

▶構文
```
new Object()
```

　この場合、生成されるインスタンスは空のオブジェクトです。特定のプロパティを持つオブジェクトを生成するのであれば、オブジェクトリテラルを使用することがひとつの手段でした。

▶構文
```
{ プロパティ1：値1，プロパティ2：値2，…}
```

　また、共通のプロパティやメソッドを持つオブジェクトを生成するのであれば、クラスを定義し、そのインスタンスを生成するという手段がありました。

さて、図 7-11-1 に Object オブジェクトのいくつかのメンバーをまとめましたのでご覧ください。

▶図 7-11-1 Object オブジェクトの主なメンバー

分類	メンバー	戻り値	説明
メソッド	toString()	String	オブジェクトを表す文字列を返す
静的メソッド	Object.freeze(obj)	Object	オブジェクトを凍結し変更を不可とする
	Object.seal(obj)	Object	オブジェクトを封印しプロパティの追加・削除を不可とする
	Object.isFrozen(obj)	Boolean	オブジェクトが凍結されているかどうかを判定する
	Object.isSealed(obj)	Boolean	オブジェクトが封印されているかどうかを判定する
プロパティ	constructor	－	オブジェクトを生成したクラス（コンストラクタ関数）を返す

これらのうちの、toString メソッドと constructor プロパティの動作を確認するために、サンプル 7-11-1 をご覧ください。オブジェクト、数値、Date オブジェクトおよび配列についての結果を比較してみましょう。

▶サンプル 7-11-1 Object オブジェクトの toString メソッドと constructor プロパティ [sample07-11.gs]

```javascript
function myFunction07_11_01() {
  const obj = new Object();
  console.log(obj.toString()); //[object Object]
  console.log(obj.constructor); //[Function: Object]

  const person = {name: 'Bob', age: 25};
  console.log(person.toString()); //[object Object]
  console.log(person.constructor); //[Function: Object]

  const number = 123;
  console.log(number.toString()); //123
  console.log(number.constructor); //[Function: Number]

  const d = new Date();
  console.log(d.toString()); //Tue Jul 21 2020 11:09:29 GMT+0900 （日本標準時）
  console.log(d.constructor); //[Function: Date]

  const array = [10, 30, 20, 40];
  console.log(array.toString()); //10,30,20,40
  console.log(array.constructor); //[Function: Array]
}
```

本来、オブジェクトに対する toString メソッドは「[object Object]」という文字列が返るのみで、意味のあるものではありません。しかし、各組み込みオブジェクトでは、それぞれの種類に応じて意味のある出力になるように、定義し直されているということがわかります。

GAS で提供されているオブジェクトや Enum のメンバーも、toString メソッドを使ったログ出力が有効なケースが多くありますので、活用していきましょう。

◆オブジェクトの凍結と封印

プリミティブ値であれば、それを定数に格納することで、その値を変更できないようにできます。しかし、オブジェクトを定数に格納した場合、再代入はできませんが、そのプロパティの追加や値は変更できてしまいます。Object オブジェクトのメンバーを用いることで、これらの制御が可能です。

freeze メソッドは、オブジェクトを**凍結**するメソッドです。引数に指定したオブジェクトのプロパティのすべての変更ができないようにします。

▶構文
```
Object.freeze( オブジェクト )
```

seal メソッドは、オブジェクトを**封印**するメソッドです。引数に指定したオブジェクトのプロパティの追加や削除を行えないようにします。

▶構文
```
Object.seal( オブジェクト )
```

新たなプロパティの追加はできませんが、プロパティの値の変更は可能です。

では、これらの例としてサンプル 7-11-2 をご覧ください。

▶サンプル 7-11-2 オブジェクトの封印と凍結 [sample07-11.gs]
```
1   function myFunction07_11_02() {
2     const person = {name: 'Bob', age: 25};
3
4     Object.seal(person);              ──────  person を封印し、プロパティの追加や削除を制限する
5     person.name = 'Tom';
6     person.favorite = 'banana';       ──────  person は封印されているので、favorite
7     console.log(person); //{name: 'Tom', age: 25}       プロパティは追加されない
8
9     Object.freeze(person);            ──────  person を凍結し、プロパティの変更を制限する
```

```
10    person.name = 'Ivy';
11    person.favorite = 'orange';
12    console.log(person); //{name: 'Tom', age: 25}
13  }
```

person は凍結されているので、一切の変更ができない

　実行すると、例外などは発生せずにスクリプトは完了しますが、オブジェクトのログ出力を見るとプロパティの追加や、値の変更が制限されていたことがわかります。

07
12 グローバル関数

◆ グローバル関数とは

JavaScript では、これまで紹介してきた組み込みオブジェクトに含まれず、かつどこからでも呼び出せる関数がいくつか用意されており、それを**グローバル関数**といいます。

主なグローバル関数を、図 7-12-1 にまとめています。

▶ 図 7-12-1 主なグローバル関数

分類	メンバー	戻り値	説明
グローバル関数	encodeURI(uri)	String	URI 文字列 uri を URI エンコードして返す
	encodeURIComponent(str)	String	文字列 str を URI エンコードして返す
	decodeURI(uri)	String	URI 文字列 uri を URI デコードして返す
	decodeURIComponent(str)	String	文字列 str を URI デコードして返す

Memo

このほか、グローバル関数には、isFinite 関数、isNaN 関数をはじめ数値関連のものが存在しています。しかし、V8 ランタイムサポートにより、同様の機能のメンバーが Number オブジェクトに追加されましたので、そちらを優先して使用するほうがよいでしょう。

◆ URI エンコードと URI デコード

本来、アルファベットと一部の記号以外の文字（たとえば漢字やひらがな）は、URI の構成文字としての使用が制限されています。したがって、それらの制限されている文字を使用する場合は、ある規則にしたがって制限されていない文字に変換をする必要があります。その変換処理を **URI エンコード**といい、URI エンコードされた URI を復元する処理を **URI デコード**といいます。

JavaScript には、URI エンコードおよび URI デコードのための関数が、それぞれ 2 種類用意されていますので、その動作の違いをサンプル 7-12-1 で確認しておきましょう。

▶ サンプル 7-12-1 URI エンコードと URI デコード [sample07-12.gs]

```
1  function myFunction07_12_01() {
2    const str = '字';
3    console.log(encodeURI(str));
4    console.log(encodeURIComponent(str));
5
6    const uri = 'https://www.google.co.jp/search?q=字';
7    console.log(encodeURI(uri));
8    console.log(encodeURIComponent(uri));
9  }
```

◆実行結果

```
%E5%AD%97
%E5%AD%97
https://www.google.co.jp/search?q=%E5%AD%97
https%3A%2F%2Fwww.google.co.jp%2Fsearch%3Fq%3D%E5%AD%97
```

　文字列 uri に対しての URI エンコード結果を見れば、その違いは一目瞭然です。**encodeURI 関数**は「字」のみがエンコードされているのに対して、**encodeURIcomponent 関数**では、「/」や「?」などの記号もエンコードされていますね。つまり、エンコード後も、そのまま URI として機能させたいのであれば encodeURI 関数を、その点を気にせず URI エンコードする際には、encodeURIcomponent 関数を使えばよいでしょう。

　さて、本章では JavaScript の組み込みオブジェクトについてお伝えしてきました。オブジェクトの数も、そのメンバーの数もかなりの数がありますので、その全体を押さえながらも、個々のメンバーとその使い方については、必要に応じて参照できるようにしておけばよいでしょう。

　ここから先は、いよいよ GAS のサービスについて解説をしていきます。
　第 8 章では、スプレッドシートを操作する機能を提供する Spreadsheet サービスについて紹介します。スプレッドシート自体、その利用機会が多いことはもちろん、GAS で開発するアプリケーションのデータベースやハブとして機能させることが多くあります。したがって、スプレッドシートの操作は、GAS 習得においてもっとも重要といっても過言ではありません。確実に習得していきましょう。

07

JavaScript の組み込みオブジェクト

スプレッドシート

Spreadsheet サービス

◆Spreadsheet サービスとは

Spreadsheet サービスは、GAS でスプレッドシートを操作するためのクラスと、そのメンバーを提供するサービスです。シートを操作するための Sheet クラス、セル範囲を操作するための Range クラスなどの利用頻度の高いクラスから、たとえば棒グラフの作成や編集をするための EmbeddedBarChartBuilder クラスという限定的な用途のクラスまで、多数が提供されています。

Spreadsheet サービスの中でもっともよく使うグループとして、図 8-1-1 にまとめているクラスについて解説をしていきます。

▶図 8-1-1 Spreadsheet サービスの主なクラス

クラス	説明
SpreadsheetApp	Spreadsheet サービスのトップレベルオブジェクト
Spreadsheet	スプレッドシートを操作する機能を提供する
Sheet	シートを操作する機能を提供する
Range	セル範囲を操作する機能を提供する

これらのクラスを実際のスプレッドシートの実際の画面で当てはめると、図 8-1-2 のようになります。

▶図 8-1-2 スプレッドシートの画面と Spreadsheet サービスのクラス

　Spreadsheet サービスの各クラスは、SpreadsheetApp → Spreadsheet → Sheet → Range という明確な階層構造になっていて、各クラスにはそのオブジェクトを操作するメンバーとともに、その配下のオブジェクトを取得するメンバーが用意されています。つまり、スプレッドシート操作の基本的な流れとしては、次のような手順になります。

---

① SpreadsheetApp から配下のオブジェクトをたどっていき、目的のオブジェクトを取得する

②対応するクラスのメンバーを使って目的のオブジェクトを操作する

　これは、スプレッドシートに限らず、他のサービスでもオブジェクトを操作する際の基本的な流れとなります。

GAS のオブジェクト操作の基本動作は、トップレベルオブジェクトからたどって目的のオブジェクトを取得し、操作をすることです。

　また、GAS のクラスに対して、new 演算子でインスタンスを生成することはありません。実体としてすでに存在しているオブジェクトを取得するか、または新たなオブジェクトを生成する際には、そのためのメソッドが用意されています。

GAS で提供されるクラスについて、new 演算子でインスタンスを生成することはありません。

　スプレッドシートは、GAS の開発において、Google フォームからのデータ蓄積をはじめ、簡易的なデータベースとしてシステムの中心的な役割を果たすことが多くありますので、Spreadsheet サービスの操作は GAS 開発において必須項目といっても過言ではありません。

SpreadsheetApp クラス

◆SpreadsheetApp クラスとは

SpreadsheetApp クラスは、Spreadsheet サービスの最上位に位置するトップレベルオブジェクトです。Spreadsheet サービスが提供する機能には、まず SpreadsheetApp クラスからアクセスをすることになります。

SpreadsheetApp クラスでは、直下のオブジェクトであるスプレッドシートを取得するメソッドや、現在アクティブになっているシートやセル範囲を取得するメソッドが用意されています。

主なメンバーを、図 8-2-1 に示します。

▶ 図 8-2-1 SpreadsheetApp クラスの主なメンバー

メンバー	戻り値	説明
create(name)	Spreadsheet	新しいスプレッドシート name を作成する
flush()	void	スプレッドシートの保留中の変更を適用する
getActiveRange()	Range	アクティブなセル範囲を取得する
getActiveSheet()	Sheet	アクティブなシートを取得する
getActiveSpreadsheet()	Spreadsheet	アクティブなスプレッドシートを取得する
getCurrentCell()	Range	現在のセルを取得する
getUi()	Ui	スプレッドシートの Ui オブジェクトを取得する
open(file)	Spreadsheet	ファイル file をスプレッドシートとして取得する
openById(id)	Spreadsheet	指定した id のスプレッドシートを取得する
openByUrl(url)	Spreadsheet	指定した url のスプレッドシートを取得する
setActiveRange(range)	Range	セル範囲 range をアクティブにする
setActiveSheet(sheet)	Sheet	シート sheet をアクティブにする
setActiveSpreadsheet(newActiveSpreadsheet)	void	スプレッドシート newActiveSpreadsheet をアクティブにする
setCurrentCell(cell)	Range	セル cell を現在のセルにする

◆スプレッドシートを取得する

スプレッドシートを操作するためには、スプレッドシートを取得しなければいけません。GAS でスプレッドシートを取得する主な方法は、以下の通りです。

> ・アクティブなスプレッドシートを取得する
> ・ID でスプレッドシートを取得する
> ・URL でスプレッドシートを取得する

　まず、アクティブなスプレッドシートとは、スクリプトにバインドされているスプレッドシートを指します。スプレッドシートのコンテナバインドスクリプトであれば、以下構文の**getActiveSpreadsheet メソッド**で、そのスプレッドシートを取得できます。

▶構文
```
SpreadsheetApp.getActiveSpreadsheet()
```

　getActiveSpreadsheet メソッドをはじめ、「アクティブ」なオブジェクトを取得するすべてのメソッドは、コンテナバインドスクリプトの場合でのみ使用できます。

Ｐoint

> アクティブなオブジェクトを取得するメソッドは、コンテナバインドスクリプトでのみ使用できます。

　ですから、バインドされてないスプレッドシートを取得する場合は、別の方法をとる必要があります。その主な方法として、ID により取得する **openById メソッド**、URL により取得する **openByUrl メソッド**があります。それぞれ書式は、以下の通りです。

▶構文
```
SpreadsheetApp.openById(ID)
```

▶構文
```
SpreadsheetApp.openByUrl(URL)
```

　スプレッドシートをはじめ Google アプリケーションのアイテムの多くは、それを開くための一意の URL が定められています。その URL にアクセスすることでドライブからたどらなくても、ブラウザ上で開くことがきます。GAS でも同様で、その URL さえ知っていれば、スクリプトから指定のスプレッドシートを取得できます。

　また、ID はその URL の一部を構成しており、以下の {ID} の部分がスプレッドシート ID です（図 8-2-2）。

```
https://docs.google.com/spreadsheets/d/{ID}/edit#gid=0
```

▶図 8-2-2 スプレッドシートの URL と ID

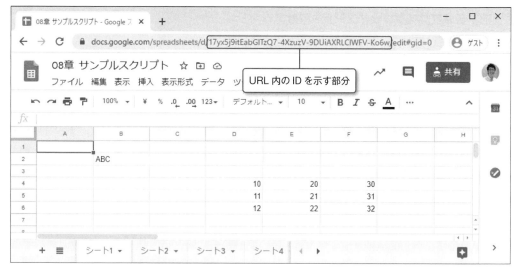

したがって、URL がわかれば ID を取り出すことが可能です。

スプレッドシートをはじめ、Google アプリケーションのアイテムの URL から ID を取り出すことができます。

では、実際にスクリプトでスプレッドシートを取得してみましょう。サンプル 8-2-1 について、URL と ID は皆さんの環境のものを入力した上で実行してみましょう。なお、getName メソッドはスプレッドシート名を取得するメソッドです。

▶サンプル 8-2-1 スプレッドシートを取得する [sample08-02.gs]

```
 1  function myFunction08_02_01() {
 2    const ssActive = SpreadsheetApp.getActiveSpreadsheet();
 3    console.log(ssActive.getName()); //08章：サンプルスクリプト
 4
 5    const url = 'https://docs.google.com/spreadsheets/d/xxxxxxxx/edit#gid=0';
 6    const ssByUrl = SpreadsheetApp.openByUrl(url);
 7    console.log(ssByUrl.getName()); //08章：サンプルスクリプト
 8
 9    const id = 'xxxxxxxx';
10    const ssById = SpreadsheetApp.openById(id);
11    console.log(ssById.getName()); //08章：サンプルスクリプト
12  }
```

◆アクティブなシートを取得する

　GAS でスプレッドシートを操作する場合、シートやセル範囲をその操作対象とすることが多いでしょう。そのたびに、SpreadsheetApp → Spreadsheet → Sheet…とたどっていく記述が面倒に思えるかも知れません。また、それ以上に重要な点として、メソッド実行によるGoogle アプリケーションへのアクセスは実行時間が遅いという事実があります。**GAS では実行時間に関する厳しい制限がありますから、Google アプリケーションへアクセスをするメソッドの実行回数はできる限り減らすのが望ましいのです。**

　コンテナバインドスクリプトであれば、そのような場合にアクティブなシートを直接取得する方法として、**getActiveSheet メソッド**を使うことができます。

　書式は以下の通りです。

▶構文
```
SpreadsheetApp.getActiveSheet()
```

　SpreadsheetApp から直接取得できるので、サンプル 8-2-2 のように、簡潔に記述をすることができますし、何より、スプレッドシートへのメソッドの実行回数を削減できます。

▶サンプル 8-2-2 アクティブシートを取得する [sample08-02.gs]
```
1  function myFunction08_02_02() {
2    const sheet = SpreadsheetApp.getActiveSheet();
3    console.log(sheet.getName()); // シート1
4  }
```

Point

Google アプリケーションへのアクセスは、実行時間が遅いので極力その回数を減らしましょう。

　しかし、複数のシートが存在している場合は、スクリプトから見て「どのシートがアクティブか」想定できない場合がありますので注意が必要です。原則として、スプレッドシートにシートが 1 つしかない場合や、ブラウザでシートを開いているときにのみ実行するスクリプトでの使用に限るほうが、確実な動作を期待できます。

Point

getActiveSheet メソッドは、確実に目的のシートを取得できるときにのみ使用しましょう。

スプレッドシートを操作する - Spreadsheet クラス

◆ Spreadsheet クラスとは

Spreadsheet **クラス**は、スプレッドシートを操作する機能を提供するクラスです。スプレッドシート自体の情報を取得するメソッドや、シートを取得したり、作成したりするメソッドなどが提供されています。主なメンバーを、図 8-3-1 に示します。

▶ 図 8-3-1 Spreadsheet クラスの主なメンバー

メンバー	戻り値	説明
copy(name)	Spreadsheet	スプレッドシート名を name としてコピーする
deleteActiveSheet()	Sheet	アクティブなシートを削除する
deleteSheet(sheet)	void	シート sheet を削除する
duplicateActiveSheet()	Sheet	アクティブなシートを複製する
getActiveRange()	Range	アクティブなセル範囲を取得する
getActiveSheet()	Sheet	アクティブなシートを取得する
getCurrentCell()	Range	現在のセルを取得する
getId()	String	スプレッドシートの ID を取得する
getName()	String	スプレッドシート名を取得する
getNumSheets()	Integer	スプレッドシートのシートの数を取得する
getSheetByName(name)	Sheet	シート name を取得する
getSheets()	Sheet[]	スプレッドシートのすべてのシートを取得する
getUrl()	String	スプレッドシートの URL を取得する
insertSheet([sheetName, index])	Sheet	指定の index に新しいシート sheetName を挿入する
rename(newName)	void	スプレッドシート名を newName に変更する
setActiveSheet(sheet)	Sheet	シート sheet をアクティブにする
setCurrentCell(cell)	Range	セル cell を現在のセルにする

Spreadsheet クラスのメンバーを使って、スプレッドシートのさまざまな情報を取得してみましょう。サンプル 8-3-1 を実行すると、ID、スプレッドシート名、保有するシートの数、URL がログ出力されます。

▶ サンプル 8-3-1 スプレッドシートの情報を取得する [sample08-03.gs]

```
1  function myFunction08_03_01() {
2    const ss = SpreadsheetApp.getActiveSpreadsheet();
```

```
3    console.log(ss.getId()); // スプレッドシートの ID
4    console.log(ss.getName()); //08 章：サンプルスクリプト
5    console.log(ss.getNumSheets()); //3
6    console.log(ss.getUrl()); // スプレッドシートの URL
7  }
```

◆シートを取得する

Spreadsheet クラスの重要な役割は、その配下であるシートを取得することです。シートの取得方法は、以下のような方法があります。

> ・アクティブなシートを取得する
> ・シート名でシートを取得する
> ・シートの配列を取得する

アクティブなシートは、前節でお伝えした通り、コンテナバインドスクリプトに限り、SpreadsheetApp クラスから直接取得できます。

別の方法として、シート名でシートを取得する方法があり、その場合は以下 **getSheetByName メソッド**を使います。シート名での取得は簡便ですが、シート名に変更があると取得ができなくなりますので注意が必要です。

▶構文

```
Spreadsheet オブジェクト .getSheetByName ( シート名 )
```

もう 1 つ、**getSheets メソッド**でシートを配列として取得した上で、インデックスでシートを特定する方法があります。

getSheets メソッドの書式は、以下の通りです。

▶構文

```
Spreadsheet オブジェクト .getSheets()
```

getSheets メソッドは、スプレッドシートのもっとも左に位置するシートをインデックス 0 の要素として、そこから順番にシートを配列へと格納します。戻り値が配列になりますので、すべてのシートに処理を行いたいときなどに便利です。しかし、インデックスはその並び順に依存しますので、特定のシートを指定したいときにはその並び順が変更されないようにする必要があるでしょう。

08
スプレッドシート

シートを取得する場合は、シート名の変更やシートの並び順に注意しましょう。

　実はシートにも「ID」があります。ブラウザであるシートを開いているときの URL の末尾に以下のように「gid=」から続く部分がありますが、これがシート ID です。

https://docs.google.com/spreadsheets/d/{スプレッドシート ID}/edit#gid={シート ID}

　シート ID を使ってシートを取得するのがよい方法と考えられますが、残念ながらシート ID を用いて直接的にシートを取得するメソッドは提供されていません。

では、シートの取得をする例として、サンプル 8-3-2 を実行してみましょう。

▶ サンプル 8-3-2 シートの取得 [sample08-03.gs]

```javascript
 1  function myFunction08_03_02() {
 2    const ss = SpreadsheetApp.getActiveSpreadsheet();
 3
 4    const sheet = ss.getSheetByName('シート1');
 5    console.log(sheet.getName()); //シート1
 6
 7    const sheets = ss.getSheets();
 8
 9    console.log(sheets[0].getName()); //シート1
10    console.log(sheets[1].getName()); //シート2
11  }
```

> 定数 sheets にはシートを要素とした配列が格納される

> シートを要素とした配列からインデックスでシートを指定する

　ここで、getName メソッドはシート名を取得するメソッドです。getSheets メソッドはシートを配列として取得しますので、角括弧内にインデックスを用いて個々のシートを取り出すことになります。

　スプレッドシートにはシート名、シートの並び順、セルの内容、行列の追加や削除など、ユーザーが操作できる箇所が多くあります。すなわち、それらの操作により、スクリプトが正常に動作をしなくなることが起こりやすいということです。
　実際に、GAS によるシステムを構成する場合は、どのような干渉が起こり得るかを事前に把握した上で、干渉を受ける可能性が低い構成とする、または利用するチーム内での運用ルールを設定しておくなどの準備が必要となるでしょう。

08 04 シートを操作する - Sheet クラス

◆Sheet クラスとは

Sheet クラスは、シートを操作する機能を提供するクラスです。シートの情報を取得するメソッドや、行・列の操作、シート上のセル範囲を取得するなど、GAS の開発の助けになるさまざまなメソッドが提供されています。

Sheet クラスの主なメンバーを、図 8-4-1 に示します。

▶図 8-4-1 Sheet クラスの主なメンバー

メンバー	戻り値	説明
activate()	Sheet	シートをアクティブにする
appendRow(rowContents)	Sheet	シートの行として配列 rowContents を追加する
autoResizeColumn(columnPosition)	Sheet	シートの列番号 columnPosition の列幅を自動で調整する
clear()	Sheet	シートをクリアする
clearContents()	Sheet	シートのコンテンツをクリアする
clearFormats()	Sheet	シートの書式設定をクリアする
copyTo(spreadsheet)	Sheet	シートをスプレッドシート spreadsheet にコピーする
deleteColumns(columnPosition[, howMany])	void	列番号 columnPosition から howMany 列を削除する
deleteRows(rowPosition[, howMany])	void	行番号 rowPosition から howMany 行を削除する
getActiveCell()	Range	シートのアクティブセルを取得する
getActiveRange()	Range	シートのアクティブなセル範囲を取得する
getColumnWidth(columnPosition)	Integer	列番号 columnPosition の列幅をピクセルで取得する
getCurrentCell()	Range	現在のセルを取得する
getDataRange()	Range	シート内のデータが存在するセル範囲を取得する
getFormUrl()	String	シートに関連するフォームの URL を取得する
getIndex()	Integer	シートのインデックスを取得する
getLastColumn()	Integer	シートのデータがある最後の列番号を返す
getLastRow()	Integer	シートのデータがある最後の行番号を返す
getName()	String	シート名を取得する
getParent()	Spreadsheet	シートが含まれているスプレッドシートを取得する
getRange(row, col[, numRows, numColumns])	Range	シートの行番号 row、列番号 col から numRows 行分、numColumns 列分のセル範囲を取得する

08

スプレッドシート

getRange(a1Notation)	Range	シートのセル範囲を A1 表記または R1C1 表記で指定して取得する
getRowHeight(rowPosition)	Integer	行番号 rowPosition の行の高さをピクセルで取得する
getSheetId()	Integer	シートの ID を取得する
getTabColor()	String	シートタブの色を取得する
hideColumns(columnIndex[, numColumns])	void	列番号 columnIndex から numColumns 列を非表示にする
hideRows(rowIndex[, numRows])	void	行番号 rowIndex から numRows 行を非表示にする
hideSheet()	Sheet	シートを非表示にする
insertColumns(columnIndex[,numColumns])	void	列番号 columnIndex の位置に numColumns 列の空白列を挿入する
insertImage(blobSource, column, row[, offsetX, offsetY])	OverGridImage	列番号 column、行番号 row のセルの左上端から横 offsetX ピクセル、縦 offsetY ピクセルの位置に、blobSource で指定した画像を挿入する
insertImage(url, column, row[, offsetX, offsetY])	OverGridImage	列番号 column、行番号 row のセルの左上端から横 offsetX ピクセル、縦 offsetY ピクセルの位置に、url で指定した画像 URL の画像を挿入する
insertRows(rowIndex, numRows)	void	行番号 rowIndex の位置に numRows 行の空白行を挿入する
isSheetHidden()	Boolean	シートが非表示になっているかを判定する
setActiveRange(range)	Range	セル範囲 range をアクティブにする
setColumnWidth(columnPosition, width)	Sheet	列番号 columnPosition の列幅を width ピクセルに設定する
setCurrentCell(cell)	Range	セル cell を現在のセルにする
setName(name)	Sheet	シート名を name に設定する
setRowHeight(rowPosition, height)	Sheet	行番号 rowPosition の行の高さを height ピクセルに設定する
setTabColor(color)	Sheet	シートタブの色を設定する
showColumns(columnIndex, numColumns)	void	列番号 columnIndex から numColumns 列分の非表示を解除する
showRows(rowIndex, numRows)	void	行番号 rowIndex から numRows 行分の非表示を解除する
showSheet()	Sheet	シートを表示する
sort(columnPosition[, ascending])	Sheet	列番号 columnPosition の値でシートを並べ替える（ascending を false にすると降順）

　例として、シートのさまざまな情報を取得してみましょう。サンプル 8-4-1 を実行して、その結果を確認してみます。

▶ サンプル 8-4-1 シートの情報を取得する [sample08-04.gs]

```
1  function myFunction08_04_01() {
2    const sheet = SpreadsheetApp.getActiveSheet();
3
4    console.log(sheet.getIndex()); //1
5    console.log(sheet.getName()); // シート1
```

```
6      console.log(sheet.getParent().getName()); //08章：サンプルスクリプト
7      console.log(sheet.isSheetHidden()); //false
8    }
```

◆セル範囲を取得する

　Sheet クラスのもっとも重要な役割は、セル範囲の取得です。Sheet クラスでは、セル範囲を取得するいくつかのメソッドが用意されていますが、その中でもっともスタンダードなものが **getRange メソッド**です。

　getRange メソッドの使い方はいくつかのパターンがあり、引数の与え方が異なります。まず、「A1」や「B2:E5」というような、セル範囲のアドレスを文字列で渡し、その範囲を取得する方法です。

▶構文

Sheet オブジェクト .getRange (アドレス)

　別のよく利用するパターンとして、行番号、列番号、行数、列数を組み合わせてセル範囲を指定する方法です。書式は以下の通りです。

▶構文

Sheet オブジェクト .getRange (行番号 , 列番号 [, 行数 , 列数])

　行番号から行数分、列番号から列数分を範囲として取得します。行数と列数はそれぞれ省略することができ、省略した場合はそれぞれの値は 1 に設定されます。こちらの書式では、数値で指定できますので、セル範囲を動的に指定したいときに重宝をします。

　では、それぞれの方法で実際にセル範囲を取得してみましょう。例として、図 8-4-2 のシートがあるとしてサンプル 8-4-2 を実行します。

▶図 8-4-2 セル範囲を取得するシートの例

	A	B	C	D	E	F
1						
2		ABC				
3						
4				10	20	30
5				11	21	31
6				12	22	32
7						
8						

▶ サンプル 8-4-2 getRange メソッドによるセル範囲の取得 [sample08-04.gs]

```
 1  function myFunction08_04_02() {
 2    const sheet = SpreadsheetApp.getActiveSheet();
 3
 4    console.log(sheet.getRange('B2').getA1Notation()); //B2
 5    console.log(sheet.getRange('D4:F6').getA1Notation()); //D4:F6
 6    console.log(sheet.getRange('2:2').getA1Notation()); //2:2
 7    console.log(sheet.getRange('B:B').getA1Notation()); //B:B
 8
 9    console.log(sheet.getRange(4, 4).getA1Notation()); //D4
10    console.log(sheet.getRange(4, 4, 3).getA1Notation()); //D4:D6
11    console.log(sheet.getRange(4, 4, 3, 3).getA1Notation()); //D4:F6
12  }
```

> 行全体および列全体を指定

> 行番号、列番号、行数、列数で範囲を指定

　ここで、getA1Notation メソッドはセル範囲のアドレスを、A1 形式で取得するメソッドです。アドレスの指定では、「2:2」「B:B」などの行または列全体の指定も可能です。また、行番号、列番号、行数、列数による指定は変数を用いることができます。

◆ シートのデータ範囲を取得する

　アドレスや行番号、列番号がわからない場合、または変化をするような場合に、セル範囲を取得するにはどうすればよいでしょうか？

　そのようなときに有効なメソッドとして、シート上のデータが存在する範囲を自動で判別して取得する **getDataRange メソッド**があります。書式は以下の通りです。

▶構文

```
Sheet オブジェクト .getDataRange()
```

　また、セル範囲ではなくて、データが存在する最後の行番号または列番号を取得する、以下 **getLastRow メソッド**と **getLastColumn メソッド**も覚えておくと便利なメソッドの 1 つです。

▶構文

```
Sheet オブジェクト .getLastRow()
```

▶構文

```
Sheet オブジェクト .getLastColumn()
```

　これらのメソッドの使用例として、サンプル 8-4-3 を見てみましょう。対象とするスプレッドシートは、前述の図 8-4-2 とします。

▶ サンプル 8-4-3 シートのデータ範囲と最終行番号、最終列番号を取得する [sample08-04.gs]

```
 1  function myFunction08_04_03() {
 2    const sheet = SpreadsheetApp.getActiveSheet();
 3
 4    console.log(sheet.getDataRange().getA1Notation()); //A1:F6
 5
 6    const row = sheet.getLastRow();
 7    console.log(row); //6
 8
 9    const column = sheet.getLastColumn();
10    console.log(column); //6
11
12    const range = sheet.getRange(1, 1, row, column);
13    console.log(range.getA1Notation()); //A1:F6
14  }
```

> A1 セルからデータがある最終行番号および最終列番号までの範囲を取得する

> getLastRow メソッド、getLastColumn メソッドの結果を getRange メソッドの引数として使用する

　結果を見るとわかる通り、getDataRange メソッドの取得範囲の起点は A1 セルであり、そこからデータが存在する最終行番号、および最終列番号までの範囲を取得します。よく、1行目 1 列目などを空行にしてシートを構成するケースも見受けられますが、そのつくりでは、getDataRange メソッドから受けられる恩恵は半減してしまいますので、極力 1 行目 1 列目から隙間ない表を構成することを推奨します。

Point

シートの 1 行目 1 列目から表を構成しましょう。

　また、getRange メソッドによるセル範囲の取得は、getLastRow メソッド、getLastColumn メソッドの結果や、特定の二次元配列の要素数を引数として指定するようなケースは少なくありません。これらの記述の仕方について、しっかり押さえておきましょう。

◆ シートに行を追加する

　シートを 1 行目 1 列目から表を構成すると、**appendRow メソッド**が使えるというもう 1 つの大きなメリットがあります。appendRow メソッドは、引数として与えた配列をそのままシートの最終の次の行に追加するメソッドで、書式は以下の通りです。

▶構文

> `Sheet オブジェクト .appendRow ( 配列 )`

appendRow メソッドの使用例を見てみましょう。まず、対象となるシートは図 8-4-3 とします。

▶図 8-4-3 appendRow メソッドの対象となるシートの例

	A	B	C	D	E
1	name	age	favorite1	favorite2	favorite3
2	Bob	25	apple	curry	video game
3	Tom	32	orange	ramen	programming
4					
5					
6					
7					

このシートに行を追加するスクリプトがサンプル 8-4-4 です。実行をすると、引数として指定した配列が図 8-4-4 のように最終行のデータとして追加されます。

▶サンプル 8-4-4 appendRow メソッドで配列を最終行のデータとして追加する [sample08-04.gs]

```
1  function myFunction08_04_04() {
2    const sheet = SpreadsheetApp.getActiveSheet();
3
4    sheet.appendRow(['Jay', 28, 'grape', 'sushi', 'shogi']);
5    sheet.appendRow([null, '=SUM(B2:B4)']);
6  }
```

> 指定した配列の要素をデータとして追加する

> null や数式をデータとして追加する

▶図 8-4-4 appendRow メソッドでシートにデータを追加した結果

	A	B	C	D	E
1	name	age	faborite1	faborite2	faborite3
2	Bob	25	apple	curry	video game
3	Tom	32	orange	ramen	programming
4	Jay	28	grape	sushi	shogi
5		85			
6					
7					

引数として与える配列の要素数は、必ずしもシートの列数と等しくなくても構いません。また、要素として null や数式の文字列を与えることもできます。このように、appendRow メソッドは非常にシンプルな記述で、かつ、少ないアクセス回数でまとめてデータを追加できる便利なメソッドです。ぜひ使いこなしていきましょう。

> 複数の行をまとめて追加する場合は、append メソッドを使うよりも、二次元配列を
> setValues メソッドでセットをするほうが、シートへのアクセス回数を軽減できます。次節でそ
> の方法を紹介します。

◆ シートをクリアする

　Sheet クラスでは、シートをクリアするメソッドがいくつか用意されています。**clear メソッ
ド、clearContents メソッド、clearFormats メソッド**で、それぞれ書式は以下の通りです。

▶構文

```
Sheet オブジェクト .clear()
```

▶構文

```
Sheet オブジェクト .clearContents()
```

▶構文

```
Sheet オブジェクト .clearFormats()
```

　clearContents メソッドではコンテンツのみ、つまり入力されている値や数式などの内容
のみをクリアします。一方で clearFormats メソッドでは、背景、フォント、罫線などの書式
のみをクリアします。clear メソッドは、その両方を含めてすべてクリアします。目的に応じ
て使い分けましょう。

08

スプレッドシート

08 05 セル範囲を操作する - Range クラス

◆Range クラスとは

Range クラスは、セル範囲を操作する機能を提供するクラスです。セルの値や数式の取得や書き込み、セル範囲の情報の取得、書式の設定、並び替えなど、とても多くのメンバーが用意されています。

Range クラスの主なメンバーを、図 8-5-1 に示します。

▶図 8-5-1 Range クラスの主なメンバー

メンバー	戻り値	説明
activate()	Range	セル範囲をアクティブにする
breakApart()	Range	セル範囲の結合を解除する
clear()	Range	セル範囲をクリアする
clearContent()	Range	セル範囲のコンテンツをクリアする
clearFormat()	Range	セル範囲の書式をクリアする
copyTo(range)	void	セル範囲を別のセル範囲 range へコピーする
getA1Notation()	String	セル範囲のアドレスを A1 表記取得する
getBackgrounds()	String[][]	セル範囲のセルの背景色を取得する
getColumn()	Integer	セル範囲の開始列の列番号を取得する
getFontColors()	String[][]	セル範囲のフォント色を取得する
getFontFamilies()	String[][]	セル範囲のフォント種類を取得する
getFontLines()	String[][]	セル範囲のラインスタイルを取得する
getFontSizes()	Integer[][]	セル範囲のセルのフォントサイズを取得する
getFontStyles()	String[][]	セル範囲のセルのフォントのスタイル（italic か normal）を取得する
getFontWeights()	String[][]	セル範囲のセルのフォントのウェイト（bold か normal）を取得する
getFormula()	String	セルの数式を A1 表記で取得する
getFormulaR1C1()	String	セルの数式を R1C1 表記で取得する
getFormulas()	String[][]	セル範囲の数式を A1 表記で取得する
getFormulasR1C1()	String[][]	セル範囲の数式を R1C1 表記で取得する
getHorizontalAlignments()	String[][]	セル範囲の水平方向の配置を取得する
getLastColumn()	Integer	セル範囲の最終列の位置を取得する
getLastRow()	Integer	セル範囲の最終行の位置を取得する
getNumColumns()	Integer	セル範囲の列数を取得する
getNumRows()	Integer	セル範囲の行数を取得する

getNumberFormats()	String[][]	セル範囲の表示形式を取得する
getRow()	Integer	セル範囲の開始行の行番号を取得する
getSheet()	Sheet	セル範囲が属するシートを取得する
getValue()	Object	セルの値を取得する
getValues()	Object[][]	セル範囲の値を取得する
getVerticalAlignments()	String[][]	セル範囲の垂直方向の配置を取得する
getWraps()	Boolean[][]	セル範囲のセルの折り返し設定を取得する
isBlank()	Boolean	セル範囲が完全に空白かどうかを判定する
isPartOfMerge()	Boolean	セル範囲が結合セルの一部を含むかどうかを判定する
moveTo(target)	void	セル範囲を別のセル範囲 target に移動する
offset(rowOffset, columnOffset[, numRows, numColumns])	Range	セル範囲を rowOffset 行分、columnOffset 列分移動し、行数を numRows、列数を numColumns とした範囲を取得する
removeDuplicates([columnsToCompare])	Range	セル範囲内の重複する行を削除する
setBackground(color)	Range	セル範囲のセルの背景色を color に設定する
setBackgrounds(colors)	Range	セル範囲のセルの背景色を配列 colors に設定する
setBorder(top, left, bottom,right, vertical, horizontal)	Range	セル範囲の罫線を設定する
setFontColor(color)	Range	セル範囲のフォント色を color に設定する
setFontColors(colors)	Range	セル範囲のフォント色を配列 colors に設定する
setFontFamilies(fontFamilies)	Range	セル範囲のフォント種類を配列 fontFamilies に設定する
setFontFamily(fontFamily)	Range	セル範囲のフォント種類を fontFamily に設定する
setFontLine(fontLine)	Range	セル範囲のラインスタイルを fontLine に設定する
setFontLines(fontLines)	Range	セル範囲のラインスタイルを配列 fontLines に設定する
setFontSize(size)	Range	セル範囲のセルのフォントサイズを size に設定する
setFontSizes(sizes)	Range	セル範囲のセルのフォントサイズを配列 sizes に設定する
setFontStyle(fontStyle)	Range	セル範囲のセルのフォントのスタイル（italic/normal）を fontStyle に設定する
setFontStyles(fontStyles)	Range	セル範囲のセルのフォントのスタイル（italic/normal）を配列 fontStyles に設定する
setFontWeight(fontWeight)	Range	セル範囲のセルのフォントのウェイト（bold/normal）を fontWeight に設定する
setFontWeights(fontWeights)	Range	セル範囲のセルのフォントのウェイト（bold/normal）を配列 fontWeights に設定する
setFormula(formula)	Range	セルに formula を A1 表記で入力する
setFormulaR1C1(formula)	Range	セルに formula を R1C1 表記で入力する
setFormulas(formulas)	Range	セル範囲に配列 formulas を A1 表記で入力する
setFormulasR1C1(formulas)	Range	セル範囲に配列 formulas を R1C1 表記で入力する
setHorizontalAlignment(alignment)	Range	セル範囲の水平方向の配置を alignment(left/center/right) に設定する
setHorizontalAlignments(alignments)	Range	セル範囲の水平方向の配置を配列 alignments(left/center/right) に設定する
setNumberFormat(numberFormat)	Range	セル範囲の表示形式を numberFormat に設定する

08
スプレッドシート

setNumberFormats(numberFormats)	Range	セル範囲の表示形式を配列 numberFormats に設定する
setValue(value)	Range	セル範囲に値 value を入力する
setValues(values)	Range	セル範囲に配列 values を入力する
setVerticalAlignment(alignment)	Range	セル範囲の垂直方向の配置を alignment(top/middle/bottom) に設定する
setVerticalAlignments(alignments)	Range	セル範囲の垂直方向の配置を配列 alignments(top/middle/bottom) に設定する
setWrap(isWrapEnabled)	Range	セル範囲のセルの折り返し設定を isWrapEnabled に設定する
setWraps(isWrapEnabled)	Range	セル範囲のセルの折り返し設定を配列 isWrapEnabled に設定する
sort(sortSpecObj)	Range	セル範囲内をソートする
splitTextToColumns([delimiter])	void	セル範囲のテキストを文字列 delimiter で分割する
trimWhitespace()	Range	セル範囲内に含まれる余白を取り除く

例として、図 8-5-2 に示すシートに対して、セル範囲のさまざまな情報を取得するサンプル 8-5-1 を実行してみましょう。

▶ 図 8-5-2 セル範囲の情報を取得するシートの例

	A	B	C	D	E	F
1						
2	0	10	20	30	40	
3	1	11	21	31	41	
4	2	12	22	32	42	
5						
6						

▶ サンプル 8-5-1 セル範囲の情報を取得する [sample08-05.gs]

```
 1  function myFunction08_05_01() {
 2    const range = SpreadsheetApp.getActiveSheet().getRange('A2:E4');
 3
 4    console.log(range.getA1Notation()); //A2:E4
 5    console.log(range.getRow()); //2
 6    console.log(range.getColumn()); //1
 7    console.log(range.getNumRows()); //3
 8    console.log(range.getNumColumns()); //5
 9    console.log(range.getLastRow()); //4
10    console.log(range.getLastColumn()); //5
11
12    console.log(range.isBlank()); //false
13    console.log(range.isPartOfMerge()); //false
14  }
```

セル範囲の開始行番号、開始列番号

セル範囲の行数、列数

セル範囲の最終行番号、最終列番号

　セル範囲に対して、行または列に関する情報を取得するいくつかのメソッドがあります。それぞれの役割の違いについて確認をしておきましょう。

◆値を取得・入力する

　Range クラスのメンバーで使用頻度の高いものは、間違いなくセルの値の取得・入力に関するものといえるでしょう。その中でもっとも基本的なものが、単体セルの取得をする **getValue メソッド**、セルの入力をする **setValue メソッド**です。書式は以下の通りです。

▶構文
```
Range オブジェクト .getValue()
```

▶構文
```
Range オブジェクト .setValue( 値 )
```

　ただし、セル範囲についての値の取得および入力をする場合、セル一つひとつに処理をしていくと、そのセルの数の分だけスプレッドシートへのアクセス回数がかさんでしまいます。ですから、セル範囲が対象の場合は、対象のセル範囲の値を配列として取得する **getValues メソッド**、配列を対象のセル範囲に入力する **setValues メソッド**を使うべきでしょう。書式は以下の通りです。

▶構文
```
Range オブジェクト .getValues()
```

▶構文
```
Range オブジェクト .setValues( 配列 )
```

　getValues メソッドで取得する、または setValues で指定する配列は、「行×列」つまり以下に示す二次元配列です。1 行が内側の配列に対応をしていて、それをさらに配列としてまとめる形となります。

```
[
  [ 値 1-1, 値 1-2,...],
  [ 値 2-1, 値 2-2,...],
  ...,
  [ 値 n-1, 値 n-2,...]
]
```

　setValues メソッドでは、対象となるセル範囲の行数および列数と、引数として与える二次元配列の「縦×横」の要素数が一致している必要がある点に注意してください。

> **Point**
>
> setValues メソッドでは、対象となるセル範囲の「行数×列数」と、引数の二次元配列の「要素数×要素数」が一致している必要があります。

　では、使用例として図 8-5-3 に示すシートに対して、サンプル 8-5-2 を実行してみましょう。実行した結果のシートは、図 8-5-4 に示します。

▶ 図 8-5-3 値の取得・入力をするシートの例

	A	B	C	D	E
1	name	age	favorite1	favorite2	favorite3
2	Bob	25	apple	curry	video game
3					
4					
5					
6	Hello!				
7					

▶ サンプル 8-5-2 セルとセル範囲の値の取得・入力 [sample08-05.gs]

```
1  function myFunction08_05_02() {
2    const sheet = SpreadsheetApp.getActiveSheet();
3
4    console.log(sheet.getRange('A6').getValue());
5    sheet.getRange('B6').setValue('GAS');
6
7    console.log(sheet.getRange('A1:E2').getValues());
8
```

> A1:E2 のセル範囲の値を配列として取得

```
 9    const values = [
10      ['Tom', 32, 'orange', 'ramen', 'programming'],
11      ['Jay', 28, 'grape', 'sushi', 'shogi']
12    ];
13    sheet.getRange(3, 1, values.length, values[0].length).setValues(values);
14  }
```

2 行× 5 列のセル範囲に入力する値を二次元配列として準備

入力するセル範囲の行数と列数を割り出すために、配列に対する length プロパティを利用

◆実行結果

```
Hello!
[ [ 'name', 'age', 'favorite1', 'favorite2', 'favorite3' ],
  [ 'Bob', 25, 'apple', 'curry', 'video game' ] ]
```

▶図 8-5-4 セルおよび値の取得・入力をしたシート

	A	B	C	D	E
1	name	age	favorite1	favorite2	favorite3
2	Bob	25	apple	curry	video game
3	Tom	32	orange	ramen	programming
4	Jay	28	grape	sushi	shogi
5					
6	Hello!	GAS			
7					

setValue メソッドでセルの値を入力

setValues メソッドでセル範囲の値を配列で指定して入力

　二次元配列の扱いは面倒に思うかも知れません。しかし、セル単体の取得や入力を for 文などの繰り返しで実行した場合、スプレッドシートへのアクセス数は「行×列」回になります。そして、配列を使ってまとめてアクセスすることで、その回数を 1 回に削減することができるのです。配列によるセル範囲の値の取得と入力は、必ず身につけるべきテクニックだといえます。

Point

セル範囲の値の取得と入力には、二次元配列を使います。

Memo

　配列データは、Array オブジェクトのメンバーを使うとさまざまな処理を素早く行うことができます。次節でいくつかのテクニックを紹介していますので、ご覧ください。

08
スプレッドシート

◆数式を入力する

セル範囲に値を入力する場合には、setValue メソッドまたは setValues メソッドを使いますが、数式を入力する場合には、**setFormula メソッド**、**setFormulaR1C1 メソッド**、**setFormulas メソッド**、**setFormulasR1C1 メソッド**を使います。それぞれの書式は以下の通りです。いずれも、数式は文字列として与えます。

▶構文

```
Range オブジェクト .setFormula(A1 形式の数式 )
```

▶構文

```
Range オブジェクト .setFormulaR1C1(R1C1 形式の数式 )
```

▶構文

```
Range オブジェクト .setFormulas(A1 形式の数式の配列 )
```

▶構文

```
Range オブジェクト .setFormulasR1C1(R1C1 形式の数式の配列 )
```

4 種類ありますが、A1 形式か R1C1 形式か、または引数が単体か配列かで使い分けをします。なお、A1 形式は、まさに「A1」「B2:E5」というように、列をアルファベット、行を数字でセルの絶対アドレスを表現する形式です。

一方で R1C1 形式は、「R[1]C[2]」「RC[-1]」というように、現在対象となっているセルからの相対的な位置を、行方向を R に続く数値で、列方向を C に続く数値で表現する形式です。

では、数式の入力について、いくつかの例を見てみましょう。図 8-5-5 のシートに対して、サンプル 8-5-3 を実行します。実行結果は図 8-5-6 のようになります。

▶図 8-5-5 数式の入力をするシートの例

	A	B	C	D	E
1	品名	数量	単価	金額	
2	apple	6	128		
3	orange	24	55		
4	grape	3	258		
5	計				
6					

▶ サンプル 8-5-3 数式の入力 [sample08-05.gs]

```
 1  function myFunction08_05_03() {
 2    const sheet = SpreadsheetApp.getActiveSheet();
 3
 4    sheet.getRange('B5:D5').setFormulas([[
 5      '=SUM(B2:B4)',
 6      '=SUM(C2:C4)',
 7      '=SUM(D2:D4)'
 8    ]]);
 9    sheet.getRange('D2:D4').setFormulaR1C1('=RC[-2]*RC[-1]');
10  }
```

setFormulas メソッドで
数式を配列で入力する

setFormulaR1C1 メソッド
で数式を複数セルに入力

▶ 図 8-5-6 数式の入力をしたシート

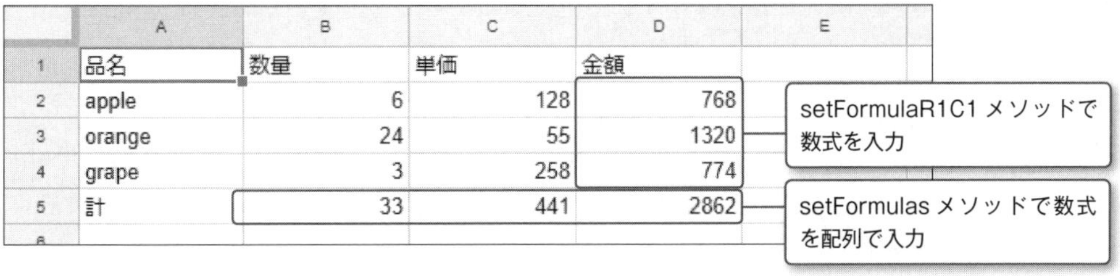

	A	B	C	D	E
1	品名	数量	単価	金額	
2	apple	6	128	768	
3	orange	24	55	1320	
4	grape	3	258	774	
5	計	33	441	2862	

setFormulaR1C1 メソッドで
数式を入力

setFormulas メソッドで数式
を配列で入力

　setFormulaR1C1 メソッドの引数は配列ではなく、単体の数式です。例では、このメソッドの対象を単体セルではなくセル範囲としていますが、この場合、対象となる範囲のすべてのセルに引数で与えた同じ数式が入力されます。このルールについては、前述の setValue メソッドや、以降で解説する書式設定をする各種メソッドでも同様ですので、覚えておくとよいでしょう。

◆書式を設定する

　Range クラスには、書式を設定するための数々のメソッドが提供されています。いずれも、セル範囲に単体の値を適用するものと、セル範囲と同じサイズの二次元配列で設定するものと 2 種類が用意されています。

　書式設定のいくつかの例について、図 8-5-7 のシートに対して、サンプル 8-5-4 を実行して確認してみましょう。

▶図 8-5-7 書式設定をするシートの例

	A	B	C	D	
1	品名	数量	単価	金額	
2	apple	6	128	768	
3	orange	24	55	1320	
4	grape	3	258	774	
5	計	33	441	2862	
6					

▶サンプル 8-5-4 書式設定 [sample08-05.gs]

```javascript
function myFunction08_05_04() {
  const sheet = SpreadsheetApp.getActiveSheet();
  sheet.clearFormats();

  // 全体
  const rangeTable = sheet.getDataRange();
  rangeTable
    .setBorder(false, true, false, true, true, null)
    .setFontSize(14)
    .setFontFamily(' メイリオ ')
    .setNumberFormat('#,##0');

  // 見出し
  const rangeHeader = sheet.getRange('A1:D1');
  rangeHeader
    .setBackgrounds([['yellow', 'yellow', 'yellow', 'orange']])
    .setHorizontalAlignment('center');

  // 計
  const rangeTotal = sheet.getRange('A5:D5');
  rangeTotal.setFontWeight('bold');

  // 品名
  const rangeItemName = sheet.getRange('A2:A5');
  rangeItemName.setFontColors([['red'], ['orange'], ['purple'], ['glay']]);
}
```

　実行結果は図 8-5-8 となります。どのメソッドがどのような書式設定に対応をしているか、確認しておきましょう。

▶図 8-5-8 書式設定後のシート

	A	B	C	D	
1	品名	数量	単価	金額	
2	apple	6	128	768	
3	orange	24	55	1,320	
4	grape	3	258	774	
5	計	33	441	2,862	
6					

　書式設定に関するメソッドも、値や数式と同様にスプレッドシートへのアクセスとなります。セル範囲に対してまとめて実行することで、実行時間を減らすことができますので、意識して使うようにしてください。

◆ セル範囲の並び替え・重複削除

　sort メソッドは、セル範囲を並び替えするメソッドです。以下のように列番号を指定すれば、対象のセル範囲を指定した列をキーとした昇順で並び替えを行います。

▶構文

```
Range オブジェクト .sort ( 列番号 )
```

　複数の列をキーとしたい場合や降順で並び替えをしたい場合は、以下のようにソートのルールを定めたオブジェクトを配列で指定します。ascending プロパティを true にすると昇順、false にすると降順になります。

▶構文

```
Range オブジェクト .sort([
  {column: 列番号 , ascending: true/false},
  {column: 列番号 , ascending: true/false},
  …
])
```

　removeDuplicates メソッドは行の重複削除をすることができる便利なメソッドです。重複したデータを持つ行がある場合、一行だけを残して残りを削除できます。

▶構文

```
Range オブジェクト .removeDuplicates([ 列番号の配列 ])
```

08
スプレッドシート

引数には重複しているかの検査対象となる列を列番号の配列で指定します。省略した場合、すべての列が検査対象となり、つまりすべての列が一致している場合に削除の対象となります。

では、sort メソッドと removeDuplicates メソッドの実行例を見てみましょう。図 8-5-9 のシートに対して、サンプル 8-5-5 で並び替えと重複削除を実行します。結果は図 8-5-10 となりますので、合わせてご覧ください。

▶図 8-5-9 並び替えと重複削除をするシートの例

	A	B	C	D
1	team	month	sales	
2	A	2020/6	6,908	
3	A	2020/6	6,908	
4	A	2020/5	7,334	
5	A	2020/4	6,771	
6	B	2020/6	6,503	
7	B	2020/6	6,503	
8	B	2020/5	9,962	
9	B	2020/4	7,578	
10				
11				

▶サンプル 8-5-5 セル範囲の並び替えと重複削除 [sample08-05.gs]

```javascript
function myFunction08_05_05() {
  const sheet = SpreadsheetApp.getActiveSheet();
  const row = sheet.getLastRow() - 1; // 見出しを除く
  const column = sheet.getLastColumn();

  const range = sheet.getRange(2, 1, row, column);   ── 見出し行を除いたデータ範囲を取得
  range.sort([
    {column: 1, ascending: true},                       A 列昇順、B 列降順で並び替え、
    {column: 2, ascending: false}                       重複削除をする
  ]).removeDuplicates();
}
```

▶図 8-5-10 並び替えと重複削除をしたシート

	A	B	C	D
1	team	month	sales	
2	A	2020/6	6,908	
3	A	2020/5	7,334	
4	A	2020/4	6,771	
5	B	2020/6	6,503	
6	B	2020/5	9,962	
7	B	2020/4	7,578	
8				
9				
12				

A 列昇順、B 列降順で並び替え、および重複行の削除がされた

　サンプル 8-5-5 で、sort メソッドと removeDuplicates メソッドを連続して記述していることに注目してください。sort メソッドはセル範囲の並び替えも行いつつ、戻り値としてその並び替え後の Range オブジェクトを返しますから、続けてその Range オブジェクトに対して removeDuplicates メソッドを実行できるのです。

　これまでもスプレッドシートのオブジェクトの取得で連続してメソッドを記述する書き方が登場していますが、この書き方を**メソッドチェーン**といいます。うまく活用することで、コード量を減らすことができます。

配列を使ったデータ処理

◆配列を使ったデータの追加・削除

前節でお伝えした通り、シート上のデータは配列としてまとめて取得や入力をすると、スプレッドシートへのアクセス回数、つまり実行時間を効果的に削減できます。ですから、シート上のデータについて何らかの処理を施したい場合は、次のような手順を踏むのが理想的です。

---

①シート上のデータを配列として取得
②配列の状態で処理を施す
③処理を施した配列のデータをまとめてシートに入力

ここでは、その際に使える Array オブジェクトのメンバーを使ったテクニックをいくつか紹介していきます。

シート上のデータは、配列上で処理をしてからまとめてシートに入力します。

まず、シート上のデータを 1 行単位で追加、挿入、削除をする場合は、Array オブジェクトの **push メソッド**、**pop メソッド**、**splice メソッド**、**shift メソッド**、**unshift メソッド**が有効です。それぞれの役割を第 7 章で再度確認しておきましょう。

具体例として、図 8-6-1 に示すシートに対して、サンプル 8-6-1 を実行します。結果のシートは図 8-6-2 となります。

▶図 8-6-1 配列を使った処理をするシートの例

	A	B	C	D	E
1	name	age	favorite1	favorite2	favorite3
2	Bob	25	apple	curry	video game
3					
4					
5					
6					

▶ サンプル 8-6-1 配列を使ったシートのデータの追加、挿入、削除 [sample08-06.gs]

```
1  function myFunction08_06_01() {
2    const sheet = SpreadsheetApp.getActiveSheet();
3    const values = sheet.getDataRange().getValues();
4
5    values.push(['Tom', 32, 'orange', 'ramen', 'programming']);
6    console.log(values);
7
8    values.splice(1, 1, ['Jay', 28, 'grape', 'sushi', 'shogi']);
9    console.log(values);
10
11   values.shift();
12   console.log(values);
13
14   sheet.clearContents();
15   sheet.getRange(1, 1, values.length, values[0].length).setValues(values);
16 }
```

> シートのデータ範囲の値を二次元配列として取得する

> values に一行分のデータを追加する

> values のインデックス 1 の位置の行データを引数で指定した行データに差し替える

> values の最初の行（つまり見出し行）のデータを削除する

> シートのすべてのコンテンツをクリアする

> シートの A1 を基準とするセル範囲に values のデータを入力する

◆ 実行結果

```
[ [ 'name', 'age', 'favorite1', 'favorite2', 'favorite3' ],
  [ 'Bob', 25, 'apple', 'curry', 'video game' ],
  [ 'Tom', 32, 'orange', 'ramen', 'programming' ] ]
[ [ 'name', 'age', 'favorite1', 'favorite2', 'favorite3' ],
  [ 'Jay', 28, 'grape', 'sushi', 'shogi' ],
  [ 'Tom', 32, 'orange', 'ramen', 'programming' ] ]
[ [ 'Jay', 28, 'grape', 'sushi', 'shogi' ],
  [ 'Tom', 32, 'orange', 'ramen', 'programming' ] ]
```

▶ 図 8-6-2 配列を使ってデータの追加・挿入・削除をしたシート

> splice メソッドで差し替えたデータ

> push メソッドで追加したデータ

> shift メソッドで見出し行を削除

　とくに、appendRow メソッドの代わりとして使用できる push メソッド、また見出し行を削除できる shift メソッドは、使用する場面が多いでしょう。

◆配列を使ったデータの検索

　シート上のデータについて、特定の値をキーにしてその存在している行番号、またはその行番号の別の列の値を知りたい、といったニーズが生じることはよくあります。つまり、スプレッドシート関数でいうところの、VLOOKUP 関数のような検索処理です。ここで使えるのが、Array オブジェクトの **indexOf メソッド**です。また、**flat メソッド**により、二次元配列を一次元化するテクニックも使いますので、必要に応じて第 7 章を復習しておきましょう。

　では、例として図 8-6-3 のシートを考えましょう。ここでは、どの人物が「ramen」を好きなのかを知りたいとします。

　処理としては次のような流れになりますが、それを GAS で実現したものがサンプル 8-6-2 となります。

> ① D 列に対して「ramen」というキーで検索して、その行番号を取得する
> ② その行番号の各列の値を求める

▶ 図 8-6-3 indexOf メソッドで検索するシートの例

	A	B	C	D	E
1	name	age	favorite1	favorite2	favorite3
2	Bob	25	apple	curry	video game
3	Tom	32	orange	ramen	programming
4	Jay	28	grape	sushi	shogi
5					

▶ サンプル 8-6-2 indexOf メソッドでデータを検索する [sample08-06.gs]

```
 1  function myFunction08_06_02() {
 2    const sheet = SpreadsheetApp.getActiveSheet();
 3    const values = sheet.getDataRange().getValues();
 4
 5    const keys = sheet.getRange(1, 4, sheet.getLastRow()).getValues().flat();
 6    console.log(keys);
 7
 8    const favorite = 'ramen';
 9    console.log(keys.includes(favorite));
10
11    const row = keys.indexOf(favorite);
12    console.log(row);
13
14    const [name, age] = values[row];
15    console.log(`${favorite} が好きなのは、${age} 歳の ${name} です。`);
16  }
```

シート上のデータを二次元配列 values として取得

検索のキーとなる D 列を二次元配列として取得したのち、flat メソッドで一次元化し keys とする

「ramen」が存在するかの判定であれば includes メソッドでも可能

indexOf メソッドで「ramen」のインデックスを row として取得

分割代入を使用して name と age を取得

◆実行結果

```
['favorite2', 'curry', 'ramen', 'sushi']
true
2
ramen が好きなのは、32 歳の Tom です。
```

　データの検索をする別の方法として反復メソッドの **find メソッド**を使用する方法があります。サンプル 8-6-3 を実行して動作を確認しましょう。

▶ サンプル 8-6-3 find メソッドでデータを検索する [sample08-06.gs]

```
 1  function myFunction08_06_03() {
 2    const sheet = SpreadsheetApp.getActiveSheet();
 3    const values = sheet.getDataRange().getValues();
 4
 5    const favorite = 'ramen';
 6    const target = values.find(record => {
 7      const [name, age, favorite1, favorite2, favorite3] = record;
 8      return favorite2 === favorite;
 9    });
10    console.log(target);
11
12    const [name, age] = target;
13    console.log(`${favorite} が好きなのは、${age} 歳の ${name} です。`);
14  }
```

> values を検索し、条件に一致した行の一次元配列を target として取得

◆実行結果

```
['Tom', 32, 'orange', 'ramen', 'programming']
ramen が好きなのは、32 歳の Tom です。
```

　サンプル 8-6-2 およびサンプル 8-6-3 では、条件とマッチした最初の 1 行のみを検索します。複数の行を抽出する必要がある場合については次節で解説をします。

◆配列を使ったデータの抽出

　シート上のデータから特定の条件の行だけを抽出したいときには、**filter メソッド**が活躍します。たとえば、前節の図 8-6-3 のシートから、age の列の値が 25 歳を超えるデータのみを抽出して別シートに書き出すことを考えてみましょう。それを実現したものが、サンプル 8-6-4 です。

▶ サンプル 8-6-4 シート上のデータを抽出する [sample08-06.gs]

```
1  function myFunction08_06_04() {
2
3    const ss = SpreadsheetApp.getActiveSpreadsheet();
4    const values = ss.getActiveSheet().getDataRange().getValues();
5    const header = values.shift();
6
7    const targetValues = values.filter(record => {
8      const [name, age] = record;
9      return age > 25;
10   });
11
12   targetValues.unshift(header);
13   const targetSheet = ss.getSheetByName('出力シート');
14   targetSheet
15     .getRange(1, 1, targetValues.length, targetValues[0].length)
16     .setValues(targetValues);
17 }
```

> 抽出対象の二次元配列から見出し行データを取り除き header に取得する

> 条件にマッチした行データのみを持つ二次元配列を構成して targetValues とする

> 見出し行データを先頭に挿入する

実行をすると、図 8-6-4 のように、「出力シート」に抽出したデータを書き出すことができます。

▶ 図 8-6-4 抽出したデータを書き出したシート

	A	B	C	D	E
1	name	age	favorite1	favorite2	favorite3
2	Tom	32	orange	ramen	programming
3	Jay	28	grape	sushi	shogi
4					
5					
6					

このように、二次元配列としてシート上のデータを取り込むことで、さまざまな処理を配列上で実現できます。中でも、反復メソッドはその相性がとてもよく、スマートに記述できます。配列によるデータ処理により、その実行速度が圧倒的に上がりますので、ぜひ活用していきましょう。

カスタム関数

◆カスタム関数とは

スプレッドシートには、SUMIFS 関数や VLOOKUP 関数など、便利な関数が標準で用意されていますが、GAS を使うことでオリジナルのスプレッドシート関数を作ることができます。それを**カスタム関数**といいます。

スクリプトで作成したカスタム関数は、スプレッドシート上のセルに、以下のように入力することで呼び出すことができます。標準のスプレッドシート関数と同様ですね。

▶ 構文

```
= 関数名 ( 引数 )
```

セルのアドレスを引数に指定すると、そのセルの値を引数としてカスタム関数に渡します。引数がセル範囲の場合は、カスタム関数には二次元配列が渡ります。また、カスタム関数に戻り値が設定されている場合は、その値が入力したセルに表示されます。

なお、カスタム関数を作るためには、以下いくつかのルールがありますので、確認をしておきましょう。

- ・スプレッドシートのコンテナバインドスクリプトである
- ・グローバル関数である
- ・プライベート関数ではない

では、実際にカスタム関数を作ってみましょう。サンプル 8-7-1 は引数で渡された金額に対して、税込価格を返すカスタム関数 ZEIKOMI です。スクリプトを保存すると図 8-7-1 のように、関数 ZEIKOMI を使用することができるようになります。

▶ サンプル 8-7-1 カスタム関数 [sample08-07.gs]

```
1  /**
2   * 税込み価格を返すカスタム関数
3   *
4   * @param {Number} price - 価格
```

```
 5    * @param {Number} taxRate - 税率（既定値は 0.1）
 6    * @return {Number} - 税込価格
 7    * @customfunction
 8    */
 9   function ZEIKOMI(price, taxRate = 0.1) {
10     return price * (1 + taxRate);
11   }
```

▶図 8-7-1 カスタム関数 ZEIKOMI の使用結果

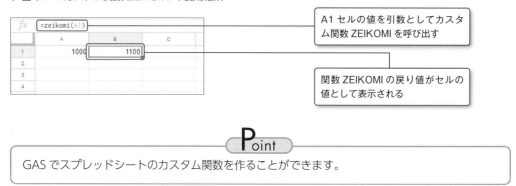

GASでスプレッドシートのカスタム関数を作ることができます。

サンプル 8-7-1 のようにドキュメンテーションコメントに @customfunction を含めると、スプレッドシートの補完の候補として表示されるようになります。数式の途中まで入力した段階では、図 8-7-2 のようにカスタム関数の概要文が表示されます。また、Tab キーにより関数の種類を確定すると、図 8-7-3 のように引数、使用例、概要が情報として表示されます。

▶図 8-7-2 カスタム関数の候補表示

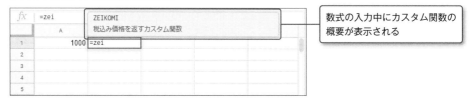

▶図 8-7-3 カスタム関数の詳細表示

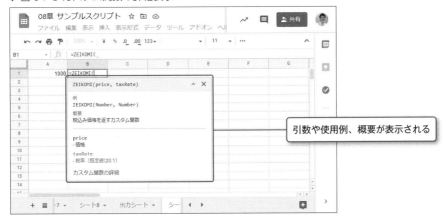

引数や使用例、概要が表示される

Memo

　スプレッドシートのコンテナバインドスクリプトに宣言されている関数は、望まないのにカスタム関数として機能をしてしまうときがあります。スクリプトの内部からのみ呼び出すのであれば、関数名の最後にアンダースコア（_）を付与して、プライベート関数にするとよいでしょう。

　本章では、GAS でスプレッドシートを操作する、Spreadsheet サービスの基本となるクラスと、その主なメンバーについて解説をしてきました。ここで紹介した内容だけでも、さまざまなツールを開発することができるようになるはずですので、ぜひ実際に実務で活用できるスクリプトにチャレンジをしてみてください。

　また、スプレッドシートは GAS によるシステムのデータベースとして、他のアプリケーションと連携するハブのような役割を果たします。もし、理解の不十分な箇所があれば、復習をしておくことをおすすめします。

　さて、次章で操作する対象となるアプリケーションは Gmail です。スプレッドシートや他のアプリケーションで作成した結果をメールで送信をしたり、メールで受信したものをスプレッドシートに蓄積したりといった、「GAS らしい動作」を実現することができるようになります。

Gmail

Gmail サービス

◆ Gmail サービスとは

Gmail サービスは、GAS で Gmail を操作するためのクラスとそのメンバーを提供するサービスです。Gmail サービスで用意されているクラスとそのメンバーを用いることで、受信メッセージやそれに関する情報を取得したり、Gmail を通してメッセージを送信したりできます。

提供されているクラスは、Spreadsheet サービスほど多くはありません。主に、トップレベルオブジェクトである GmailApp クラス、スレッドを操作する GmailThread クラス、メッセージを操作する GmailMessage クラスを使用することが多いでしょう。

Gmail サービスの主なクラスについて、図 9-1-1 にまとめています。

▶ 図 9-1-1 Gmail サービスの主なクラス

クラス	説明
GmailApp	Gmail サービスのトップレベルオブジェクト
GmailThread	スレッドを操作する機能を提供する
GmailMessage	メッセージを操作する機能を提供する
GmailDraft	下書きを操作する機能を提供する
GmailAttachment	メッセージの添付ファイルを操作する機能を提供する

本章ではこのうち、GmailApp クラス、GmailThread クラス、GmailMessage クラスについて紹介をしていきます。

メッセージの添付ファイルを扱う GmailAttachment クラスについては、第 18 章で紹介をします。

◆ スレッドとメッセージ

Gmail サービスを使いこなすためには、Gmail において重要な概念であるスレッドとメッセージについて、正確に理解をしておく必要があります。

まず、一通ごとに送る「メール」を、Gmail では**メッセージ**といいます。Gmail では、メッ

セージに対する返信など、メッセージの一連のやり取りが自動でまとめられます。この、一連のメッセージをまとめたものを**スレッド**といいます。つまり、スレッドは複数のメッセージの集まりになります。

　実際の Gmail の画面に当てはめると、Gmail サービスの各クラスが、GmailApp → GmailThread → GmailMessage → GmailAttachment という階層構造になっていることがよくわかります。図 9-1-2 をご覧ください。

▶ 図 9-1-2 Gmail の画面と Gmail サービスのクラス

Point

Gmail では、複数のメッセージがスレッドとしてまとめられています。

　GAS で GmailApp からスレッドを取得する場合は、多くのメソッドにおいて、以下のように配列で取得することになります。インデックス 0 にもっとも新しいスレッドが、以降のインデックスには新しい順に格納されます。

[スレッド 0, スレッド 1, …, スレッド m]

この配列の要素であるスレッドには、それぞれ複数のメッセージが含まれています。ですから、各スレッドからメッセージを取り出した場合も、以下のように配列で取得することになります。インデックス 0 には最初に送られたメッセージが、以降の返信や関連メッセージが順番に格納されます。

```
[ メッセージ 0, メッセージ 1, ..., メッセージ n]
```

また後述しますが、getMessagesForThreads メソッドでメッセージを取得した場合は、以下のような二次元配列での取得となります。

```
[
  [ メッセージ 0-0, メッセージ 0-1, ...]
  [ メッセージ 1-0, メッセージ 1-1, ...]
  ...
  [ メッセージ m-0, メッセージ m-1, ...]
]
```

このように、スレッドとメッセージはともに配列で扱うことになります。スプレッドシートと同様に、Gmail の操作でも配列の取り扱いが重要なポイントになることがおわかりでしょう。

Point

Gmail のスレッド、メッセージは配列で扱うことが多いです。

◆操作の対象となるオブジェクト

Gmail サービスでは返信する、転送する、既読にする、未読にする、スターを付ける、アーカイブする、ゴミ箱に移動するなど、さまざまな操作を行うことができます。しかし、**それらの操作の対象がスレッドなのか、メッセージなのかを整理しておく必要があります。**

たとえば、アーカイブに移動する、重要マークを付与するといった操作はスレッドが対象になります。一方で、メッセージを転送する、スターを付与するといった操作はメッセージ単位で行う操作です。さらに、ゴミ箱に移動する、既読にするなどの操作は、GmailThread クラスでも GmailMessage クラスでもメソッドが用意されています。

図 9-1-3 に各操作の対象となるオブジェクトについてまとめていますので、確認をしておきましょう。

▶ 図 9-1-3 Gmail の操作の対象となるオブジェクト

操作	GmailApp	スレッド	メッセージ
新規メールを送信する	○		
返信する			○
転送する			○
受信トレイに移動する		○	
アーカイブに移動する		○	
迷惑メールに移動する		○	
ゴミ箱に移動する		○	○
重要にする / 重要を外す		○	
既読にする / 未読にする		○	○
スターを付与する / スターを外す			○

Memo

　GmailThread クラス、GmailMessage クラスの操作対象は、単体のスレッドまたはメソッド です。それを補うものとして、スレッドやメッセージの配列をまとめて操作をするためのメソッ ドが、GmailApp クラスで提供されています。

　Gmail サービスの場合、どのオブジェクトを対象に、どのクラスのどのメソッドを使うのか混 乱しやすいので注意が必要です。

09

Gmail

GmailApp クラス

◆GmailApp クラスとは

　GmailApp クラスは、Gmail サービスの最上位に位置するトップレベルオブジェクトです。ただし、GmailApp クラスでは、直下のオブジェクトにあたるスレッドを取得するだけでなく、新規のメッセージを送信する、スレッドを検索する、スレッドやメッセージをまとめて操作するなど、多くのメンバーが提供されています。

　主なメンバーを、図 9-2-1 にまとめています。

▶ 図 9-2-1 GmailApp クラスの主なメンバー

分類	メンバー	戻り値	説明
メッセージ送信	sendEmail(recipient, subject, body[, options])	GmailApp	送信先 recipient、件名 subject、本文 body としてメッセージを送信する
下書き作成	createDraft(recipient, subject, body[, options])	GmailDraft	送信先 recipient、件名 subject、本文 body として下書きを作成する
カウント	getInboxUnreadCount()	Integer	受信トレイの未読スレッドの数を取得する
	getSpamUnreadCount()	Integer	迷惑メールの未読スレッドの数を取得する
	getStarredUnreadCount()	Integer	スター付きの未読スレッドの数を取得する
スレッド取得	getInboxThreads([start, max])	GmailThread[]	受信トレイのインデックス start から max までのスレッドを取得する
	getSpamThreads([start, max])	GmailThread[]	迷惑メールのインデックス start から max までのスレッドを取得する
	getStarredThreads([start, max])	GmailThread[]	スター付きのメッセージを含むインデックス start から max までのスレッドを取得する
	getThreadById(id)	GmailThread	id でスレッドを取得する
	getTrashThreads([start, max])	GmailThread[]	ゴミ箱のインデックス start から max までのスレッドを取得する
	search(query[, start, max])	GmailThread[]	Gmail を query で検索しインデックス start から max までのスレッドを取得する

	markThreadsImportant(threads)	GmailApp	配列 threads すべてを重要にする
	markThreadsRead(threads)	GmailApp	配列 threads すべてを既読にする
	markThreadsUnimportant(threads)	GmailApp	配列 threads すべてから重要を外す
スレッド操作	moveThreadsToArchive(threads)	GmailApp	配列 threads をすべてアーカイブに移動する
	moveThreadsToInbox(threads)	GmailApp	配列 threads をすべて受信トレイに移動する
	moveThreadsToSpam(threads)	GmailApp	配列 threads をすべて迷惑メールに移動する
	moveThreadsToTrash(threads)	GmailApp	配列 threads をすべてゴミ箱に移動する
メッセージ取得	getDraftMessages()	GmailMessage[]	すべての下書きメッセージを取得する
	getMessageById(id)	GmailMessage	id でメッセージを取得する
	getMessagesForThreads(threads)	GmailMessage[][]	配列 threads のすべてのメッセージを取得する
メッセージ操作	markMessagesRead(messages)	GmailApp	配列 messages を既読にする
	markMessagesUnread(messages)	GmailApp	配列 messages を未読にする
	moveMessagesToTrash(messages)	GmailApp	配列 messages すべてをゴミ箱に移動する
	starMessages(messages)	GmailApp	配列 messages すべてにスターを付与する
	unstarMessages(messages)	GmailApp	配列 messages すべてからスターを外す

　GmailApp クラスのメンバーの使用例として、Gmail の未読スレッドの数をカウントするいくつかのメソッドを使ってみましょう。サンプル 9-2-1 を実行すると、受信トレイ、スター付き、迷惑メールに含まれるスレッドのうち、未読のものの数を取得できます。

▶サンプル 9-2-1 未読スレッドの数 [sample09-02.gs]

```
1  function myFunction09_02_01() {
2    console.log(GmailApp.getInboxUnreadCount()); // 受信トレイの未読スレッドの数
3    console.log(GmailApp.getStarredUnreadCount()); // スター付きの未読スレッドの数
4    console.log(GmailApp.getSpamUnreadCount()); // 迷惑メールの未読スレッドの数
5  }
```

◆新規メッセージを送信する

　Gmail サービスでもっとも使用頻度が高いといってもよい機能が、新規メッセージの送信です。Gmail で新規メッセージを送信する場合は、GmailApp クラスの **sendEmail メソッド**を使います。書式は以下の通りです。

▶構文

```
GmailApp.sendEmail( 宛先 , 件名 , 本文 [, オプション ])
```

　必須の引数として宛先のメールアドレス、件名、本文をそれぞれ文字列で指定します。オプションでは送信元アドレスや、CC、添付ファイルなど、図 9-2-2 に示すパラメータをオブジェクトで指定します。

▶図 9-2-2 メッセージ送信のオプション

オプション名	データ型	説明
attachments	BlobSource[]	添付ファイルの配列
bcc	String	BCC に設定するメールアドレス
cc	String	CC に設定するメールアドレス
from	String	送信元メールアドレス（エイリアスとして設定されているアドレスのみ）
htmlBody	String	指定されている場合、受信側で HTML メールを表示できる場合は本文の代わりに使用する
name	String	送信者名
noReply	Boolean	送信したメッセージに返信不要の場合は true を設定する
replyTo	String	デフォルトの返信先メールアドレス

　ここで、bcc、cc、replyTo で複数のメールアドレスを指定する場合は、文字列内のカンマ区切りで指定をします。また、noReply を true に設定すると、送信元の表示が「noreply@ ～」という表記になります。

　では、実際に新規メッセージを送信してみましょう。サンプル 9-2-2 について、宛先や CC のアドレスは、テストとして利用可能な実在のアドレスを指定してください。

▶サンプル 9-2-2 新規メッセージを送信する [sample09-02.gs]

```
 1  function myFunction09_02_02() {
 2    const recipient = 'bob@example.com';
 3    const subject = 'サンプルメール';
 4
 5    let body = '';
 6    body += 'サンプル様 \n';
 7    body += '\n';
 8    body += 'このメールはサンプルメールとなります。\n';
 9    body += 'ご確認ください。';
10
11    const options = {
12      cc: 'tom@example.com, ivy@example.com',
13      name: 'GAS からの送信'
14    };
```

本文の作成の際、改行位置にはエスケープシーケンス「\n」を使用する

オプションとして CC、送信者名を設定

288

```
15
16     GmailApp.sendEmail(recipient, subject, body, options);
17  }
```

> sendEmail メソッドで
> メッセージを送信する

実行結果として、図9-2-3の メッセージが宛先に届きます。引数やオプションが、実際のメッセージのどの部分に反映されるかを確認しておきましょう。

▶図9-2-3 sendEmail メソッドで送信したメッセージ

<hr>

emo

sendEmail メソッドでは、attachments オプションを設定することでファイルを添付することが可能です。詳細は第18章で紹介します。

<hr>

Memo

GAS では Mail サービスの sendEmail メソッドを使ってメッセージの送信をすることもできます。しかし Mail サービスは、メッセージ送信をする以外の機能は提供していません。とくにこだわりがない限りは Gmail サービスを使えばよいでしょう。

<hr>

なお、自動でメールを送信できるツールを作ることができるのは便利です。しかし、GAS の割り当てにより、送信件数について1日あたり100件ないしは1500件という制限があることを覚えておきましょう。

<hr>

Point

メッセージの送信数についての1日あたりの制限を超えないように注意しましょう。

◆下書きを作成する

メッセージを送信する前に、メッセージの内容を確認したいのであれば、**createDraft メソッ**ドを使うとよいでしょう。メッセージの下書きを作成するのみで送信は行いませんので、確認をしたあとに手動で送信をするという運用が可能です。

▶構文

```
GmailApp.createDraft( 宛先 , 件名 , 本文 [, オプション ])
```

指定する引数は sendEmail とまったく同じです。オプションに指定できる項目も同様なので、図 9-2-2 を使用してください。

では、例としてサンプル 9-2-3 を実行してみましょう。これは、サンプル 9-2-2 のメッセージを下書きとして作成するというものです。こちらも、宛先や CC のアドレスは、テストとして利用可能な実在のアドレスを指定するようにしてください。

▶サンプル 9-2-3　下書きを作成する [sample09-02.gs]

```
 1  function myFunction09_02_03() {
 2    const recipient = 'bob@example.com';
 3    const subject = 'サンプルメール';
 4
 5    let body = '';
 6    body += 'サンプル様 \n';
 7    body += '\n';
 8    body += 'このメールはサンプルメールとなります。\n';
 9    body += 'ご確認ください。';
10
11    const options = {
12      cc: 'tom@example.com, ivy@example.com',
13      name: 'GAS からの送信'
14    };
15
16    GmailApp.createDraft(recipient, subject, body, options);
17  }
```

createDraft メソッドで下書きを作成する

実行すると図 9-2-4 のような下書きが作成されますので、確認や編集をした上でメッセージの送信を行うことができます。

▶図 9-2-4 createDraft メソッドで作成した下書き

スレッドを取得する

◆ システムラベルでスレッドを取得する

GmailApp クラスのもう 1 つの重要な役割として、スレッドを取得することが挙げられます。スレッドを取得する主な方法は、以下の 3 つです。

- ・システムラベルからスレッドを取得する
- ・ID でスレッドを取得する
- ・検索をしてスレッドを取得する

システムラベルでスレッドを取得する方法を見ていきましょう。システムラベルは、「受信トレイにある」「重要マークが付与されている」「迷惑メールである」などの条件で付与されているラベルです。Gmail の画面で図 9-3-1 に示す位置の各項目をクリックすると、該当するスレッド一覧を確認できます。

▶ 図 9-3-1 システムラベル

各システムラベルをクリックすると、スレッド一覧を確認できる

GAS では、図 9-3-2 に示すシステムラベルについてスレッドを取得するメソッドが用意されています。

▶ 図 9-3-2 システムラベルと取得メソッド

システムラベル	取得メソッド
受信トレイ	getInboxThreads
スター付き	getStarredThreads
下書き	getDraftMessages
迷惑メール	getSpamThreads
ゴミ箱	getTrashThreads

emo

　下書きは送信前につき、スレッドという概念がありません。したがって、取得できるのはメッセージの配列となります。

　システムラベルからスレッドを取得する代表として、受信トレイからスレッドを配列として取得する **getInboxThreads メソッド**について解説をします。書式は以下の通りです。

▶ 構文

```
GmailApp.getInboxThreads([開始位置, 最大取得数])
```

　受信トレイのスレッドは、最新のものから順にインデックスが付与されています。スレッドの取得をどのインデックスから開始するかを、開始位置として数値で指定します。ですから、最新から順に取得する場合は、0 を指定します。また、その位置から、最大でいくつのスレッドを取得するかを最大取得数として数値で指定します。いずれの引数も省略可能ですが、その場合はすべてのスレッドを取得します。

　図 9-3-2 に示す、他のメソッドについても、開始位置と最大取得数の指定の仕方については同様の考え方となります。

　では、使用例を見てみましょう。サンプル 9-3-1 を実行すると、受信トレイの最新の 3 つのスレッドについて、最初のメッセージの件名が表示されます。なお、getFirstMessageSubject メソッドは、スレッドの最初のメッセージの件名を取得するメソッドです。

▶ サンプル 9-3-1 受信トレイのスレッドを取得 [sample09-03.gs]

```
1  function myFunction09_03_01() {
2    const threads = GmailApp.getInboxThreads(0, 3);
3
```

受信トレイの最新 3 件のスレッドを取得する

09
Gmail

```
4      for (const thread of threads) {
5        console.log(thread.getFirstMessageSubject());
6      }
7    }
```

threadsのすべてのスレッドについて最初のメッセージの件名をログ出力する

ここで注意すべき点があります。GAS の割り当てとして、メールの読み書き（送信は除く）に関しては 1 日あたり 20,000 件ないしは 50,000 件までという制限があります。

たとえば、無料の Google アカウントで、スレッドの最大取得数を 100 件に設定して、5 分に 1 回実行をしたとすると、1 日で 288 回実行されますから、場合によっては割り当てをオーバーして実行時にエラーが発生してしまいます。したがって、最大取得数の設定と、日あたりの実行回数は必要以上に大きな値を設定しないようにしましょう。

Point

1 日あたりのスレッドの取得制限を超えないように注意してください。

◆ ID でスレッドを取得する

スレッドには一意に決まる ID が付与されています。スレッド ID がわかっているのであれば、**getThreadById メソッド**を使ってスレッドを取得できます。

▶構文
```
GmailApp.getThreadById(ID)
```

では、実際に ID でスレッドを取得してみましょう。サンプル 9-3-2 をご覧ください。なお、getId メソッドは、スレッドの ID を取得するメソッドです。

▶サンプル 9-3-2 ID でスレッドを取得する [sample09-03.gs]
```
1    function myFunction09_03_02() {
2      const threads = GmailApp.getInboxThreads(0, 1);
3      const id = threads[0].getId();
4
5      const thread = GmailApp.getThreadById(id);
6      console.log(thread.getFirstMessageSubject()); // サンプルメール
7    }
```

スレッド ID でスレッドを取得する

　実行すると、受信トレイの最新のスレッドの最初のメッセージの件名がログ出力されます。スレッドIDは、事前にgetIdメソッドで取得する必要があります。したがって、スプレッドシートなどに、たとえば何らかの処理を行ったスレッドIDを記録しておいて、それを再利用するというのが主な使用法になります。

◆スレッドを検索する

　Gmailの大きな特徴となっているのが、その検索性能です。さまざまな検索演算子を駆使して、膨大なメールの中から目的のものをスピーディに探し当てることができます。GASでも、**searchメソッド**を使うことで、その検索性能をそのまま利用できます。searchメソッドの書式は以下の通りです。

▶構文
```
GmailApp.search( クエリ [, 開始位置 , 最大取得数 ])
```

　開始位置、最大取得数については、前述のgetInboxThreadsメソッドと同様に、取得を開始するインデックスと、その位置から最大いくつのスレッドを取得するかを指定します。この2つの引数は省略もできますが、GASの割り当てを考慮すると、指定をしておいたほうがよいでしょう。

　クエリはGmailの検索条件を指定する文字列で、Gmailの画面では図9-3-3に示す検索ボックスへ入力するものと同様です。

▶図9-3-3 Gmailの検索ボックス

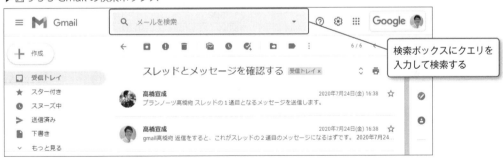

検索対象となるキーワードのみで検索することも可能ですが、Gmailでは図9-3-4に挙げる**検索演算子**を使用することで、より細やかな検索をすることが可能です。

▶ 図9-3-4 Gmailの検索演算子

検索演算子	説明	例	
from:	送信者を指定する	from:Bob	
to:	受信者を指定する	to:Tom	
cc:	Cc欄の受信者を指定する	cc:Ivy	
bcc:	Bcc欄の受信者を指定する	bcc:Joy	
subject:	件名を検索対象にする	subject: サンプルメール	
filename:	添付ファイル名を検索対象にする	filename:test.csv	
OR または {}	「または」を表すOR条件を指定する	from:Bob OR from:Tom {from:Bob from:Tom}	
半角スペース	「かつ」を表すAND条件を指定する	from:Bob from:Tom	
-	除外、否定を表すNOT条件を指定する	-from:Bob	
""	完全一致	"https://tonari-it.com のお問い合わせフォームから送信されました "	
()	グループ化	to:(Bob Tom)	
is:	指定の状態のスレッドを検索する	is:unread	未読
		is:read	既読
		is:important	重要
		is:starred	スター付き
		is:sent	送信済み
in:	指定の場所を探す	in:anywhere	アカウント内のすべて
		in:inbox	受信トレイ
		in:drafts	下書き
		in:spam	迷惑メール
		in:trash	ゴミ箱
has:	添付やリンクを持つスレッドを検索する	has:attachment	添付ファイル
		has:spreadsheet	スプレッドシートへのリンク
		has:drive	ドライブへのリンク
after:	指定日以降を検索する	after:2017/01/01	
before:	指定日以前を検索する	before:2017/08/31	

では、searchメソッドの使用例を見てみましょう。サンプル9-3-3を実行すると、未読でかつ「お問い合わせフォームから送信されました」というキーワードを含むスレッドを最新から10件抽出して、その件名をログ出力します。

未読かつ「お問い合わせフォームから
送信されました」を含む検索条件

▶ サンプル 9-3-3 search メソッドによるスレッドの検索 [sample09-03.gs]

```
1  function myFunction09_03_03() {
2    const query = 'is:unread "お問い合わせフォームから送信されました"';
3    const threads = GmailApp.search(query, 0, 10);
4
5    for (const thread of threads) {
6      console.log(thread.getFirstMessageSubject());
7    }
8  }
```

query による検索を行い最新
10 件のスレッドを取得

threads のすべてのスレッドについ
て最初のメッセージの件名をログ出力

　このように、search メソッドはクエリの作り方次第で、さまざまな条件でスレッドを抽出
できます。

09

Gmail

スレッドを取り扱う -
GmailThread クラス

◆GmailThread クラスとは

GmailThread クラスは、スレッドを取り扱う機能を提供するクラスです。主にその役割は、スレッドに含まれるメッセージを取得する、スレッドの情報を取得する、スレッドの操作をするといったものです。

主なメンバーを図 9-4-1 にまとめていますので、ご覧ください。

▶図 9-4-1 GmailThread クラスの主なメンバー

メンバー	戻り値	説明
createDraftReply(body[, options])	GmailDraft	スレッドの最後のメッセージの送信者に本文 body にて返信用の下書きを作成する
createDraftReplyAll(body[, options])	GmailDraft	スレッドの最後のメッセージの全員に本文 body にて返信用の下書きを作成する
getFirstMessageSubject()	String	スレッド内の最初のメッセージの件名を取得する
getId()	String	スレッドの ID を取得する
getLastMessageDate()	Date	スレッドの最新のメッセージの日時を取得する
getMessageCount()	Integer	スレッド内のメッセージ数を取得する
getMessages()	GmailMessage[]	スレッドのメッセージを取得する
getPermalink()	String	スレッドのパーマリンクを取得する
hasStarredMessages()	Boolean	スレッドにスター付きのメッセージが含まれるかを判定する
isImportant()	Boolean	スレッドが重要かどうかを判定する
isInInbox()	Boolean	スレッドが受信トレイにあるかを判定する
isInSpam()	Boolean	スレッドが迷惑メールにあるかを判定する
isInTrash()	Boolean	スレッドがゴミ箱にあるかを判定する
isUnread()	Boolean	スレッドに未読メッセージがあるかを判定する
markImportant()	GmailThread	スレッドを重要にする
markRead()	GmailThread	スレッドを既読にする
markUnimportant()	GmailThread	スレッドから重要を外す
markUnread()	GmailThread	スレッドを未読にする
moveToArchive()	GmailThread	スレッドをアーカイブに移動する
moveToInbox()	GmailThread	スレッドを受信トレイに移動する
moveToSpam()	GmailThread	スレッドを迷惑メールに移動する
moveToTrash()	GmailThread	スレッドをゴミ箱に移動する

reply(body[, options])	GmailThread	スレッドの最後のメッセージの送信者に本文 body にて返信する
replyAll(body[, options])	GmailThread	スレッドの最後のメッセージの全員に本文 body にて返信する

　スレッドの情報を取得してみましょう。サンプル 9-4-1 は「スレッドとメッセージを確認する」という件名のスレッドを取得し、それについてさまざまな情報を取得するものです。

▶ サンプル 9-4-1 スレッドの情報を取得する [sample09-04.gs]

```
 1  function myFunction09_04_01() {
 2    const query = 'subject:スレッドとメッセージを確認する';
 3    const threads = GmailApp.search(query, 0, 1);
 4
 5    console.log(threads[0].getFirstMessageSubject()); //スレッドとメッセージを確認する
 6    console.log(threads[0].getId()); //スレッド ID
 7    console.log(threads[0].getLastMessageDate()); //最新のメッセージの日時
 8    console.log(threads[0].getMessageCount()); //3
 9    console.log(threads[0].getPermalink()); //スレッドのパーマリンク
10    console.log(threads[0].hasStarredMessages()); //false
11    console.log(threads[0].isImportant()); //true
12    console.log(threads[0].isInChats()); //false
13    console.log(threads[0].isInInbox()); //true
14    console.log(threads[0].isInSpam()); //false
15    console.log(threads[0].isInTrash()); //false
16    console.log(threads[0].isUnread()); //false
17  }
```

◆スレッドを操作する

　GmailThread クラスのメソッドを使って、重要マークを付与する、ゴミ箱に移動するなどのスレッド操作が可能です。例として、サンプル 9-4-2 を実行します。件名「スレッドとメッセージを確認する」のスレッドについて、重要マークを付与し、未読にし、受信トレイに移動するというものです。

　実行結果の図 9-4-2 もご覧ください。

▶ サンプル 9-4-2 スレッドを操作する [sample09-04.gs]

```
 1  function myFunction09_04_02() {
 2    const query = 'subject:スレッドとメッセージを確認する';
 3    const threads = GmailApp.search(query, 0, 1);
 4
```

```
5      threads[0].markImportant();
6      threads[0].markUnread();
7      threads[0].moveToInbox();
8    }
```

▶図 9-4-2 スレッドの操作をした結果

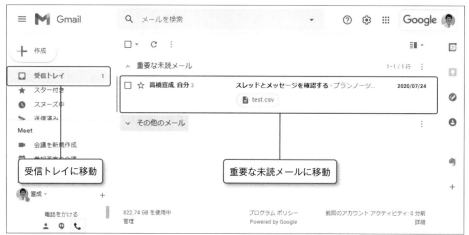

例では対象となるスレッドが 1 つでしたが、検索などで配列として取得したスレッドの集合に対して操作をする場合は、どのようにすればよいでしょうか。

for...of 文メソッド等を使う方法もありますが、GmailApp クラスのメソッドを活用すると、配列内のスレッドをまとめて操作できます。

サンプル 9-4-3 では、配列 threads 内のスレッドすべてに対して、サンプル 9-4-2 と同様の操作をします。

▶サンプル 9-4-3 配列内のスレッドすべてを操作する [sample09-04.gs]

```
1    function myFunction09_04_03() {
2      const query = 'subject:スレッドとメッセージを確認する';
3      const threads = GmailApp.search(query, 0, 1);
4
5      GmailApp.markThreadsImportant(threads);
6      GmailApp.markThreadsUnread(threads);
7      GmailApp.moveThreadsToInbox(threads);
8    }
```

> 引数にスレッドの配列を指定することで、配列内すべてのスレッドを操作

スレッド単体を操作するときは GmailThread クラスのメンバーを、配列でまとめてスレッドを操作するときは GmailApp クラスのメンバーを使うというように、使い分けをするとよいでしょう。

09 / 05　メッセージを取得する

◆スレッドからメッセージを取得する

受信したメールの情報やその内容を蓄積するためには、メッセージを取得する必要があります。メッセージを取得するメソッドは GmailApp クラスにも、GmailThread クラスにも用意されていますので、それぞれの上手な使い分けを知っておく必要があります。

メッセージを取得するには、主に以下の方法が挙げられます。

・スレッドからメッセージを取得する
・ID でメッセージを取得する
・スレッドの配列からメッセージを取得する

1 つ目の方法は GmailThread クラスのメソッドによるもの、残りの 2 つが GmailApp クラスのメソッドによるものです。

では、スレッドからメッセージを取得する **getMessages メソッド**の使い方から見ていきましょう。getMessages メソッドは、対象となるスレッドに含まれるメッセージを配列として取得します。

書式は以下の通りです。

▶構文

```
GmailThread オブジェクト .getMessages()
```

使用例として、サンプル 9-5-1 をご覧ください。受信トレイの最新のスレッドについて、それに含まれるメッセージを配列 messeages として取得します。なお、getSubject メソッドは、メッセージの件名を取得するものです。

▶サンプル 9-5-1 スレッドからメッセージを取得する [sample09-05.gs]

```
1  function myFunction09_05_01() {
2    const threads = GmailApp.getInboxThreads(0, 1);
3    const messages = threads[0].getMessages();
4    console.log(messages[0].getSubject()); // サンプルメール
5  }
```

> 受信トレイの最新のスレッドを配列として取得

> スレッドに含まれるメッセージを配列として取得

◆ID でメッセージを取得する

スレッドと同様に、メッセージにも一意で決まる ID が付与されています。メッセージ ID さえわかれば、**getMessageById メソッド**により、特定のメッセージを直接取得できます。

書式は以下の通りです。

▶構文
```
GmailApp.getMessageById(id)
```

では、メッセージ ID によるメッセージの取得の例として、サンプル 9-5-2 を見てみましょう。

▶サンプル 9-5-2 メッセージ ID でメッセージを取得する
```
1  function myFunction09_05_02() {
2    const threads = GmailApp.getInboxThreads(0, 1);
3    const messages = threads[0].getMessages();
4    const id = messages[0].getId();
5
6    const message = GmailApp.getMessageById(id);
7    console.log(message.getSubject()); // サンプルメール
8  }
```

受信トレイの最新のスレッドの
メッセージを配列として取得

1つ目のメッセージの
ID を取得

ID でメッセージを取得

getId メソッドは、メッセージの ID を取得するメソッドです。なお、メッセージ ID は、メッセージに何らかの処理を行った際に、スプレッドシートなどに記録しておくといった用途に適しています。

◆スレッドの配列からメッセージを取得する

getMessages メソッドでは、スレッド単体に対してそれに含まれるメッセージを取得しましたが、GmailApp クラスの **getMessagesForThreads メソッド**を使うと、スレッドの配列から直接メッセージを取得できます。その場合、メッセージは「[スレッドのインデックス][メッセージのインデックス]」で参照できる二次元配列として取得します。

getMessagesForThreads メソッドの書式は、以下の通りです。

▶構文
```
GmailApp.getMessagesForThreads( スレッドの配列 )
```

getMessagesForThreads メソッドの使用例として、サンプル 9-5-3 を見てみましょう。受信トレイの最新から 2 つのスレッドについて、それに含まれるすべてのメッセージの件名

をログ出力します。

▶ サンプル 9-5-3 スレッドの配列からメッセージをまとめて取得する [sample09-05.gs]

```
 1  function myFunction09_05_03() {
 2    const threads = GmailApp.getInboxThreads(0, 2);
 3    const messagesForThreads = GmailApp.getMessagesForThreads(threads);
 4
 5    for (const [i, thread] of messagesForThreads.entries()) {
 6      for (const [j, message] of thread.entries()) {
 7        console.log(`[${i}][${j}]: ${message.getSubject()}`);
 8      }
 9    }
10  }
```

受信トレイから最新の2スレッドを threads として取得

スレッドの配列 threads からメッセージの二次元配列 messages を取り出す

二次元配列 messages 内のメッセージすべての件名をログ出力

◆実行結果

```
[0][0]: サンプルメール
[1][0]: スレッドとメッセージを確認する
[1][1]: Re: スレッドとメッセージを確認する
[1][2]: Re: スレッドとメッセージを確認する
```

　getMessagesForThreads メソッドでまとめて取得することで、記述もシンプルになりますし、Gmail へのアクセス回数を減らすことができるというメリットがあります。上手に活用していきましょう。

メッセージを取り扱う - GmailMessage クラス

◆GmailMessage クラスとは

GmailMessage クラスはメッセージを取り扱う機能を提供しており、メッセージからさまざまなデータを取得するメソッドや、メッセージの操作をするメソッドが提供されています。主なメンバーについて、図 9-6-1 にまとめています。

▶ 図 9-6-1 GmailMessage クラスの主なメンバー

メンバー	戻り値	説明
createDraftReply(body[, options])	GmailDraft	メッセージの送信者に本文 body にて返信用の下書きを作成する
createDraftReplyAll(body[, options])	GmailDraft	メッセージの全員に本文 body にて返信用の下書きを作成する
forward(recipient[, options])	GmailMessage	recipient にメッセージを転送する
getAttachments([options])	GmailAttachment[]	メッセージのすべての添付ファイルを取得する
getBcc()	String	メッセージの BCC を取得する
getBody()	String	メッセージの本文を取得する
getCc()	String	メッセージの CC を取得する
getDate()	Date	メッセージの日時を取得する
getFrom()	String	メッセージの送信者を取得する
getId()	String	メッセージの ID を取得する
getPlainBody()	String	メッセージの本文をプレーンテキストで取得する
getRawContent()	String	メッセージのローデータを取得する
getReplyTo()	String	メッセージの ReplyTo（通常は送信者）のアドレスを取得する
getSubject()	String	メッセージの件名を取得する
getThread()	GmailThread	メッセージが含まれているスレッドを取得する
getTo()	String	メッセージの送信先を取得する
isDraft()	Boolean	メッセージが下書きかを判定する
isInInbox()	Boolean	メッセージが受信トレイにあるかを判定する
isInTrash()	Boolean	メッセージがゴミ箱にあるかを判定する
isStarred()	Boolean	メッセージにスターが付与されているかを判定する
isUnread()	Boolean	メッセージが未読かを判定する
markRead()	GmailMessage	メッセージを既読にする
markUnread()	GmailMessage	メッセージを未読にする

moveToTrash()	GmailMessage	メッセージをゴミ箱に移動する
reply(body[, options])	GmailMessage	メッセージの送信者に本文 body にて返信する
replyAll(body[, options])	GmailMessage	メッセージの全員に本文 body にて返信する
star()	GmailMessage	メッセージにスターを付与する
unstar()	GmailMessage	メッセージからスターを外す

　GmailMessage クラスのメソッドを使うことで、メッセージの本文、件名はもちろん、さまざまなデータを取得できます。サンプル 9-6-1 を実行して、受信トレイの最新スレッドの 1通目のメッセージから各データを取得してみましょう。

▶ サンプル 9-6-1 メッセージからさまざまなデータを取得 [sample09-06.gs]

```
 1  function myFunction09_06_01() {
 2    const threads = GmailApp.getInboxThreads(0, 1);
 3    const message = GmailApp.getMessagesForThreads(threads)[0][0];
 4
 5    console.log(message.getId()); // メッセージ ID
 6    console.log(message.getDate()); //Fri Jul 24 2020 17:12:24 GMT+0900 （日本標準時）
 7    console.log(message.getSubject()); // サンプルメール
 8
 9    console.log(message.getFrom()); // 送信者
10    console.log(message.getTo()); //To アドレス
11    console.log(message.getCc()); //Cc アドレス
12    console.log(message.getBcc()); //Bcc アドレス
13    console.log(message.getReplyTo()); //ReplyTo アドレス
14
15    console.log(message.isDraft()); //false
16    console.log(message.isInChats()); //false
17    console.log(message.isInInbox()); //true
18    console.log(message.isInTrash()); //false
19    console.log(message.isStarred()); //false
20    console.log(message.isUnread()); //false
21  }
```

◆メッセージ本文を取得する

　メッセージの本文を取得するメソッドには、**getBody メソッド**と **getPlainBody メソッド**の 2 種類があります。書式はそれぞれ以下の通りです。

```
GmailMessage オブジェクト .getBody()
```

```
GmailMessage オブジェクト .getPlainBody()
```

両者の違いは HTML メールに対する挙動です。getBody メソッドは HTML タグも含めてメッセージ本文を取得しますが、getPlainBody メソッドは HTML タグを除いた純粋なテキスト部分のみを取得します。受信トレイに図 9-6-2 のような HTML メールを用意した上で、サンプル 9-6-2 を実行してみると、2 種類のメソッドによる違いがはっきりします。

▶図 9-6-2 HTML メールの例

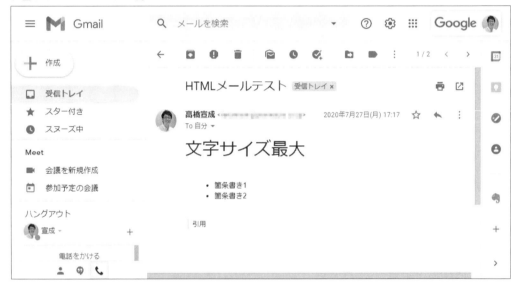

▶サンプル 9-6-2 メッセージ本文の取得 [sample09-06.gs]

```
1  function myFunction09_06_02() {
2    const threads = GmailApp.getInboxThreads(0, 1);
3    const message = GmailApp.getMessagesForThreads(threads)[0][0];
4
5    console.log(message.getBody());          ── メッセージ本文を HTML
                                                  タグも含めて取得
6    console.log(message.getPlainBody());     ── メッセージ本文をプレーン
                                                  テキストとして取得
7  }
```

◆実行結果

```
<div dir="ltr"><font size="6"> 文字サイズ最大 </font><div><br></div><div><ul>
<li> 箇条書き 1</li><li> 箇条書き 2</li></ul></div><div><br></div><blockquote
```

```
class="gmail_quote" style="margin:0px 0px 0px 0.8ex;border-left:1px solid
rgb(204,204,204);padding-left:1ex">引用 </blockquote><div><br clear="all">
<div><br></div><br><div dir="ltr" class="gmail_signature" data-smartmail=
"gmail_signature"><div dir="ltr"><div></div></div></div></div></div>

文字サイズ最大

 - 箇条書き 1
 - 箇条書き 2

引用
```

　多くの場合、プレーンテキストを取得することが多いため、getPlainBody メソッドを常に使用したくなります。しかし、getPlainBody メソッドは getBody メソッドよりも時間がかかるとされていますので、状況に応じて使い分けるとよいでしょう。

◆ メッセージの返信と転送

　メッセージに返信をするには **reply メソッド**、全員に返信をするには **replyAll メソッド**を使います。また、メッセージを転送するには、**forward メソッド**を使います。書式はそれぞれ以下の通りです。

▶構文
```
GmailMessage オブジェクト .reply( 本文 [, オプション ])
```

▶構文
```
GmailMessage オブジェクト .replyAll( 本文 [, オプション ])
```

▶構文
```
GmailMessage オブジェクト .forward( 宛先 [, オプション ])
```

　いずれもオプションは省略可能です。設定をする場合は、sendEmail メソッドと同様の設定（図 9-2-2 を参照）をします。

　メッセージの返信と転送の使用例として、サンプル 9-6-3 をご覧ください。受信トレイの最新スレッドの最初のメッセージに対して、全員に返信と転送をするものです。転送先アドレスは、実際に使用可能なものを指定するようにしてください。

▶ サンプル 9-6-3 メッセージの返信と転送 [sample09-06.gs]

```
1   function myFunction09_06_03() {
2     const threads = GmailApp.getInboxThreads(0, 1);
3     const message = GmailApp.getMessagesForThreads(threads)[0][0];
4
5     let replyBody = '';
6     replyBody += ' 全員に返信をします。\n';
7     replyBody += ' ご確認ください ';
8     message.replyAll(replyBody);
9
10    const recipient = 'bob@example.com';
11    message.forward(recipient);
12  }
```

返信メッセージの本文を作成し全員に返信

メッセージを指定したアドレスに転送

Memo

　reply メソッドおよび replyAll メソッドは、GmailThread クラスでも提供されています。スレッドに対して使用すると、スレッドの最後のメッセージへの返信となります。また、GmailThread クラスと GmailMessage クラスで提供されている、createDraftReply メソッドと createDraftReplyAll メソッドを使用することで、返信の下書きを作成することもできます。場合に応じて使い分けましょう。

◆ メッセージの操作をする

　GmailMessage クラスでは、メッセージにスターを付与する、既読または未読にするなどの操作を行うことができます。

　例として、サンプル 9-6-4 を実行してみましょう。受信トレイの最新のスレッドの 3 通目のメッセージについて、スターを付与するものです。

　その実行結果を、図 9-6-3 に示します。

▶ サンプル 9-6-4 メッセージにスターを付与する [sample09-06.gs]

```
1   function myFunction09_06_04() {
2     const threads = GmailApp.getInboxThreads(0, 1);
3     const message = GmailApp.getMessagesForThreads(threads)[0][2];
4
5     message.star();
6   }
```

メッセージにスターを付与

受信トレイの最新のスレッドの 3 通目のメッセージを取得

▶図 9-6-3 スターを付与したメッセージ

配列に含まれるすべてのメッセージについて操作をしたいのであれば、GmailApp クラスで提供されているメソッドを使うと、まとめて操作が可能です。

サンプル 9-6-5 では、配列 messages 内のメッセージすべてにスターを付与します。

▶サンプル 9-6-5 配列内のメッセージすべてにスターを付与する [sample09-06.gs]

```
1  function myFunction09_06_05() {
2    const threads = GmailApp.getInboxThreads(0, 1);
3    const messages = threads[0].getMessages();
4
5    GmailApp.starMessages(messages);
6  }
```

受信トレイの最新スレッドのメッセージを配列で取得

配列 messages 内のメッセージすべてにスターを付与する

本章では、GAS で Gmail を操作する Gmail サービスとその主なクラス、メンバーについて解説をしてきました。受信したメールをスプレッドシートなどに蓄積する、またはシステムの結果をアウトプットとしてメールで送信するといった、システムの起点や終点として活躍することでしょう。

このように、メールを操作するという行為を、いとも簡単に自作のシステムに組み込むことができるのは、GAS の大きな特徴といえます。

さて、次章で取り扱うのは Google ドライブです。スプレッドシート、ドキュメントをはじめ、さまざまな Google ドライブ上のファイルやフォルダを操作することが可能になります。

ドライブ

Drive サービス

◆Drive サービスとは

Drive サービスは、GAS で Google ドライブを操作するためのクラスとそのメンバーを提供するサービスです。Drive サービスを使用することで、ドライブ内のフォルダやファイル自体およびそれらの情報の取得、フォルダやファイルの追加や削除、情報の変更などの操作ができます。

Drive サービスで提供されている主なクラスを、図 10-1-1 にまとめています。ご覧の通り、Drive サービスの各クラスの役割は明確です。

▶図 10-1-1 Drive サービスの主なクラス

クラス	説明
DriveApp	Drive サービスのトップレベルオブジェクト
Folder	Google ドライブ内のフォルダを操作する機能を提供する
FolderIterator	Google ドライブ内のフォルダに反復処理をする機能を提供する
File	Google ドライブ内のファイルを操作する機能を提供する
FileIterator	Google ドライブ内のファイルに反復処理をする機能を提供する

Drive サービスのクラスは、DriveApp → Folder → File という階層構造になっており、実際の Google ドライブの画面に当てはめると図 10-1-2 のようになります。

▶図 10-1-2 Google ドライブの画面と Drive サービスのクラス

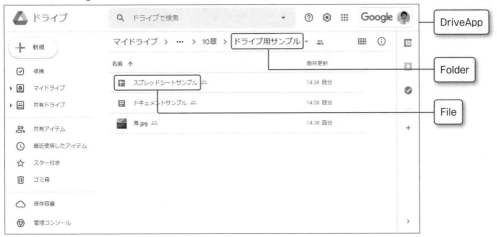

FolderIterator クラス、FileIterator クラスはそれぞれフォルダ、ファイルの集合をコレク
ションとして取り扱い、反復処理をサポートする機能を提供するものです。フォルダやファイ
ルは配列に格納して操作をすることもできますが、これらのコレクションを使用することで簡
単に取り扱うことができます。

Point

Drive サービスでは、Folder オブジェクトや File オブジェクトの集合をコレクションとして取
り扱うことができます。

DriveApp クラス

◆DriveApp クラスとは

DriveApp クラスは、Drive サービスの最上位に位置するトップレベルオブジェクトです。ユーザーのドライブ内全体についての操作、またはユーザーのマイドライブ（ルートフォルダともいいます）を操作する機能を提供しています。

主なメンバーを、図 10-2-1 にまとめています。

▶ 図 10-2-1 DriveApp クラスの主なメンバー

メンバー	戻り値	説明
createFolder(name)	Folder	ルートフォルダにフォルダ name を作成する
getFileById(id)	File	id でファイルを取得する
getFiles()	FileIterator	ドライブ内のすべてのファイルのコレクションを取得する
getFilesByName(name)	FileIterator	ドライブ内のファイル名 name のファイルのコレクションを取得する
getFilesByType(mimeType)	FileIterator	ドライブ内の MIME タイプ mimeType のファイルのコレクションを取得する
getFolderById(id)	Folder	id でフォルダを取得する
getFolders()	FolderIterator	ドライブ内のすべてのフォルダのコレクション取得する
getFoldersByName(name)	FolderIterator	ドライブ内のフォルダ名 name のフォルダのコレクションを取得する
getRootFolder()	Folder	ルートフォルダを取得する
getStorageLimit()	Integer	ドライブに保存できる容量をバイト数で取得する
getStorageUsed()	Integer	ドライブの使用されている容量をバイト数で取得する
getTrashedFiles()	FileIterator	ゴミ箱内のすべてのファイルのコレクションを取得する
getTrashedFolders()	FolderIterator	ゴミ箱内のすべてのフォルダのコレクションを取得する
searchFiles(params)	FileIterator	ドライブ内の検索条件 params に一致したファイルのコレクションを取得する
searchFolders(params)	FolderIterator	ドライブ内の検索条件 params に一致したフォルダのコレクションを取得する

◆フォルダ ID とファイル ID

Google ドライブでは、フォルダやファイルが作成される、またはアップロードされた時点で、それを一意に決める ID が付与されます。フォルダ ID、ファイル ID は、それぞれを開く

URL の一部を構成していますので、URL から確認できます。

　まず、フォルダ ID は Google ドライブでそのフォルダを開いた際の URL から取得できます（図 10-2-2）。以下に示す URL の {ID} の部分が、フォルダ ID となります。

https://drive.google.com/drive/u/1/folders/{ID}

▶図 10-2-2 フォルダの URL と ID

　ファイル ID については、スプレッドシートやドキュメントなどの Google アプリケーションのアイテムであれば、スプレッドシート ID やドキュメント ID がそのままファイル ID になります。また、そうではなく PDF や画像ファイルの場合は、Google ドライブのプレビューから「新しいウィンドウ」で開いた際（図 10-2-3）の URL から取得することができ（図 10-2-4）、以下の {ID} で示す部分がファイル ID となります。

https://drive.google.com/file/d/{ID}/view

▶図 10-2-3 Google ドライブのプレビューから新しいウィンドウを開く

①プレビュー画面から「その他の操作」アイコンを開く

②新しいウィンドウで開く

▶図 10-2-4 ファイルの URL と ID

URL 内のファイル ID を示す場所

Point

フォルダ、ファイルには一意に決まる ID が付与されており、URL から取り出すことができます。

これらの ID を使って、フォルダおよびファイルを取得するには、それぞれ **getFolderById メソッド**、**getFileById メソッド**を使います。

書式は以下の通りです。

▶構文
```
DriveApp.getFolderById( フォルダ ID)
```

▶構文
```
DriveApp.getFileById( ファイル ID)
```

これらのメソッドを使った例として、サンプル 10-2-1 をご覧ください。フォルダ ID、ファイル ID は皆さんの環境で取得したものを「xxxxxxxx」に入力した上で実行しましょう。なお、getName メソッドはフォルダ名またはファイル名を取得するメソッドです。

▶サンプル 10-2-1 ID でフォルダとファイルを取得 [sample10-02.gs]
```
 1  function myFunction10_02_01() {
 2    const folderId = 'xxxxxxxx';
 3    const folder = DriveApp.getFolderById(folderId);
 4
 5    console.log(folder.getName()); // ドライブ用サンプル
 6
 7    const fileId = 'xxxxxxxx';
 8    const file = DriveApp.getFileById(fileId);
 9
10    console.log(file.getName()); // 海 .jpg
11  }
```

◆ルートフォルダの操作

DriveApp クラスではマイドライブすなわち**ルートフォルダ**を操作するためのメンバーがいくつか用意されています。まず、ルートフォルダを取得するには **getRootFolder メソッド**を使います。

書式は以下の通りです。

▶構文
```
DriveApp.getRootFolder()
```

簡単な例をサンプル 10-2-2 に示します。

10

ドライブ

▶サンプル 10-2-2 ルートフォルダを取得 [sample10-02.gs]

```
1  function myFunction10_02_02() {
2    const root = DriveApp.getRootFolder();
3    console.log(root.getName()); // マイドライブ
4  }
```

本来、フォルダにファイルやフォルダを作成する、削除するなどの操作に関しては、Folder オブジェクトを取得してからそれに対して実行をするという流れが基本になります。しかし、ルートフォルダに関しては DriveApp クラスのメソッドで、フォルダの取得をせずとも操作が可能です。

フォルダを作成するには **createFolder メソッド**、ファイルを作成するには **createFile メソッド**を使います。それぞれ、書式は以下の通りです。

▶構文
```
DriveApp.createFolder(フォルダ名)
```

▶構文
```
DriveApp.createFile(ファイル名, 内容 [, MIME タイプ])
```

createFile メソッドの内容は文字列で指定します。したがって、これにより作成できるのはテキストファイルとなります。MIME タイプでファイル形式を指定できますが、これについては 10-5 で詳しくお伝えします。

サンプル 10-2-3 に、その使用例を示します。実行をすると、図 10-2-5 のようにマイドライブにフォルダとファイルが追加されます。ファイルについては、ダブルクリックすることで内容をプレビューできますのでご覧ください。

▶サンプル 10-2-3 ルートフォルダにフォルダとファイルを追加 [sample10-02.gs]

```
1  function myFunction10_02_03() {
2    const folderName = '作成したフォルダ';
3    DriveApp.createFolder(folderName);          ルートフォルダにフォルダ
                                                を新規作成する
4
5    const fileName = '作成したファイル.txt';
6    const content = 'Hello Drive!';
7    DriveApp.createFile(fileName, content);      ルートフォルダにファイル
                                                を新規作成する
8  }
```

10
ドライブ

▶図 10-2-5 ルートフォルダにフォルダとファイルを追加

フォルダやファイルの作成をする場所がどこでもよいというときは、ルートフォルダを対象とすることで簡潔なスクリプトになります。

フォルダを操作する - Folder クラス

◆Folder クラスとは

　Folder クラスはその名の通り、フォルダを操作する機能を提供するクラスです。フォルダの情報を取得または設定する、またはフォルダ配下のフォルダやファイルを取得するメンバーで構成されています。

　主なメンバーを図 10-3-1 にまとめます。

▶図 10-3-1 Folder クラスの主なメンバー

メンバー	戻り値	説明
createFile(blob)	File	フォルダにブロブ blob からファイルを作成する
createFile(name, content[, mimeType])	File	フォルダに文字列 content からファイルを作成する
createFolder(name)	Folder	フォルダにフォルダ name を作成する
createShortcut(targetId)	File	フォルダに targetId をファイル ID とするファイルのショートカットを作成する
getDateCreated()	Date	フォルダの作成日時を取得する
getDescription()	String	フォルダの説明を取得する
getFiles()	FileIterator	フォルダ内のすべてのファイルのコレクションを取得する
getFilesByName(name)	FileIterator	フォルダ内のファイル名 name のファイルのコレクションを取得する
getFilesByType(mimeType)	FileIterator	フォルダ内の MIME タイプ mimeType のファイルのコレクションを取得する
getFolders()	FolderIterator	フォルダ内のすべてのフォルダのコレクション取得する
getFoldersByName(name)	FolderIterator	フォルダ内のフォルダ名 name のフォルダのコレクションを取得する
getId()	String	フォルダの ID を取得する
getLastUpdated()	Date	フォルダの最後更新日時を取得する
getName()	String	フォルダの名前を取得する
getParents()	FolderIterator	フォルダの親フォルダのコレクションを取得する
getUrl()	String	フォルダの URL を取得する
isStarred()	Boolean	フォルダにスターが付与されているかを判定する
isTrashed()	Boolean	フォルダがゴミ箱にあるかを判定する
moveTo(destination)	Folder	フォルダをフォルダ destination に移動する
searchFiles(params)	FileIterator	フォルダ内の検索条件 params に一致したファイルのコレクションを取得する

searchFolders(params)	FolderIterator	フォルダ内の検索条件 params に一致したフォルダのコレクションを取得する
setDescription(description)	Folder	フォルダの説明を設定する
setName(name)	Folder	フォルダの名前を設定する
setStarred(starred)	Folder	フォルダにスターの付与をするかについて true/false で設定する
setTrashed(trashed)	Folder	フォルダがゴミ箱にあるかどうかを true/false で設定する

　では、フォルダの各種情報を取得してみましょう。任意のフォルダ ID を設定して、サンプル 10-3-1 を実行するとさまざまな情報がログに出力されます。

▶ サンプル 10-3-1 フォルダの情報を取得する [sample10-03.gs]

```
 1  function myFunction10_03_01() {
 2    const id = 'xxxxxxxx';
 3    const folder = DriveApp.getFolderById(id);
 4
 5    console.log(folder.getId()); //フォルダ ID
 6    console.log(folder.getUrl()); //フォルダ URL
 7    console.log(folder.getName()); //ドライブ用サンプル
 8    console.log(folder.getDescription()); //ドライブ用サンプルの説明
 9
10    console.log(folder.getDateCreated()); //Tue Jul 28 2020 14:35:26 GMT+0900（日本標準時）
11    console.log(folder.getLastUpdated()); //Tue Jul 28 2020 14:35:26 GMT+0900（日本標準時）
12
13    console.log(folder.isStarred()); //true
14    console.log(folder.isTrashed()); //false
15  }
```

◆ フォルダやファイルの作成

　Folder オブジェクトに対して **createFolder メソッド**や **createFile メソッド**を実行することで、そのフォルダ内にフォルダやファイルの追加や作成が可能です。まず、createFolder メソッドについてですが、書式は以下の通りです。

▶ 構文

```
Folder オブジェクト .createFolder( フォルダ名 )
```

　1 つ便利な使用例を紹介しましょう。サンプル 10-3-2 は、対象となるフォルダ内に「01」〜「10」をフォルダ名としたフォルダを作成するスクリプトです。実行すると、図 10-3-2

のように複数のフォルダを作成できます。

▶サンプル 10-3-2 フォルダ内に複数のフォルダを作成する [sample10-03.gs]

```
1  function myFunction10_03_02() {
2    const id = 'xxxxxxxx';
3    const folder = DriveApp.getFolderById(id);
4
5    for (let i = 1; i <= 10; i++) {
6      const name = String(i).padStart(2, '0');
7      folder.createFolder(name);
8    }
9  }
```

i を 0 埋めをすることで、2桁の文字列を生成する

対象フォルダにフォルダを新規作成する

▶図 10-3-2 対象フォルダ内に作成した複数のフォルダ

作成した複数のフォルダ

フォルダにファイルを作成するには、以下の **createFile メソッド**を用います。

▶構文

Folder オブジェクト .createFile(ファイル名 , 内容 [, MIME タイプ])

　内容には文字列を指定しますので、この構文はテキストファイルの作成時に用います。
MIME タイプは省略可能ですが、わかりやすさのために指定しておくとよいでしょう。

> **M**emo
>
> createFile メソッドの引数に Blob オブジェクトを指定することで、バイナリファイルを作成することもできます。詳しくは第 18 章で紹介をします。

ファイルのショートカットを作成するには **createShortcut メソッド**を用います。指定したファイル ID のショートカットをフォルダに作成できます。

▶構文

```
Folder オブジェクト .createShortcut ( ファイル ID)
```

では、ファイルとショートカットの作成の例として、サンプル 10-3-3 を実行してみましょう。

▶サンプル 10-3-3 フォルダ内にファイルとショートカットを作成する [sample10-03.gs]

```
 1  function myFunction10_03_03() {
 2    const id = '********'; // フォルダ ID
 3    const folder = DriveApp.getFolderById(id);
 4
 5    const name = 'hello.txt';
 6    const content = 'Hello GAS!';
 7    folder.createFile(name, content, MimeType.PLAIN_TEXT);
 8
 9    const targetId = '********'; // ファイル ID
10    folder.createShortcut(targetId);
11  }
```

フォルダにテキストファイルを作成する

フォルダに指定したファイルのショートカットを作成する

実行すると、図 10-3-3 のようにフォルダ ID で指定したフォルダに、新たなファイル「hello.txt」と、ファイル ID で指定したファイルのショートカットが作成されたことを確認できます。

10
ドライブ

▶図 10-3-3 フォルダ内に作成したファイルとショートカット

10 04 ファイルを操作する - File クラス

◆File クラスとは

File クラスは、ファイルを操作する機能を提供するクラスです。ファイルの情報の取得や設定をするメソッドが提供されています。

主なメンバーを図 10-4-1 にまとめています。

▶図 10-4-1 File クラスの主なメンバー

メンバー	戻り値	説明
getDateCreated()	Date	ファイルの作成日時を取得する
getDescription()	String	ファイルの説明を取得する
getDownloadUrl()	String	ファイルのダウンロード URL を取得する
getId()	String	ファイルの ID を取得する
getLastUpdated()	Date	ファイルの最終更新日時を取得する
getMimeType()	String	ファイルの MIME タイプを取得する
getName()	String	ファイルの名前を取得する
getParents()	FolderIterator	ファイルの親フォルダのコレクションを取得する
getSize()	Integer	ファイルの容量をバイト数で取得する
getTargetId()	String	ショートカットのファイル ID を取得する
getTargetMimeType()	String	ショートカットの MIME タイプを取得する
getUrl()	String	ファイルを開く URL を取得する
isStarred()	Boolean	ファイルにスターが付与されているかを判定する
isTrashed()	Boolean	ファイルがゴミ箱にあるかを判定する
makeCopy([name][, destination])	File	ファイルをファイル名 name にて destination にコピーする
moveTo(destination)	File	ファイルをフォルダ destination に移動する
setDescription(description)	File	ファイルの説明を設定する
setName(name)	File	ファイルの名前を設定する
setStarred(starred)	File	ファイルにスターの付与をするかについて true/false で設定する
setTrashed(trashed)	File	ファイルがゴミ箱にあるかどうかを true/false で設定する

では、ファイルの各種情報を取得してみましょう。任意のファイル ID を設定して、サンプル 10-4-1 を実行すると、さまざまな情報がログに出力されます。

```
 1  function myFunction10_04_01() {
 2    const id = 'xxxxxxxx';
 3    const file = DriveApp.getFileById(id);
 4
 5    console.log(file.getId()); // ファイル ID
 6    console.log(file.getName()); // 海 .jpg
 7    console.log(file.getDescription()); // 海の写真
 8    console.log(file.getMimeType()); //image/jpeg
 9    console.log(file.getSize()); //1412243
10
11    console.log(file.getUrl()); // ファイルを開く URL
12    console.log(file.getDownloadUrl()); // ダウンロード URL
13
14    console.log(file.getDateCreated()); //Wed Sep 27 2017 10:45:33 GMT+0900 （日本標準時）
15    console.log(file.getLastUpdated()); //Tue Jul 28 2020 15:09:11 GMT+0900 （日本標準時）
16
17    console.log(file.isStarred()); //false
18    console.log(file.isTrashed()); //false
19  }
```

◆ ファイルのコピー・移動・削除

ドライブ内のファイルは、File オブジェクトのメソッドを使用することで、ファイルのコピーやゴミ箱への移動といった操作を行うことができます。

ファイルのコピーを作成するには、**makeCopy メソッド**を用います。

▶ 構文

```
File オブジェクト .makeCopy([ ファイル名 ][, フォルダ ])
```

引数としてコピーしたファイルのファイル名、コピーするフォルダを表す Folder オブジェクトを指定できます。これらの引数は、いずれも省略した場合は、それぞれ同名または「〜のコピー」というファイル名、元の File オブジェクトを含むフォルダが既定値となります。

ファイルを移動するには、**moveTo メソッド**を使用します。引数で指定した Folder オブジェクトに対象のファイルを移動します。

▶構文

```
File オブジェクト .moveTo( フォルダ )
```

また、ファイルをゴミ箱に移動するには、**setTrashed メソッド**を使用します。

▶構文

```
File オブジェクト .setTrashed( 真偽値 )
```

引数に true を指定するとそのファイルはゴミ箱に入ります。false に設定した場合、そのファイルはゴミ箱から元のフォルダに戻ります。

では、これらのメソッドの簡単な例を見てみましょう。サンプル 10-4-2 をご覧ください。

▶サンプル 10-4-2 ファイルのコピー・移動・削除 [sample10-04.gs]

```
 1  function myFunction10_04_02() {
 2    const id = '********'; // ファイル ID
 3    const file = DriveApp.getFileById(id);
 4
 5    const movedFile = file.makeCopy(' 海 [ コピーを別フォルダに移動 ].jpg');
 6    const destinationId = '********'; // 移動先フォルダ ID
 7    const destination = DriveApp.getFolderById(destinationId);
 8    movedFile.moveTo(destination);                      ファイルを指定したフォルダに移動する
 9
10    const trashedFile = file.makeCopy(' 海 [ コピーをゴミ箱へ削除 ].jpg');
11    trashedFile.setTrashed(true);                       ファイルをゴミ箱に入れる
12  }
```

実行すると、「海 .jpg」のコピーである「海 [コピーを別フォルダに移動].jpg」が移動先フォルダ ID で指定したフォルダに、「海 [コピーをゴミ箱へ削除].jpg」がゴミ箱の中に入っていることを確認できます。

Memo

　以前は、複数のフォルダへの同一のファイルの存在が許されていましたが、現在ではファイルは唯一のフォルダにのみ存在するように、ドライブの仕様が変更されました。それを補うために、ショートカットファイルの作成も可能となりました。

　それに伴って、以前 Folder クラスで提供されていた、addFile メソッド、addFolder メソッド、removeFile メソッド、removeFolder メソッドも非推奨とされました。

フォルダ・ファイルの コレクションを操作する

◆フォルダやファイルをコレクションとして取得する

Drive サービスには、ファイルやフォルダをコレクションとして取得するための多くのメソッドが用意されています。ドライブ全体から取得する場合は DriveApp クラスのメソッドを、特定のフォルダの配下から取得する場合は、Folder クラスのメソッドを使用します。それらのメソッドの役割と対象についてまとめると、図 10-5-1 のようになります。

▶図 10-5-1 フォルダ・ファイルのコレクションを取得するメソッド

メソッド	説明	DriveApp	Folder
getFiles()	すべてのファイル	○	○
getFolders()	すべてのフォルダ	○	○
getFilesByName(name)	該当するファイル名のファイル	○	○
getFoldersByName(name)	該当するフォルダ名のフォルダ	○	○
getFilesByType(mimeType)	該当する MIME タイプのファイル	○	○
getTrashedFiles()	ゴミ箱内のファイル	○	
getTrashedFolders()	ゴミ箱内のフォルダ	○	
searchFiles(params)	検索条件に一致したファイル	○	○
searchFolders(params)	検索条件に一致したフォルダ	○	○

これらのメソッドで取得できるのは、それぞれ **FolderIterator オブジェクト**、**FileIterator オブジェクト**と呼ばれるもので、フォルダおよびファイルのコレクションとなります。実際に、フォルダ・ファイルに操作を行うためには、これらのコレクションから個々のオブジェクトを取り出す必要があります。

◆フォルダやファイルのコレクションの反復処理

FolderIterator クラスと **FileIterator クラス**は、それぞれフォルダとファイルのコレクションを操作する機能を提供するもので、コレクション内の反復処理を実現するため、図 10-5-2 に示すメンバーを提供するものです。

▶図 10-5-2 FolderIterator クラス・FileIterator クラスの主なメンバー

メンバー	戻り値	説明
hasNext()	Boolean	次のフォルダまたはファイルが存在するかを判定する
next()	Folder/File	次のフォルダまたはファイルを取得する

　next メソッドは、フォルダまたはファイルのコレクションについての反復処理において、まだ取り出していないフォルダまたはファイルを取り出します。

　書式は以下の通りです。

▶構文

```
FolderIterator オブジェクト .next()
FileIterator オブジェクト .next()
```

　しかし、next メソッドで次のファイルやフォルダが見つからない場合には、「次のオブジェクトを取得できません。イテレータが末尾に到達しました。」という例外がスローされます。それを防ぐために、次のフォルダまたはファイルが存在するかどうかを判定する以下の**hasNext メソッド**を使います。

▶構文

```
FolderIterator オブジェクト .hasNext()
FileIterator オブジェクト .hasNext()
```

　hasNext メソッドを while 文による条件式に指定すれば、例外を出さずに、フォルダまたはファイルコレクションのすべての要素への繰り返し処理を実行できるわけです。

　では、実際の例を見てみましょう。サンプル 10-5-1 は 指定したフォルダの配下のフォルダをコレクションとして取得し、そのフォルダ名をすべてログ出力するものです。

▶サンプル 10-5-1 フォルダコレクションの取得と反復 [sample10-05.gs]

```
 1  function myFunction10_05_01() {
 2    const id = 'xxxxxxxx'; // フォルダ ID
 3    const targetFolder = DriveApp.getFolderById(id);
 4
 5    const subFolders = targetFolder.getFolders();
 6    while (subFolders.hasNext()) {
 7      const folder = subFolders.next();
 8      console.log(folder.getName());
 9    }
10  }
```

targetFolder の配下のフォルダをコレクションとして取得する

フォルダコレクションからすべてのフォルダを取り出してフォルダ名を出力する

10
ドライブ

◆MIME タイプによりファイルを取得する

MIME タイプというのは、ファイルの形式を識別するためのコード体系です。たとえば、HTML ファイルであれば「text/html」、JPEG 画像であれば「image/jpeg」という表記になります。

Google ドライブ内またはフォルダ内から特定の MIME タイプのファイルコレクションを取得するには、**getFilesByType メソッド**を使います。

書式は以下の通りです。

▶構文
```
DriveApp.getFilesByType(MIME タイプ )
Folder オブジェクト .getFilesByType(MIME タイプ )
```

MIME タイプには、前述した一般に用いられる文字列表記を指定して用いることもできますが、GAS では MIME タイプの Enum として、**Enum MimeType** が用意されています。**Enum** というのは**列挙型**ともいい、関連する一連の静的プロパティを定義しているもので、以下の書式で各プロパティの値を取り出すことができます。

▶構文
```
Enum 名 . プロパティ
```

たとえば、「MimeType.JPEG」とすれば文字列「image/jpeg」を、「MimeType.GOOGLE_SHEETS」とすれば文字列「application/vnd.google-apps.spreadsheet」を取り出すことができます。

Enum MimeType のメンバーを図 10-5-3 にまとめています。

▶図 10-5-3 Enum MimeType のプロパティ

プロパティ	値	説明
GOOGLE_APPS_SCRIPT	application/vnd.google-apps.script	GAS のスクリプトファイル
GOOGLE_DRAWINGS	application/vnd.google-apps.drawing	Google の図面ファイル
GOOGLE_DOCS	application/vnd.google-apps.document	Google ドキュメントファイル
GOOGLE_FORMS	application/vnd.google-apps.form	Google フォームファイル
GOOGLE_SHEETS	application/vnd.google-apps.spreadsheet	Google スプレッドシートファイル
GOOGLE_SLIDES	application/vnd.google-apps.presentation	Google スライドファイル

FOLDER	application/vnd.google-apps.folder	Google ドライブフォルダ
BMP	image/bmp	BMP 画像（.bmp）
GIF	image/gif	GIF 画像（.gif）
JPEG	image/jpeg	JPEG 画像（.jpg）
PNG	image/png	PNG 画像（.png）
SVG	image/svg+xml	SVG 画像（.svg）
PDF	application/pdf	PDF ファイル（.pdf）
CSS	text/css	CSS ファイル（.css）
CSV	text/csv	CSV ファイル（.csv）
HTML	text/html	HTML ファイル（.html）
JAVASCRIPT	application/javascript	JavaScript ファイル（.js）
PLAIN_TEXT	text/plain	テキストファイル（.txt）
RTF	application/rtf	リッチテキストファイル（.rtf）
OPENDOCUMENT_GRAPHICS	application/vnd.oasis.opendocument.graphics	OpenDocument のグラフィックファイル（.odg）
OPENDOCUMENT_PRESENTATION	application/vnd.oasis.opendocument.presentation	OpenDocument のプレゼンテーションファイル（.odp）
OPENDOCUMENT_SPREADSHEET	application/vnd.oasis.opendocument.spreadsheet	OpenDocument スプレッドファイル（.ods）
OPENDOCUMENT_TEXT	application/vnd.oasis.opendocument.text	OpenDocument のワープロファイル（.odt）
MICROSOFT_EXCEL	application/vnd.openxmlformats-officedocument.spreadsheetml.sheet	Excel ファイル（.xlsx）
MICROSOFT_EXCEL_LEGACY	application/vnd.ms-excel	Excel ファイル（.xls）
MICROSOFT_POWERPOINT	application/vnd.openxmlformats-officedocument.presentationml.presentation	PowerPoint ファイル（.pptx）
MICROSOFT_POWERPOINT_LEGACY	application/vnd.ms-powerpoint	PowerPoint ファイル（.ppt）
MICROSOFT_WORD	application/vnd.openxmlformats-officedocument.wordprocessingml.document	Word ファイル（.docx）
MICROSOFT_WORD_LEGACY	application/msword	Word ファイル（.doc）
ZIP	application/zip	ZIP ファイル（.zip）

10
ドライブ

Enum MimeType は、Base サービスで提供されている Enum です。Base サービスでは、このほかにも Button や ButtonSet といった Enum が提供されています。

では、実際に MIME タイプでファイルを取り出してみましょう。サンプル 10-5-2 は JPEG ファイルのみを取得して、そのファイル名をログ出力するものです。

▶ サンプル 10-5-2 MIME タイプでファイルを取得する [sample10-05.gs]

```
 1  function myFunction10_05_02() {
 2    const id = 'xxxxxxxx'; // フォルダ ID
 3    const targetFolder = DriveApp.getFolderById(id);
 4
 5    const files = targetFolder.getFilesByType(MimeType.JPEG);
 6    while (files.hasNext()) {
 7      const file = files.next();
 8      console.log(file.getName());
 9    }
10  }
```

> targetFolder の配下の JPEG ファイルをコレクションとして取得

> files 内のすべてのファイルのファイル名をログ出力

◆ 検索によりフォルダ・ファイルを取得する

searchFolders メソッドまたは searchFiles メソッドを使うことで、Google ドライブ内またはフォルダ内を特定の条件で検索をして、その結果をフォルダ・ファイルのコレクションとして取得できます。

それぞれの書式は以下の通りです。

▶ 構文

```
DriveApp.searchFolders ( 検索条件 )
Folder オブジェクト .searchFolders ( 検索条件 )
```

▶ 構文

```
DriveApp.searchFiles ( 検索条件 )
Folder オブジェクト .searchFiles ( 検索条件 )
```

検索条件は、図 10-5-4 に示すフィールドと、図 10-5-5 に示す演算子の組み合わせによる文字列で指定します。

▶図 10-5-4 検索条件の主なフィールド

プロパティ	値	説明
title	string	名前
fullText	string	名前、説明、内容およびインデックス可能なすべてのテキスト
mimeType	string	MIME タイプ
trashed	boolean	ゴミ箱にあるかどうか
starred	boolean	スターが付与されているかどうか
parents	collection	親フォルダのフォルダ ID のコレクション

▶図 10-5-5 検索条件に使用する演算子

演算子	説明
contains	文字列が含まれている
=	等しい
!=	等しくない
in	要素がコレクション内に含まれている
and	かつ
or	または
not	否定

　では、使用例を見てみましょう。サンプル 10-5-3 は「サンプル」をフォルダ名に含み、か
つスターが付与されているフォルダを検索してその名称を出力します。

▶サンプル 10-5-3 ドライブ内のフォルダの検索 [sample10-05.gs]

```
1  function myFunction10_05_03() {
2    const params = 'title contains "サンプル" and starred = true';
3
4    const folders = DriveApp.searchFolders(params);
5    while (folders.hasNext()) {
6      const folder = folders.next();
7      console.log(folder.getName());
8    }
9  }
```

条件として『フォルダ名
に「サンプル」を含み、
かつスターが付与されて
いる』を設定

ドライブ内のフォルダを
検索条件 param で検索

　また、サンプル 10-5-4 はファイルを検索する例です。条件は、「サンプル」をファイル名、
内容、詳細などに含み、かつ指定したフォルダ ID を親フォルダとして持つものとしています。

▶ サンプル 10-5-4 ドライブ内のファイルの検索 [sample10-05.gs]

```
1  function myFunction10_05_04() {
2    const params = 'fullText contains " サンプル " and "xxxxxxxx" in parents';
3
4    const files = DriveApp.searchFiles(params);
5    while (files.hasNext()) {
6      const file = files.next();
7      console.log(`${file.getName()}: ${file.getMimeType()}`);
8    }
9  }
```

ドライブ内のファイルを
検索条件 param で検索

条件として『テキスト「サンプル」を含み、かつ指定のフォルダを親フォルダとして持つ』を設定

Memo

　検索条件に指定するフィールドとしては、このほかに最終更新日、ファイルの所有者や編集者などを指定できます。詳細は、Google Drive APIs のドキュメントをご覧ください。
　(https://developers.google.com/drive/api/v2/ref-search-terms)

10
06　フォルダ・ファイルの共有と権限を操作する

◆フォルダ・ファイルの権限

　Google ドライブのフォルダやファイルは、それぞれについて共有する範囲や権限の種類を設定できます。Drive サービスの機能を用いて、それらの操作を行うことができますので、見ていきましょう。

　まず、フォルダやファイルにアクセスできる場合の権限の種類ですが、Drive サービスでは **Enum Permission** として整理されています。図 10-6-1 をご覧ください。

▶図 10-6-1 Enum Permission と権限の種類

メンバー	名称	説明
OWNER	オーナー	すべての権限を持つ
EDIT	編集者	閲覧者（コメント可）の権限に加えて編集および共有が可能
COMMENT	閲覧者（コメント可）	閲覧者の権限に加えてコメントが可能
VIEW	閲覧者	閲覧、コピーが可能
ORGANIZER	管理者	共有ドライブの管理をする権限を持つ
FILE_ORGANIZER	コンテンツ管理者	共有ドライブのコンテンツの管理をする権限を持つ
NONE	権限なし	権限がない状態

　マイドライブ配下でフォルダやファイルを作成した場合、それを作成したユーザーがオーナーとなり、それ以外のユーザーは NONE、すなわち何の権限もない状態です。ドライブ等で共有の操作を行うことで、編集や閲覧の権限を付与できます。

　共有ドライブは Google Workspace Bisuness Standard 以上のプランで使用可能で、管理者とコンテンツ管理者という専用の権限が用意されています。しかし、これら 2 つの権限は執筆時点では、GAS の Drive サービスでの操作は行なえません。

　Drive サービスの Folder クラスおよび File クラスでは、フォルダおよびファイルの権限を操作するメンバーが提供されています。図 10-6-2 に主なメンバーをまとめていますので、ご覧ください。

10
ドライブ

メンバー	Folder	File	戻り値	説明
addEditor(email)	○	○	Folder/File	ユーザーまたはメールアドレスを編集者として追加する
addCommenter(email)		○	File	ユーザーまたはメールアドレスを閲覧者（コメント可）として追加する
addViewer(email)	○	○	Folder/File	ユーザーまたはメールアドレスを閲覧者として追加する
addEditors(emailAddresses)	○	○	Folder/File	配列で与えられたメールアドレスをすべて編集者として追加する
addCommenters(emailAddresses)		○	File	配列で与えられたメールアドレスをすべて閲覧者（コメント可）として追加する
addViewers(emailAddresses)	○	○	Folder/File	配列で与えられたメールアドレスをすべて閲覧者として追加する
getAccess(email)	○	○	Permission	ユーザーまたはメールアドレスの権限を取得する
getOwner()	○	○	User	オーナーをユーザーとして取得する
getEditors()	○	○	User[]	編集者をユーザーの配列で取得する
getViewers()	○	○	User[]	閲覧者をユーザーの配列で取得する
isShareableByEditors()	○	○	Boolean	編集者が共有操作を可能かどうかを判定する
removeEditor(email)	○	○	Folder/File	ユーザーまたはメールアドレスを編集者から削除する
removeCommenter(email)		○	File	ユーザーまたはメールアドレスを閲覧者（コメント可）から削除する
removeViewer(email)	○	○	Folder/File	ユーザーまたはメールアドレスを閲覧者から削除する
revokePermissions(email)	○	○	Folder/File	ユーザーまたはメールアドレスの権限を取り消す
setOwner(email)	○	○	Folder/File	ユーザーまたはメールアドレスをオーナーにする
setShareableByEditors(shareable)	○	○	Folder/File	編集者が共有操作を可能とするかどうかを設定する

　Google ドライブ上ではフォルダに対して閲覧者（コメント可）の設定は可能ですが、GAS でそのメソッドは用意されていません。その他のメソッドについては、フォルダとファイルで共通のものが用意されています。

図 10-6-2 の説明欄で「ユーザーまたはメールアドレスの～」と表現されているメソッドは、引数としてメールアドレスを表す文字列だけでなく、ユーザーを表す User オブジェクトを引数に指定できます。しかしこの User オブジェクトと、第 16 章で紹介する Base サービスの User オブジェクトは別のものです。Drive サービスの User オブジェクトでは、getEmail メソッドだけでなく、getName メソッド、getDomain メソッド、getPhotoUrl メソッドが提供されています。

これらのうち、権限についての情報を取得するいくつかのメンバーについて、その動作を確認してみましょう。サンプル 10-6-1 にて、皆さんの環境下で使用されている任意のメールアドレス、フォルダ ID、ファイル ID を指定して実行してみてください。

▶ サンプル 10-6-1 フォルダ・ファイルの権限の情報を取得する [sample10-06.gs]

```
 1  function myFunction10_06_01() {
 2    const email = '***@**********'; // メールアドレス
 3
 4    const folderId = 'xxxxxxxx'; // フォルダ ID
 5    const folder = DriveApp.getFolderById(folderId);
 6
 7    console.log(folder.getAccess(email).toString()); // 指定したユーザーの権限
 8    console.log(folder.getOwner().getEmail()); // オーナーのメールアドレス
 9    console.log(folder.getEditors().length); // 編集者の数
10    console.log(folder.getViewers().length); // 閲覧者の数
11    console.log(folder.isShareableByEditors()); //True または False
12
13    const fileId = 'xxxxxxxx'; // ファイル ID
14    const file = DriveApp.getFileById(fileId);
15
16    console.log(file.getAccess(email).toString()); // 指定したユーザーの権限
17    console.log(file.getOwner().getEmail()); // オーナーのメールアドレス
18    console.log(file.getEditors().length); // 編集者の数
19    console.log(file.getViewers().length); // 閲覧者の数
20    console.log(file.isShareableByEditors()); //True または False
21  }
```

10

ドライブ

◆ フォルダ・ファイルの権限を変更する

フォルダ・ファイルの権限を追加するには、**addEditor メソッド**、**addCommenter メソッ
ド**、**addViewer メソッド**をそれぞれ使います。それぞれ、フォルダまたはファイルの編集者、
閲覧者（コメント可）、閲覧者の権限を引数で指定したメールアドレスのユーザーに付与でき
ます。ただし、閲覧者（コメント可）はフォルダには付与できません。

これらのメソッドの書式は以下のとおりです。

▶構文

```
Folder オブジェクト .addEditor( メールアドレス )
Folder オブジェクト .addViewer( メールアドレス )

File オブジェクト .addEditor( メールアドレス )
File オブジェクト .addCommenter( メールアドレス )
File オブジェクト .addViewer( メールアドレス )
```

引数はメールアドレスを文字列で指定しますが、前節の Memo でも触れたとおり Drive サー
ビスの User オブジェクトを指定することも可能です。

簡単な例としてサンプル 10-6-2 について、皆さんの環境で使用可能なメールアドレスや
フォルダ ID、ファイル ID を指定した上で実行してみましょう。ドライブ上で確認すると、指
定したメールアドレスのユーザーがフォルダの編集者、ファイルの閲覧者（コメント可）とし
て追加されているはずです。

▶サンプル 10-6-2 フォルダ・ファイルの権限を追加する [sample10-06.gs]

```
 1  function myFunction10_06_02() {
 2    const email = '***@**********'; // メールアドレス
 3
 4    const folderId = 'xxxxxxxx'; // フォルダ ID
 5    const folder = DriveApp.getFolderById(folderId);
 6    folder.addEditor(email);
 7
 8    const fileId = 'xxxxxxxx'; // ファイル ID
 9    const file = DriveApp.getFileById(fileId);
10    file.addCommenter(email);
11  }
```

> 指定したメールアドレスのユーザー
> をフォルダの編集者として追加

> 指定したメールアドレスのユーザー
> をファイルの閲覧者（コメント可）
> として追加

　フォルダ・ファイルの権限を削除するには、**removeEditor メソッド**、**removeCommenter メソッド**、**removeViewer メソッド**を用います。それぞれ、指定したユーザーについて、編集者、閲覧者（コメント可）、閲覧者の権限を削除するものです。

▶構文

```
Folder オブジェクト .removeEditor( メールアドレス )
Folder オブジェクト .removeViewer( メールアドレス )

File オブジェクト .removeEditor( メールアドレス )
File オブジェクト .removeCommenter( メールアドレス )
File オブジェクト .removeViewer( メールアドレス )
```

　引数には対象とするユーザーのメールアドレスを文字列で指定します。または、Drive サービスの User オブジェクトを指定することもできます。

　サンプル 10-6-3 を実行すると、サンプル 10-6-2 でユーザーに付与したフォルダの編集者と、ファイルの閲覧者（コメント可）の権限を削除できますので、確認してみましょう。

▶サンプル 10-6-3 フォルダ・ファイルの権限を削除する [sample10-06.gs]

```
1  function myFunction10_06_03() {
2    const email = '***@**********'; // メールアドレス
3
4    const folderId = 'xxxxxxxx'; // フォルダ ID
5    const folder = DriveApp.getFolderById(folderId);
6    folder.removeEditor(email);
7
8    const fileId = 'xxxxxxxx'; // ファイル ID
9    const file = DriveApp.getFileById(fileId);
10   file.removeCommenter(email);
11 }
```

> 指定したメールアドレスのユーザーについてフォルダの編集者の権限を削除

> 指定したメールアドレスのユーザーについてファイルの閲覧者（コメント可）の権限を削除

Memo

　ここで紹介した編集者、閲覧者の追加、削除に関するメソッドは、Spreadsheet クラス、Document クラス、Form クラス、Presentation クラスでも提供されています。しかし、閲覧者（コメント可）の追加、削除が可能なのは File クラスのみです。

◆フォルダ・ファイルの共有範囲

ドライブ内のフォルダやファイルは、ユーザーごとだけでなく、5段階で設けられている共有範囲を用いて、まとめて権限を付与できます。共有範囲の段階は、Drive サービスの **Enum Access** として整理されていますので、図 10-6-3 で合わせて確認しておきましょう。

▶図 10-6-3 Enum Access のメンバーと共有範囲

メンバー	説明
ANYONE	インターネット上の誰もが検索してアクセスできる
ANYONE_WITH_LINK	リンクを知っている全員がアクセスできる
DOMAIN	ドメイン内の誰もが検索してアクセスできる
DOMAIN_WITH_LINK	リンクを知っているドメイン内の全員がアクセスできる
PRIVATE	許可されたユーザーのみがアクセスできる

デフォルトでは、フォルダやファイルの作成時は PRIVATE、つまり許可されたユーザーのみがアクセスできる状態になっています。DOMAIN および DOMAIN_WITH_LINK は Google Workspace を使用している組織でのみ使用可能で、ドメイン内でのみアクセスができるようにするというものです。ANYONE および ANYONE_WITH_LINK では、ユーザーはサインインをせずにアクセスをすることが可能です。

フォルダおよびファイルの共有範囲について操作する主なメンバーを、図 10-6-4 にまとめていますのでご覧ください。これらはいずれも Folder クラス、File クラスで共通に提供されています。

▶図 10-6-4 フォルダ・ファイルの共有範囲を操作する主なメンバー

メンバー	戻り値	説明
getSharingAccess()	Access	共有範囲を取得する
getSharingPermission()	Permission	共有範囲の権限を取得する
setSharing(accessType, permissionType)	Folder/File	共有範囲とその権限を設定する

フォルダおよびファイルの共有範囲の情報を取得する例を見てみましょう。皆さんの環境の任意のフォルダ ID、ファイル ID を指定して、サンプル 10-6-4 を実行してみてください。

▶サンプル 10-6-4 フォルダ・ファイルの共有範囲の情報を取得する [sample10-06.gs]

```
1  function myFunction10_06_04() {
2    const folderId = 'xxxxxxxx'; // フォルダ ID
3    const folder = DriveApp.getFolderById(folderId);
4
5    console.log(folder.getSharingAccess().toString()); // 共有範囲
```

```
 6      console.log(folder.getSharingPermission().toString()); // 権限
 7
 8      const fileId = 'xxxxxxxx'; // ファイルID
 9      const file = DriveApp.getFileById(fileId);
10
11      console.log(file.getSharingAccess().toString()); // 共有範囲
12      console.log(file.getSharingPermission().toString()); // 権限
13  }
```

　共有範囲を何も設定していない状態であれば、共有範囲は「PRIVATE」、権限は「NONE」と出力されるはずです。

◆フォルダ・ファイルの共有範囲を設定する

　フォルダまたはファイルの共有範囲を設定するには、Folder クラスまたは File クラスの **setSharing メソッド**を用います。書式は以下のとおりです。

▶構文
```
Folder オブジェクト .setSharing( 共有範囲 , 権限 )
File オブジェクト .setSharing( 共有範囲 , 権限 )
```

　引数の共有範囲は Enum Access のいずれかのメンバーを、権限は Enum Permission のいずれかのメンバーを指定します。

　では、サンプル 10-6-5 について、皆さんの環境にあるフォルダ ID、ファイル ID を使って実行してみてください。そのあと、ドライブで共有範囲とその権限が設定されているかどうかを確認してみましょう。

▶サンプル 10-6-5 フォルダ・ファイルの共有範囲を設定する [sample10-06.gs]
```
1  function myFunction10_06_05() {
2    const folderId = 'xxxxxxxx'; // フォルダID
3    const folder = DriveApp.getFolderById(folderId);
4    folder.setSharing(DriveApp.Access.ANYONE, DriveApp.Permission.VIEW);
5
6    const fileId = 'xxxxxxxx'; // ファイルID
7    const file = DriveApp.getFileById(fileId);
8    file.setSharing(DriveApp.Access.ANYONE_WITH_LINK, DriveApp.Permission.COMMENT);
9  }
```

> フォルダについて、誰もが閲覧可能にする

> ファイルについて、リンクを知っている全員がコメント可とする

10
ドライブ

共有範囲への権限を削除したい場合は、setSharing メソッドで共有範囲を「PRIVATE」に
します。

　本章では、GAS で Google ドライブを操作する Drive サービスとそのクラス、またそのメ
ンバーについて解説をしてきました。これにより、フォルダやファイルの取得、作成やコピー、
ゴミ箱への移動などといった操作を行うことができます。また、それらの操作を組み合わせる
ことで、多数のフォルダを自動で作成する、特定の MIME タイプのファイルをリストアップ
するといった便利ツールを作成できますので、ぜひトライをしてみてください。

　さて、次章で取り扱うアプリケーションは Google カレンダーです。GAS ではいとも簡単
にカレンダーの操作を行うことができ、スプレッドシートや Gmail の情報をもとにカレンダー
イベントを登録する、またはイベントの情報を取り出してスプレッドシートで集計するといっ
たツールに活用できます。

11

カレンダー

11 | 01 Calendar サービス

◆Calendar サービスとは

Calendar サービスは、GAS で Google カレンダーを操作するためのクラスとメンバーを提供するサービスです。Calendar サービスを使用することで、カレンダーからイベントの情報を取得したり、カレンダーのイベントの追加や削除をしたりすることが可能です。

Calendar サービスで提供されている主なクラスを、図 11-1-1 にまとめています。

▶図 11-1-1 Calendar サービスの主なクラス

クラス	説明
CalendarApp	Calendar サービスのトップレベルオブジェクト
Calendar	カレンダーを操作する機能を提供する
CalendarEvent	単一のイベントを操作する機能を提供する

本章では、トップレベルオブジェクトである CalendarApp クラス、カレンダーを操作する Calendar クラス、イベントを操作する CalendarEvent クラスについて取り上げます。Calendar サービスには、これらのクラスのほか、定期イベントを操作するための CalendarEventSeries クラスや、イベントのゲストについて操作をする EventGuest クラスなどがあります。

Calendar サービスのクラスは、CalendarApp → Calendar → CalendarEvent という階層構造になっており、実際の Google カレンダーの画面に当てはめると図 11-1-2 のようになります。

Calendar サービスを使用する目的としては、主にイベントの作成や取得、操作となります。CalendarApp クラスのメンバーでカレンダーを取得、そのカレンダーに対して Calendar クラスのメンバーでイベントを取得という流れが基本となります。その際、カレンダーやイベントは配列としての取得をすることもありますので、Calendar サービスにおいても配列操作が重要なポイントとなります。

▶ 図 11-1-2 Google カレンダーの画面と Calendar サービスのクラス

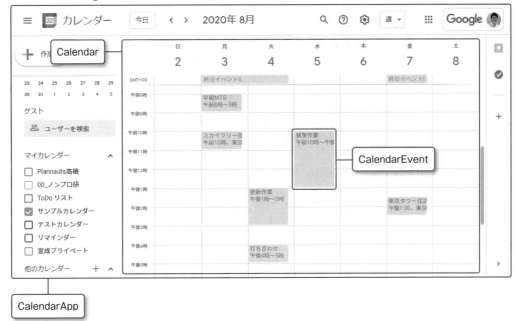

P_{oint}

Google カレンダーのイベントは、配列で取り扱うことが多いです。

　また、カレンダーやイベントの作成、イベントの取得などの際に設定するオプションは、オブジェクト形式で設定をします。オブジェクトの取り扱いについても確認しておきましょう。

11
02 CalendarApp クラス

◆CalendarApp クラスとは

CalendarApp クラスは、Calendar サービスの最上位に位置するトップレベルオブジェクトです。ユーザーがアクセスできるカレンダーの情報を取得、また新たなカレンダーを作成する機能を提供します。

CalendarApp クラスの主なメンバーを、図 11-2-1 にまとめていますのでご覧ください。

▶図 11-2-1 CalendarApp クラスの主なメンバー

メンバー	戻り値	説明
createCalendar(name, options)	Calendar	新しいカレンダー name を作成する
getAllCalendars()	Calendar[]	ユーザーが所有または閲覧しているすべてのカレンダーを取得する
getAllOwnedCalendars()	Calendar[]	ユーザーが所有しているすべてのカレンダーを取得する
getCalendarById(id)	Calendar	id でカレンダーを取得する
getCalendarsByName(name)	Calendar[]	カレンダー名 name のすべてのカレンダーを取得する
getDefaultCalendar()	Calendar	ユーザーのデフォルトカレンダーを取得する

◆カレンダーを取得する

CalendaApp クラスの重要な役割の 1 つは、カレンダーを取得することです。カレンダーを取得するには、以下のようにいくつかの方法があります。

・カレンダー ID で取得
・デフォルトカレンダーを取得
・所有または閲覧しているカレンダーを取得

他の Google アプリケーションのアイテムと同様に、カレンダーにも一意で決まる ID が付与されています。Google カレンダーの画面で、ID を取得したいカレンダーの右側にある三点リーダーアイコンからオーバーフローメニューを開き、「設定と共有」を選択します (図 11-2-2)。設定画面の左側メニューから「カレンダーの統合」をクリックすると、画面がスクロールし、カレンダー ID を確認できます (図 11-2-3)。

▶図 11-2-2 Google カレンダーでカレンダー設定を開く

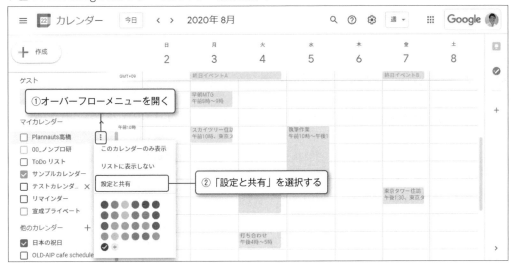

▶図 11-2-3 カレンダーの統合からカレンダー ID を確認

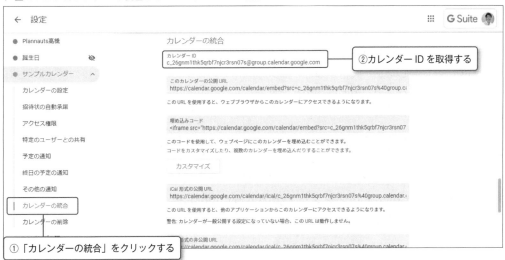

　ユーザーのデフォルトカレンダーであれば、ユーザーの Google アカウントのアドレス自体がカレンダー ID に、別のカレンダーであれば「xxxxxxxxx@group.calendar.google.com」という形式のカレンダー ID になります。

　カレンダー ID を用いてカレンダーを取得するには、**getCalendarById メソッド**を使います。書式は以下の通りです。

▶構文

```
CalendarApp.getCalendarById( カレンダー ID)
```

また、ユーザーのデフォルトカレンダーであれば、以下 **getDefaultCalendar メソッド**で直接取得することが可能です。

▶構文
```
CalendarApp.getDefaultCalendar()
```

では、これらのメソッドの使用例を見てみましょう。サンプル 11-2-1 をご覧ください。

▶サンプル 11-2-1 ID によるカレンダーの取得とデフォルトカレンダーの取得 [sample11-02.gs]
```
1  function myFunction11_02_01() {
2    const id = '********@group.calendar.google.com';
3    const calendar = CalendarApp.getCalendarById(id);
4    console.log(calendar.getName()); // 指定したカレンダーのタイトル
5
6    const defaultCalendar = CalendarApp.getDefaultCalendar();
7    console.log(defaultCalendar.getName()); // デフォルトカレンダーのタイトル
8  }
```

getName メソッドはカレンダーのタイトルを取得するメソッドです。カレンダー ID を実際のものに書き直した上で実行すると、ログの出力でカレンダー ID によるカレンダーの取得、デフォルトカレンダーの取得を確認できます。

◆アクセス可能なカレンダーを配列で取得する

ユーザーが所有するカレンダー、またはアクセス可能なカレンダーを取得するには、それぞれ **getAllOwnedCalendars メソッド**、**getAllCalendars メソッド**を使います。

書式は以下の通りです。

▶構文
```
CalendarApp.getAllOwnedCalendars()
```

▶構文
```
CalendarApp.getAllCalendars()
```

いずれも複数存在する可能性がありますから、戻り値は配列となります。例として、getAllCalendars メソッドですべてのカレンダーについて取得してみましょう。

サンプル 11-2-2 をご覧ください。

▶サンプル 11-2-2 アクセス可能なすべてのカレンダーを配列で取得する [sample11-02.gs]

```
1  function myFunction11_02_02() {
2    const calendars = CalendarApp.getAllCalendars();
3
4    for (const calendar of calendars) {
5      console.log(calendar.getName());
6    }
7  }
```

> ユーザーがアクセス可能なカレンダーを配列で取得する

> calendars のすべてのカレンダーについてタイトルをログ出力する

実行するとアクセス可能なすべてのカレンダー名がログ出力されます。

◆カレンダーを作成する

新しいカレンダーを作成するには、**createCalendar メソッド**を使います。書式は以下の通りです。

▶構文

```
CalendarApp.createCalendar( タイトル [, オプション ])
```

オプションは、図 11-2-4 に示すオプションをオブジェクト形式で指定できます。オプション自体は省略可能ですが、timeZone のデフォルト値が「UTC」になっていますので、日本のタイムゾーン（Asia/Tokyo）に設定するにはオプション設定が必要になります。

▶図 11-2-4 createCalendar メソッドのオプション

オプション	型	説明
timeZone	String	カレンダーのタイムゾーン（デフォルト：UTC）
color	String	16 進数の色の文字列（「#RRGGBB」）または Enum CalendarApp.Colors の値を指定
hidden	Boolean	カレンダーがリストで非表示になっているか（デフォルト：false）
selected	Boolean	カレンダーが選択されているかどうか（デフォルトは true）

また、hidden と selected は似ていますが、まったく異なる設定項目です。hidden を true にすると、そのカレンダーは Google カレンダーのカレンダーリストから、そのカレンダー名自体が非表示となります。一方で selected を false にしても、カレンダーリストには表示されたままで、イベントが非表示となります。つまり、通常行っているカレンダーのイベントの表示・非表示の動作は、selected が担っているということになります。

hidden の設定は、Google カレンダー画面の右上にある歯車マークの設定アイコンから「設定」→「カレンダー」とたどった画面で設定可能です。左側メニューに並ぶ各カレンダーの目玉のアイコンでオンとオフを切り替えることができます。

　では、実際にカレンダーを作成してみましょう。サンプル 11-2-3 を実行すると、図 11-2-5 のようなカレンダーが作成されます。

▶サンプル 11-2-3 新規カレンダーの作成 [sample11-02.gs]

```
1  function myFunction11_02_03() {
2    const name = 'テストカレンダー';
3    const options = {
4      timeZone: 'Asia/Tokyo',
5      color: CalendarApp.Color.INDIGO
6    };
7
8    CalendarApp.createCalendar(name, options);
9  }
```

optinos にタイムゾーンと色の設定をする

▶図 11-2-5 createCalendar メソッドで作成されたカレンダー

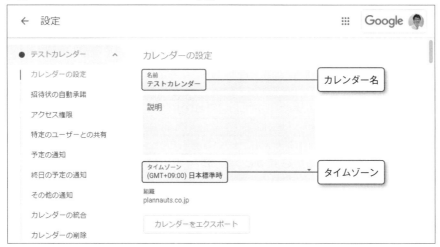

11
03 カレンダーを操作する - Calendar クラス

◆Calendar クラスとは

　Calendar **クラス**はその名の通り、カレンダーを取り扱う機能を提供するクラスです。もっとも重要な役割はカレンダーのイベントを取得する、またはイベントを追加、削除する操作になります。また、カレンダーの設定を取得または変更するメソッドも用意されています。

　Calendar クラスの主なメンバーを図 11-3-1 にまとめていますので、ご覧ください。

▶ 図 11-3-1 Calendar クラスの主なメンバー

メンバー	戻り値	説明
createAllDayEvent(title, startDate, endDate[, options])	CalendarEvent	日付 startDate から endDate までの終日イベント title を作成する
createAllDayEvent(title, date[, options])	CalendarEvent	日付 date に終日イベント title を作成する
createEvent(title, startTime, endTime[, options])	CalendarEvent	期間 startTime から endTime でイベント title を作成する
createEventFromDescription(description)	CalendarEvent	自由形式の記述からイベントを作成する
deleteCalendar()	void	カレンダーを削除する
getColor()	String	カレンダーの色を取得する
getDescription()	String	カレンダーの説明を取得する
getEventById(iCalId)	CalendarEvent	カレンダーから iCalId でイベントを取得する
getEvents(startTime, endTime[, options])	CalendarEvent[]	期間 startTime から endTime 内のすべてのイベントを取得する
getEventsForDay(date[, options])	CalendarEvent[]	日時 date のすべてのイベントを取得する
getId()	String	カレンダーの ID を取得する
getName()	String	カレンダーの名前を取得する
getTimeZone()	String	カレンダーのタイムゾーンを取得する
isHidden()	Boolean	カレンダーがリスト非表示かを判定する
isMyPrimaryCalendar()	Boolean	カレンダーがユーザーのデフォルトカレンダーかどうかを判定する
isOwnedByMe()	Boolean	カレンダーがユーザーに所有されているかどうかを判定する

isSelected()	Boolean	カレンダーが選択されているかを判定する
setColor(color)	Calendar	カレンダーの色を color に設定する
setDescription(description)	Calendar	カレンダーの説明を description に設定する
setHidden(hidden)	Calendar	カレンダーを非表示にする
setName(name)	Calendar	カレンダーの名前を設定する
setSelected(selected)	Calendar	カレンダーの選択状態を設定する
setTimeZone(timeZone)	Calendar	カレンダーのタイムゾーンを設定する

Memo

　イベントの取得、イベントの作成をはじめ、Calendar クラスのメソッドの多くは CalendarApp クラスでも提供されています。CalendarApp クラスでそれらのメソッドを使用した場合、その対象はデフォルトカレンダーとなります。

　では、カレンダーの情報を取得する例として、サンプル 11-3-1 を実行してみましょう。指定したカレンダーの各種情報がログ出力されますので、確認をしてみてください。

▶サンプル 11-3-1 カレンダーの情報の取得 [sample11-03.gs]

```
 1  function myFunction11_03_01() {
 2    const id = '********@group.calendar.google.com';
 3    const calendar = CalendarApp.getCalendarById(id);
 4
 5    console.log(calendar.getName()); // サンプルカレンダー
 6    console.log(calendar.getId()); // カレンダー ID
 7    console.log(calendar.getDescription()); // サンプル用のカレンダーです
 8    console.log(calendar.getTimeZone()); //Asia/Tokyo
 9    console.log(calendar.getColor()); //#7BD148
10
11    console.log(calendar.isMyPrimaryCalendar()); //false
12    console.log(calendar.isOwnedByMe()); //true
13
14    console.log(calendar.isHidden()); //false
15    console.log(calendar.isSelected()); //true
16  }
```

◆期間内のイベントの取得

　カレンダーから期間内のイベントを取得するには、**getEvents メソッド**または

getEventsForDay メソッドを使います。getEvents メソッドは、指定した開始日時から終了日時の期間に重なっているすべてのイベントを配列として取得します。一方で、getEventForDay メソッドは、指定した日付に重なっているすべてのイベントを配列として取得します。

それぞれ、書式は以下の通りになります。

▶構文
```
Calendar オブジェクト .getEvents( 開始日時 , 終了日時 [, オプション ])
```

▶構文
```
Calendar オブジェクト .getEventsForDay( 日付 [, オプション ])
```

いずれのメソッドも、図 11-3-2 に示すオプションを設定することで、より細やかな絞り込みが可能です。

▶図 11-3-2 getEvents メソッド・getEventsForDay のオプション

オプション	型	説明
start	Integer	取得する開始位置
max	Integer	取得する最大数
author	String	イベント作成者のメールアドレス
search	String	指定したキーワードを含むイベントを取得

では、図 11-3-3 に示すカレンダーを例に、イベントの取得をしてみましょう。

▶図 11-3-3 イベントを取得するカレンダー

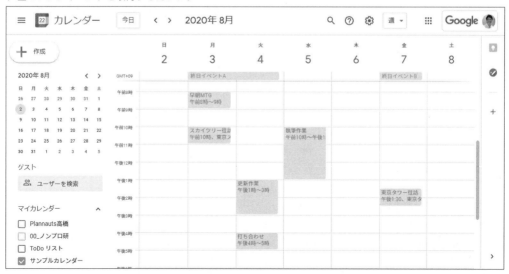

　まずサンプル11-3-2ですが、getEventsメソッドを使って、2020/8/3 10:30～2020/8/7 14:00までのイベントを取得するスクリプトです。「スカイツリー往訪」は8/3 10:00～11:00のイベント、「東京タワー往訪」は8/7 13:30～14:30のイベントで、いずれも指定期間からはみ出していますが取得されています。一方で、8/3 8:00～9:00の「早朝MTG」は取得されていません。

▶ サンプル11-3-2 getEventsメソッドで期間内のイベントを取得する [sample11-03.gs]

```
1  function myFunction11_03_02() {
2    const id = '********@group.calendar.google.com';
3    const calendar = CalendarApp.getCalendarById(id);
4
5    const startDate = new Date('2020/8/3 10:30');
6    const endDate = new Date('2020/8/7 14:00');
7    const events = calendar.getEvents(startDate, endDate);
8
9    for (const event of events) console.log(event.getTitle());
10 }
```

> イベントを取得する期間を設定する

> 指定した期間のイベントを配列として取得する

◆ 実行結果

```
終日イベントA
スカイツリー往訪
更新作業
打ち合わせ
執筆作業
終日イベントB
東京タワー往訪
```

　続くサンプル11-3-3は、getEventsForDayメソッドによるイベント取得の例です。2020/8/4の予定のうち、「打ち合わせ」というキーワードを含むもののみを取得します。

▶ サンプル11-3-3 getEventsForDayメソッドで指定した日付のイベントを取得 [sample11-03.gs]

```
1  function myFunction11_03_03() {
2    const id = '********@group.calendar.google.com';
3    const calendar = CalendarApp.getCalendarById(id);
4
5    const date = new Date('2020/8/4');
6    const options = {search: '打ち合わせ'};
7    const events = calendar.getEventsForDay(date, options);
8
```

> 指定した日付のイベントのうち「打ち合わせ」を含むものを配列として取得する

```
 9      for (const event of events) console.log(event.getTitle());
10    }
```

◆実行結果

打ち合わせ

◆イベントの作成

　イベントを作成するには、通常のイベントであれば **createEvent メソッド**、終日イベントであれば **createAllDayEvent メソッド**を使います。

　それぞれ書式は以下の通りです。

▶構文

Calendar オブジェクト .createEvent(タイトル , 開始日時 , 終了日時 [, オプション])

▶構文

Calendar オブジェクト .createAllDayEvent(タイトル , 日付 [, オプション])
Calendar オブジェクト .createAllDayEvent(タイトル , 開始日 , 終了日 [, オプション])

　オプションには、図 11-3-4 に示す情報や設定をオブジェクト形式で指定します。

▶図 11-3-4 createEvent メソッド・createAllDayEvent メソッドのオプション

オプション	型	説明
description	String	イベントの説明
location	String	イベントの場所
guests	String	ゲストとして追加すべき電子メールアドレスのカンマ区切りリスト
sendInvites	Boolean	招待メールを送信するかどうか（デフォルト：false）

　サンプル 11-3-4 は、createEvent メソッドを使ってイベントを作成するものです。実行をすることで、図 11-3-5 に示すイベントをカレンダー ID を指定したカレンダーに作成できます。

▶サンプル 11-3-4 createEvent メソッドでイベントを作成する [sample11-03.gs]

```
1   function myFunction11_03_04() {
2     const id = '********@group.calendar.google.com';
3     const calendar = CalendarApp.getCalendarById(id);
4
5     const title = '銚子ポートタワー往訪';
6     const startTime = new Date('2020/8/6 17:00');     イベントのタイトル・期間を指定する
7     const endTime = new Date('2020/8/6 19:00');
```

```
 8      const options = {
 9        description: '夕日に間に合うように',
10        location: '〒288-0001 千葉県銚子市川口町2丁目6385-267',
11        guests: 'guest@example.com',
12        sendInvites: true
13      };
14
15      calendar.createEvent(title, startTime, endTime, options);
16    }
```

オプションの設定

▶図 11-3-5 createEvent メソッドで追加したイベント

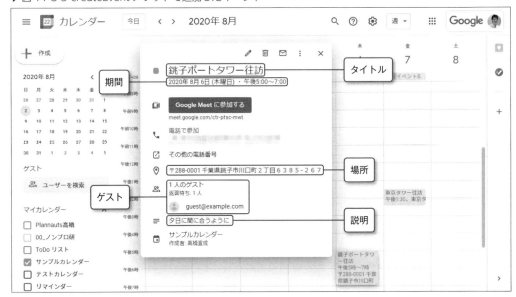

Google カレンダーの言語を「English」に切り替えると、「Lunch with Mary, Friday at 1PM」などといった自由形式の記述からイベントを作成できる Quick Add 機能を使用できます。GAS では createEventFromDescription メソッドを使うと、Quick Add 機能によりイベントの作成ができますが、日本語では想定通りに作成できないことが多いかも知れません。

11 04 イベントを操作する - CalendarEvent クラス

◆CalendarEvent クラスとは

　CalendarEvent クラスはイベントを取り扱うメンバーを提供するクラスです。イベントの情報を取得、内容や設定の変更を行うメンバーが提供されています。主なメンバーを図 11-4-1 にまとめていますので、ご覧ください。

▶ 図 11-4-1 CalendarEvent クラスの主なメンバー

メンバー	戻り値	説明
addGuest(email)	CalendarEvent	イベントにゲスト email を追加する
deleteEvent()	void	イベントを削除する
getAllDayEndDate()	Date	終日イベントの終了日を取得する
getAllDayStartDate()	Date	終日イベントの開始日を取得する
getColor()	String	イベントの色を取得する
getCreators()	String[]	イベントの作成者を取得する
getDateCreated()	Date	イベントの作成日を取得する
getDescription()	String	イベントの説明を取得する
getEndTime()	Date	イベントの終了日時を取得する
getId()	String	イベントの ID を取得する
getLastUpdated()	Date	イベントの最終更新日を取得する
getLocation()	String	イベントの場所を取得する
getOriginalCalendarId()	String	イベントが最初に作成されたカレンダーの ID を取得する
getStartTime()	Date	イベントの開始日時を取得する
getTitle()	String	イベントのタイトルを取得する
isAllDayEvent()	Boolean	終日イベントであるかどうかを判定する
isOwnedByMe()	Boolean	イベントがユーザーによって所有されているかどうかを判定する
removeGuest(email)	CalendarEvent	イベントからゲスト email を削除する
setAllDayDate(date)	CalendarEvent	終日イベントの日付を設定する
setColor(color)	CalendarEvent	イベントの色を color に設定する
setDescription(description)	CalendarEvent	イベントの説明を設定する
setLocation(location)	CalendarEvent	イベントの場所を設定する
setMyStatus(status)	CalendarEvent	ユーザーのイベントステータスを設定する
setTime(startTime, endTime)	CalendarEvent	イベントの期間を startTime から endTime に設定する
setTitle(title)	CalendarEvent	イベントのタイトルを設定する

setTime(start, end)	CalendarEvent	イベントの期間を start から end に設定する
setTitle(title)	CalendarEvent	イベントのタイトルを設定する

では、サンプル 11-4-1 を実行して、イベントの情報について取得してみましょう。

▶ サンプル 11-4-1 イベントの情報の取得 [sample11-04.gs]

```
 1  function myFunction11_04_01() {
 2    const id = '********@group.calendar.google.com';
 3    const calendar = CalendarApp.getCalendarById(id);
 4    const date = new Date('2020/8/6');
 5    const event = calendar.getEventsForDay(date)[0];
 6
 7    console.log(event.getTitle()); // 銚子ポートタワー往訪
 8    console.log(event.getStartTime()); //Thu Aug 06 2020 17:00:00 GMT+0900 （日本標準時）
 9    console.log(event.getEndTime()); //Thu Aug 06 2020 19:00:00 GMT+0900 （日本標準時）
10    console.log(event.getLocation()); // 〒 288-0001 千葉県銚子市川口町２丁目６３８５－２６７
11    console.log(event.getDescription()); // 夕日に間に合うように
12
13    console.log(event.getId()); // イベント ID
14    console.log(event.isAllDayEvent()); //false
15    console.log(event.isOwnedByMe()); //true
16
17    console.log(event.getCreators()); // イベント作成者の配列
18    console.log(event.getOriginalCalendarId()); // 最初に作成されたカレンダー ID
19    console.log(event.getLastUpdated()); //Fri Jul 31 2020 12:03:59 GMT+0900 （日本標準時）
20  }
```

◆イベント ID とイベントの取得

カレンダーイベントには固有の ID が割り振られていて、以下書式の **getId メソッド**で取得できます。

▶ 構文

```
CalendarEvent オブジェクト .getId()
```

また、ID さえわかれば CalendarApp クラス、または Calendar クラスの **getEventById メソッド**により直接的に取得できます。

それぞれ、書式は以下の通りです。

▶構文

```
CalendarApp.getEventById( イベント ID)
Calendar オブジェクト .getEventById( イベント ID)
```

　ただし、CalendarApp クラスの getEventById メソッドでは、デフォルトカレンダーのイベントのみ取得できますので注意してください。

　例として、サンプル 11-4-2 をご覧ください。イベント ID は URL などから取得することはできませんので、getId メソッドで取得した ID を再利用することになります。

▶ サンプル 11-4-2 イベント ID とそれによるイベントの取得 [sample11-04.gs]

```
 1  function myFunction11_04_02() {
 2    const id = '********@group.calendar.google.com';
 3    const calendar = CalendarApp.getCalendarById(id);
 4    const date = new Date('2020/8/6');
 5    const event = calendar.getEventsForDay(date)[0];
 6    const iCalId = event.getId();                    ──── イベント ID を取得
 7
 8    const eventById = calendar.getEventById(iCalId); ──── イベント ID でイベントを取得
 9    console.log(eventById.getTitle()); // 銚子ポートタワー往訪
10  }
```

◆イベントの色を設定する

　イベントの情報の多くは、イベントの作成時に設定できますが、CalendarEvent クラスのメソッドを使うことで、作成後に変更をすることが可能です。

　中でも、イベントの色は、イベント作成時には設定できませんので、作成後に **setColor メソッド**を使って設定する必要があります。

　イベント作成時にイベントの色を変更する例として、サンプル 11-4-3 をご覧ください。

▶ サンプル 11-4-3 イベントの色を変更する [sample11-04.gs]

```
 1  function myFunction11_04_03() {
 2    const id = '********@group.calendar.google.com';
 3    const calendar = CalendarApp.getCalendarById(id);
 4
 5    const title = ' ランドマークタワー往訪 ';
 6    const startTime = new Date('2020/8/6 10:00');
 7    const endTime = new Date('2020/8/6 12:00');
 8    const options = {
```

```
9        description: '横浜を一望',
10       location: '〒220-0012 神奈川県横浜市西区みなとみらい2丁目2-1'
11     };
12
13     const event = calendar.createEvent(title, startTime, endTime, options);
14     console.log(event.getColor()); //
15
16     event.setColor(CalendarApp.EventColor.RED);
17     console.log(event.getColor()); //11
18 }
```

新たなイベントを作成する

デフォルトではイベントの色は空文字

イベントの色を赤に設定する

　サンプルを実行すると、図11-4-2のように作成したイベントの色を変更できます。イベントの色は、CalendarApp クラスの Enum EventColor で設定し、getColor メソッドで対応する数値を取得できますが、デフォルトの色では空文字が返ります。

> **M**emo
>
> Enum EventColor については、以下公式ドキュメントページを参照ください。
> https://developers.google.com/apps-script/reference/calendar/event-color

▶図11-4-2 作成したイベントの色を変更する

　本章では、GAS で Google カレンダーを操作する Calendar サービスと、その主なクラス、メンバーについてお伝えしました。Calendar サービスを活用することで、カレンダーのイベ

ントをスプレッドシートに書き出す、Gmail で受信したメールからイベントを作成するなど
といった機能を実現できます。

　さて、次章では Google ドキュメントを取り扱います。単純にテキストを取り扱うだけで
なく、まさにドキュメントつまり文書をプロセッシングする数々の操作を行うことができるよ
うになります。

ドキュメント

12

12
01 Document サービス

◆Document サービスとは

　Document サービスは、GAS で Google ドキュメントを操作するためのクラスとメンバーを提供するサービスです。Document サービスを使うことで、ドキュメント上のテキストの取得や編集および書式の設定、段落やリストアイテムなどの要素の追加など、Google ドキュメントに関するさまざまな操作を行うことができます。

　本章では、Document サービスの中で図 12-1-1 に挙げるクラスについて解説します。これらだけでも数が多いと思われるかも知れませんが、これ以外にも表を扱う Table クラス、脚注セクションを扱う FootnoteSection クラス、埋め込み画像を操作する InlineImage クラスなど、多くのクラスが提供されています。

▶図 12-1-1 Document サービスの主なクラス

クラス	説明
DocumentApp	Document サービスのトップレベルオブジェクト
Document	ドキュメントを操作する機能を提供する
HeaderSection	ヘッダーセクションを操作する機能を提供する
Body	文書本体を操作する機能を提供する
FooterSection	フッターセクションを操作する機能を提供する
Paragraph	段落を操作する機能を提供する
ListItem	リストアイテムを操作する機能を提供する
Text	テキストを操作する機能を提供する
RangeElement	検索時などの要素範囲を操作する機能を提供する

◆Google ドキュメントの文書の構造

　これらのクラスを使いこなすためには、Google ドキュメントの文書の構造について理解しておく必要があります。Google ドキュメントの構成要素は、大きく分けると以下の 5 つの階層に分類できます。

> ・DocumentApp
> ・ドキュメント：文書全体
> ・セクション：ボディ、ヘッダー、フッターなどのエリア
> ・段落：段落、リストアイテムなど、テキスト等のコンテンツ要素を含む箱のようなもの
> ・コンテンツ：テキスト、画像などの要素

ドキュメントは、その中に文書の本体エリアを表すボディ、ヘッダーおよびフッターなどといった**セクション**を持ち、セクションはその中にいくつかの**段落**を持つことができます。また、段落はその中にテキストや画像などのコンテンツを配置できます。つまり、Google ドキュメントは箱を組み合わせたような入れ子の構造になっていること確認しておきましょう。

Point

Google ドキュメントは、5 つの階層による入れ子構造になっています。

これを踏まえて、Document サービスの各クラスの位置関係を表したものが図 12-1-2 になります。それぞれのクラスで固有のメンバーも存在していますが、同じ階層のクラスには、同じメソッドも多く存在していることを念頭に置いておくとよいでしょう。

▶図 12-1-2 Document サービスのクラスの階層構造

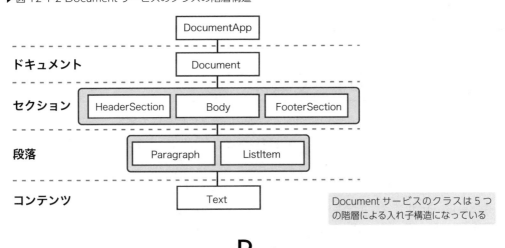

Document サービスのクラスは 5 つの階層による入れ子構造になっている

Point

同じ階層のクラスには、同じメソッドが多く存在しています。

また、実際の Google ドキュメントの画面での各クラスの位置関係を表したものが図 12-1-3 になりますので、合わせてご覧ください。

▶ 図 12-1-3 Google ドキュメントの画面と Document サービスのクラス

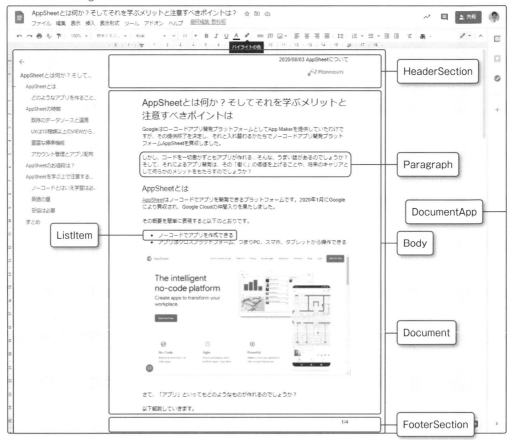

◆Text オブジェクトと文字列

　Document サービスの操作の最終目的としては、文字列の取得や編集、書式設定などになることが多いはずです。しかし、ここで注意すべき点として、**「テキスト＝文字列ではない」**ということを確認しておきましょう。Document サービスにおける「テキスト」は Text オブジェクトのことを指し、それは文字列型の値ではありません。

　実際には、Text オブジェクトに含まれている文字列を、getText メソッドなどのメンバーを使用して操作をしていくことになります。さらに、文字列の操作は Text オブジェクトに限らず、Body オブジェクト、Paragraph オブジェクトから行えるものもありますので、ケースバイケースで対象とするオブジェクトと、使用するメソッドを選定していくことになります。

Document サービスのテキストは Text オブジェクトであり、文字列型の値ではありません。

12 / 02 DocumentApp クラス

◆DocumentApp クラスとは

　DocumentApp クラスは、Document サービスの最上位に位置するトップレベルオブジェクトです。主なメンバーは図 12-2-1 に示す通りですが、DocumentApp クラスの役割は、主に新規ドキュメントの作成とドキュメントの取得です。

▶図 12-2-1 DocumentApp クラスの主なメンバー

メンバー	戻り値	説明
create(name)	Document	新しいドキュメント name を作成する
getActiveDocument()	Document	アクティブなドキュメントを取得する
getUi()	Ui	ドキュメントの Ui オブジェクトを取得する
openById(id)	Document	指定した id のドキュメントを開く
openByUrl(url)	Document	指定した url のドキュメントを開く

◆ドキュメントを取得する

　ドキュメントを取得する方法は、以下の 3 つです。

・アクティブなドキュメントを取得する

・ID でドキュメントを取得する

・URL でドキュメントを取得する

　Google ドキュメントでは図 12-2-2 に示すように、メニューから「ツール」→「スクリプトエディタ」を選択することで、コンテナバインドスクリプトを作成できます。

▶図 12-2-2 ドキュメントでコンテナバインドスクリプトを開く

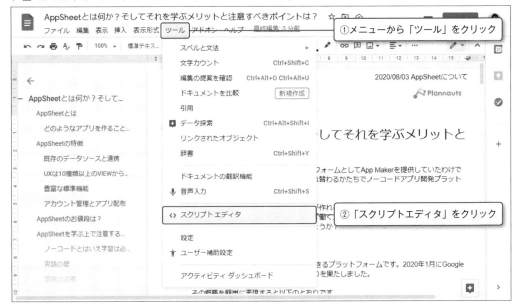

　コンテナバインドスクリプトからであれば、以下書式に示す **getActiveDocument** メソッドを使うことで、バインドしているドキュメントを取得できます。

▶構文

```
DocumentApp.getActiveDocument()
```

　また、バインドしていないドキュメントを取得する場合は、ID により取得をする **openById メソッド**、または URL により取得をする **openByUrl メソッド**を使う必要があります。
　それぞれ書式は以下の通りです。

▶構文

```
DocumentApp.openById(ID)
```

▶構文

```
DocumentApp.openByUrl(URL)
```

　ドキュメントもスプレッドシートなどの他のアイテムと同様に、それを開くための一意の URL が用意されており、ドキュメント ID がその URL の一部を構成しています。以下の {ID} の部分が、ドキュメント ID となります。

https://docs.google.com/document/d/{ID}/edit#

▶図 12-2-3 ドキュメントの URL と ID

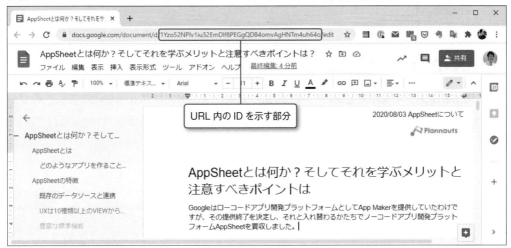

　では、実際にドキュメントを取得してみましょう。サンプル 12-2-1 について、URL と ID を皆さんの環境のものを入力してください。実行をすると、それぞれ getName メソッドで取得したドキュメント名が表示されるはずです。

▶サンプル 12-2-1 ドキュメントを取得する [sample12-02.gs]

```
1  function myFunction12_02_01() {
2    const activeDocument = DocumentApp.getActiveDocument();
3    console.log(activeDocument.getName()); //ドキュメント名
4
5    const url = 'https://docs.google.com/document/d/********/edit#'; //URL
6    const documentByUrl = DocumentApp.openByUrl(url);
7    console.log(documentByUrl.getName()); //ドキュメント名
8
9    const id = '********'; //ドキュメント ID
10   const documentById = DocumentApp.openById(id);
11   console.log(documentById.getName()); //ドキュメント名
12 }
```

12 03 ドキュメントを操作する - Documentクラス

◆Documentクラスとは

Documentクラスは、文書そのもの、つまりドキュメントを操作する機能を提供するクラスです。主に、図12-3-1に示す通り、ドキュメントの情報を取得するメソッド、配下の要素であるセクションを取得するメソッドで構成されています。

▶図12-3-1 Documentクラスの主なメンバー

メンバー	戻り値	説明
addFooter()	FooterSection	ドキュメントにフッターセクションを追加する
addHeader()	HeaderSection	ドキュメントにヘッダーセクションを追加する
getBody()	Body	ドキュメントのボディを取得する
getFooter()	FooterSection	ドキュメントのフッターセクションを取得する
getHeader()	HeaderSection	ドキュメントのヘッダーセクションを取得する
getId()	String	ドキュメントIDを取得する
getLanguage()	String	ドキュメントの言語コードを取得する
getName()	String	ドキュメント名を取得する
getUrl()	String	ドキュメントのURLを取得する
saveAndClose()	void	ドキュメントを保存する
setName(name)	Document	ドキュメント名を設定する
setLanguage(languageCode)	Document	ドキュメントの言語コードを設定する

ドキュメントの情報および配下のセクションを取得するスクリプトの例として、サンプル12-3-1をご覧ください。

▶サンプル12-3-1 ドキュメントの情報の取得 [sample12-03.gs]

```
1  function myFunction12_03_01() {
2    const id = '********';
3    const document = DocumentApp.openById(id);
4
5    console.log(document.getName()); //ドキュメント名
6    console.log(document.getId()); //ドキュメントID
7    console.log(document.getUrl()); //ドキュメントのURL
8    console.log(document.getLanguage()); //ja
```

```
 9
10    console.log(document.getBody().getType().toString()); //BODY_SECTION
11    console.log(document.getHeader().getType().toString()); //HEADER_SECTION
12    console.log(document.getFooter().getType().toString()); //FOOTER_SECTION
13  }
```

なお、getType メソッドは、対象となる要素の ElementType を取得するするメソッドです。
Enum ElementType では、ドキュメント自体を表す DOCUMENT、文書本体を表す
BODY_SECTION、テキスト要素を表す TEXT、埋め込み画像を表す INLINE_IMAGE といっ
たように、Document サービスで要素として取り扱うすべての要素が列挙されています。
Enum のメンバーについてログ確認をする場合は、サンプル 12-3-1 のように、toString メソッ
ドで文字列化をする必要がありますので、覚えておきましょう。

ドキュメント操作する対象は文書本体、つまりボディに含まれています。したがって、ドキュ
メントの取得に続いて、以下書式の **getBody メソッド**を使って Body オブジェクトを取得す
ることからスタートすることが多いでしょう。

▶構文
Document オブジェクト .getBody()

◆ヘッダーセクションとフッターセクションの追加

新規のドキュメントを作成したときには、ドキュメントのセクションとしてはヘッダーセク
ションとフッターセクションは存在していないので、その状態で getHeader メソッド、
getFooter メソッドで取得すると null になります。

ですから、ドキュメントのヘッダーセクションおよびフッターセクションを操作する場合は、
以下 **addHeader メソッド**および **addFooter メソッド**により追加をする必要があります。

▶構文
Document オブジェクト .addHeader()

▶構文
Document オブジェクト .addFooter()

新規ドキュメントとそのヘッダーセクション、フッターセクションの追加の例として、サン
プル 12-3-2 をご覧ください。実行をすると図 12-3-2 のように、ヘッダーセクションとフッ
ターセクションを持つ新規ドキュメントを作成できます。なお、create メソッドによる新規

ドキュメントはマイドライブに作成されます。

▶サンプル 12-3-2 ヘッダーセクションとフッターセクションの追加 [sample12-02.gs]

```
1  function myFunction12_03_02() {
2    const document = DocumentApp.create(' 新規ドキュメント ');
3
4    document.addHeader().setText(' ヘッダーセクション ');
5    document.addFooter().setText(' フッターセクション ');
6  }
```

▶図 12-3-2 ヘッダーセクションとフッターセクションの追加

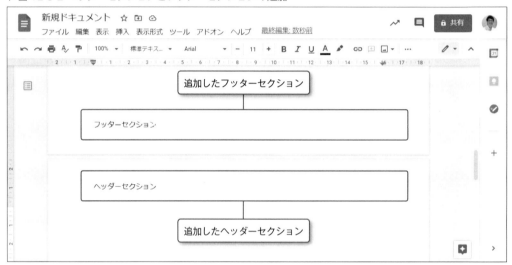

12 04 セクションを操作する

◆セクションとは

　セクションとは、ドキュメントの要素を配置していくエリアのことです。メインで文書を記述する本体部分であるボディ、ヘッダーやフッターといったセクションがあります。Documentサービスでは、それぞれを操作するクラスとして、**Body クラス**、**HeaderSection クラス**、**FooterSection クラス**が用意されています。

　とはいえ、図 12-4-1 に示すように各セクションのクラスは共通する機能も多いので、同類のクラスとして捉えると理解が早いでしょう。

▶ 図 12-4-1 Body クラス・HeaderSection クラス・FooterSection クラスの主なメンバー

メンバー	戻り値	説明
appendHorizontalRule()	HorizontalRule	セクションの末尾に水平線を追加する
appendListItem(listItem)	ListItem	セクションの末尾にリストアイテム listItem を追加する
appendListItem(text)	ListItem	セクションの末尾に文字列 text をリストアイテムとして追加する（連続する場合は同じリストアイテムとして追加される）
appendParagraph(paragraph)	Paragraph	セクションの末尾に段落 paragraph を追加する
appendParagraph(text)	Paragraph	セクションの末尾に文字列 text を内容とした新たな段落を追加する
appendTable(cells)	Table	セクションの末尾に二次元配列 cells から生成した表を追加する
appendTable(table)	Table	セクションの末尾に表 table を追加する
clear()	Body/ HeaderSection/ FooterSection	セクションの内容をクリアする
editAsText()	Text	セクションを Text オブジェクトとして取得する
findText(searchPattern[, from])	RangeElement	セクション内を from から検索を開始し、はじめてパターン searchPattern にマッチした要素の位置を取得する
getChild(childIndex)	Element	インデックス childIndex の子要素を取得する
getChildIndex(child)	Integer	子要素 child のインデックスを取得する
getListItems()	ListItem[]	セクションに含まれるすべてのリストアイテムを取得する
getNumChildren()	Integer	子要素の数を取得する

getParagraphs()	Paragraph[]	セクションに含まれるすべての段落（リストアイテムを含む）を取得する
getTables()	Table[]	セクションに含まれるすべての表を取得する
getText()	String	セクション内の内容をテキストとして取得する
getType()	ElementType	セクションの ElementType を取得します。
insertHorizontalRule(childIndex)	HorizontalRule	インデックス childIndex に水平線を追加する
insertListItem(childIndex, listItem)	ListItem	インデックス childIndex に ListItem を挿入する
insertListItem(childIndex, text)	ListItem	インデックス childIndex に文字列 text をリストアイテムとして追加する（連続する場合は同じリストアイテムとして追加される）
insertParagraph(childIndex, paragraph)	Paragraph	インデックス childIndex に段落 paragraph を挿入する
insertParagraph(childIndex, text)	Paragraph	インデックス childIndex に文字列 text を内容とした新たな段落を挿入する
insertTable(childIndex, cells)	Table	インデックス childIndex に二次元配列 cells から生成した表を挿入する
insertTable(childIndex, table)	Table	インデックス childIndex に表 table を挿入する
removeChild(child)	Body/HeaderSection/FooterSection	子要素 child を削除する
replaceText(searchPattern, replacement)	Element	パターン searchPattern で検索してマッチした文字列と replacement を置換する
setText(text)	Body/HeaderSection/FooterSection	セクションの内容を文字列 text に設定する

> **Memo**
>
> セクションにはこのほか脚注セクションがあり、それを操作するクラスとして、FootnoteSection クラスが用意されています。脚注セクションも機能としては、前述のセクションと類似しているところが多いので参考にしてください。

Body クラスでは、図 12-4-2 に示す通り、ページのマージンやサイズを取得または設定するメンバーおよび改ページを追加、挿入するメンバーが提供されており、これらのメンバーは他のセクションのクラスでは提供されていません。

▶ 図 12-4-2 Body クラス専用の主なメンバー

メンバー	戻り値	説明
appendPageBreak()	PageBreak	ボディの末尾に改ページを追加する
getMarginBottom()	Number	ページの余白の下マージンをポイントで取得する
getMarginLeft()	Number	ページの余白の左マージンをポイントで取得する
getMarginRight()	Number	ページの余白の右マージンをポイントで取得する
getMarginTop()	Number	ページの余白の上マージンをポイントで取得する

getPageHeight()	Number	ページの高さをポイントで取得する
getPageWidth()	Number	ページの幅をポイントで取得する
insertPageBreak(childIndex)	PageBreak	インデックス childIndex に改ページを追加する
setMarginBottom(marginBottom)	Body	ページの余白の下マージンをポイントで設定する
setMarginLeft(marginLeft)	Body	ページの余白の左マージンをポイントで設定する
setMarginRight(marginRight)	Body	ページの余白の右マージンをポイントで設定する
setMarginTop(marginTop)	Body	ページの余白の上マージンをポイントで設定する
setPageHeight(pageHeight)	Body	ページの高さをポイントで設定する
setPageWidth(pageWidth)	Body	ページの幅をポイントで設定する

では、サンプル 12-4-1 を実行して、各セクションの情報を取得してみましょう。

▶ サンプル 12-4-1 セクションの情報の取得 [sample12-04.gs]

```
 1  function myFunction12_04_01() {
 2    const id = '********'; //ドキュメント ID
 3    const document = DocumentApp.openById(id);
 4    const body = document.getBody();
 5
 6    console.log(body.getType().toString()); //BODY_SECTION
 7    console.log(body.getNumChildren()); //41
 8
 9    console.log(body.getMarginTop()); //72
10    console.log(body.getMarginBottom()); //72
11    console.log(body.getMarginLeft()); //72
12    console.log(body.getMarginRight()); //72
13    console.log(body.getPageHeight()); //841.68
14    console.log(body.getPageWidth()); //595.4399999999999
15
16    const header = document.getHeader();
17    console.log(header.getType().toString()); //HEADER_SECTION
18    console.log(header.getNumChildren()); //2
19
20    const footer = document.getFooter();
21    console.log(footer.getType().toString()); // FOOTER_SECTION
22    console.log(footer.getNumChildren()); //1
23  }
```

◆段落・リストアイテムの取得

セクションから段落・リストアイテムを取得するには、**getParagraphs メ ソ ッ ド**、**getListItems メソッド**を使います。たとえば、ボディに対してであれば、書式は以下のようになります。

▶構文

```
Body オブジェクト .getParagraphs()
```

▶構文

```
Body オブジェクト .getListItems()
```

これらのメソッドで取得できるものは、Paragraph オブジェクトの配列または ListItem オブジェクトの配列となりますので、各要素を操作する場合には、インデックスを指定して取り出す必要があります。

サンプル 12-4-2 はその使用例として、Paragraph オブジェクトおよび ListItem オブジェクトの配列を取得して、そのすべての要素について、getType メソッドでタイプを、また getText メソッドでテキスト内容をそれぞれログ出力するものです。

▶サンプル 12-4-2 段落・リストアイテムを取得する [sample12-04.gs]

```
 1  function myFunction12_04_02() {
 2    const id = '********'; //ドキュメント ID
 3    const document = DocumentApp.openById(id);
 4    const body = document.getBody();
 5
 6    const paragraphs = body.getParagraphs();        ボディの段落を配列として取得する
 7    for (const [i, paragraph] of paragraphs.entries()) {
 8      console.log(`${i}: ${paragraph.getType().toString()}\n${paragraph.getText()}`);
 9    }
10                                          リストアイテムの配列のすべての要素につ
11    console.log();                         いてタイプとテキスト内容をログ出力する
12
13    const listItems = body.getListItems();          ボディのリストアイテムを配列として取得する
14    for (const [i, listitem] of listItems.entries()) {
15      console.log(`${i}: ${listitem.getType().toString()}\n${listitem.getText()}`);
16    }
17  }
```

段落の配列のすべての要素について
タイプとテキスト内容をログ出力する

◆実行結果

```
0: PARAGRAPH
AppSheet とは何か？そしてそれを学ぶメリットと注意すべきポイントは
1: PARAGRAPH
Google はローコードアプリ開発プラットフォームとして App Maker を提供していたわけですが、その
提供終了を決定し、それと入れ替わるかたちでノーコードアプリ開発プラットフォーム AppSheet を買収
しました。
2: PARAGRAPH
（中略）
9: LIST_ITEM
ノーコードでアプリを作成できる
10: LIST_ITEM
アプリはクロスプラットフォーム、つまり PC、スマホ、タブレットから操作できる
（中略）

0: LIST_ITEM
ノーコードでアプリを作成できる
1: LIST_ITEM
アプリはクロスプラットフォーム、つまり PC、スマホ、タブレットから操作できる
```

　結果をご覧いただくと、paragraphs のインデックス 9 および 10 の要素として「LIST_ITEM」が出力されていることが不思議に思われるかも知れません。実際に、getParagraphs メソッドではリストアイテムも含めて取得するのです。つまり、getParagraphs メソッドでは改行コードまでを単位として、すべて取得するという理解をしておくとよいでしょう。

getParagraphs メソッドでは、リストアイテムも含めて取得します。

◆ボディに要素を追加する

　ドキュメントのボディに段落、リストアイテム、水平線、改ページなどを追加するには **appendParagraph メソッド**、**appendListItem メソッド**、**appendHorizontalRule メソッド**、**appendPageBreak メソッド**を使います。

　書式はそれぞれ以下の通りです。

▶構文
```
Body オブジェクト .appendParagraph( 文字列 )
```

▶構文

```
Body オブジェクト .appendListItem( 文字列 )
```

▶構文

```
Body オブジェクト .appendHorizontalRule()
```

▶構文

```
Body オブジェクト .appendPageBreak()
```

　これらのメソッドの使用例として、サンプル 12-4-3 をご覧ください。実行をすると、図 12-4-3 のようなドキュメントを作成できます。

▶サンプル 12-4-3 ボディへの要素の追加

```
1  function myFunction12_04_03() {
2    const body = DocumentApp.create(' 新規ドキュメント [ ボディに要素を追加 ]').getBody();
3
4    body.appendParagraph(' 段落 1');
5    body.appendParagraph(' 段落 2');
6    body.appendHorizontalRule();
7    body.appendParagraph('');
8    body.appendListItem(' リストアイテム 1');
9    body.appendListItem(' リストアイテム 2');
10 }
```

ドキュメントを作成し、そのボディを取得して body とする

body に段落、水平線、リストアイテムを追加する

▶図 12-4-3 新規ドキュメントに要素を追加

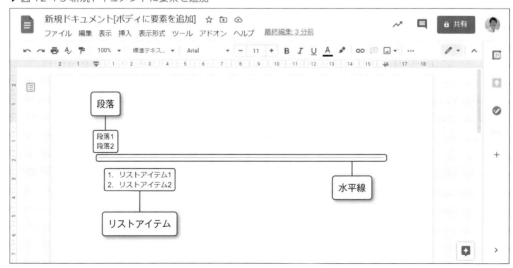

リストアイテムは連続して追加をした場合は、同じ「リストID」のリストアイテムとして扱われます。リストIDについては、次節で解説をします。

ヘッダーセクション、フッターセクションに対しても段落、リストアイテム、水平線の追加をすることが可能です。しかし構造上、改ページの追加をすることはできません。

12
ドキュメント

段落・リストアイテムを
操作する

◆ 段落・リストアイテムとは

　段落とは改行されるまでの範囲をいい、Google ドキュメントにおいて文字列や埋め込み画像などのコンテンツ要素をまとめるという重要な役割を持ちます。Document サービスにおいて、段落を取り扱う機能を提供しているのが **Paragraph クラス**です。

　また、**リストアイテム**は段落とは異なるタイプの要素ですが、内部にテキストや埋め込み画像を含むことができ、段落に類似した要素といえます。Document サービスでリストアイテムを取り扱う機能は、**ListItem クラス**で提供をされています。

　フォントの種類やサイズ、太字などの書式設定は文字単位で行いますが、水平配置、インデント、行間、見出しスタイルなど、段落またはリストアイテム単位で機能する書式設定がありますので、その点をよく理解しておく必要があります。

$$P_{oint}$$

水平配置、インデント、行間、見出しスタイルなどの書式は、段落またはリストアイテム単位で設定します。

　Paragraph クラスと ListItem クラスでは、共通で提供されているメンバーが多く存在しています。その主なメンバーを、図 12-5-1 にまとめています。

▶図 12-5-1 Paragraph クラス・ListItem クラスの主なメンバー

メンバー	戻り値	説明
appendHorizontalRule()	HorizontalRule	段落の末尾に区切り線を追加する
appendPageBreak()	PageBreak	段落の末尾に改ページを追加する
appendText(text)	Text	段落の末尾に文字列またはテキスト text を追加する
clear()	Paragraph/ListItem	段落の内容をクリアする
editAsText()	Text	段落を Text オブジェクトとして取得する
findText(searchPattern[, from])	RangeElement	段落内を from から検索を開始し、はじめてパターン searchPattern にマッチした要素の位置を取得する
getAlignment()	HorizontalAlignment	段落の水平方向の配置設定を取得する
getChild(childIndex)	Element	インデックス childIndex の子要素を取得する

getChildIndex(child)	Integer	子要素 child のインデックスを取得する
getHeading()	ParagraphHeading	段落の見出しスタイルを取得する
getIndentEnd()	Number	段落の右インデントをポイントで取得する
getIndentFirstLine()	Number	段落の最初の行のインデントをポイントで取得する
getIndentStart()	Number	段落の左インデントをポイントで取得する
getLineSpacing()	Number	段落の行間隔をポイントで取得する
getNumChildren()	Integer	子要素の数を取得する
getParent()	ContainerElement	段落の親要素を取得する
getText()	String	段落の内容をテキストとして取得する
getType()	ElementType	段落の ElementType を取得します。
insertHorizontalRule(childIndex)	HorizontalRule	インデックス childIndex に区切り線を挿入する
insertPageBreak(childIndex)	PageBreak	インデックス childIndex に改ページを挿入する
insertText(childIndex, text)	Text	インデックス childIndex に文字列またはテキスト text を挿入する
merge()	Paragraph/ListItem	同じタイプの前の要素とマージする
removeChild(child)	Paragraph/ListItem	子要素 child を削除する
removeFromParent()	Paragraph/ListItem	段落を削除する
replaceText(searchPattern, replacement)	Element	パターン searchPattern で検索してマッチした文字列と replacement を置換する
setAlignment(alignment)	Paragraph/ListItem	段落の水平方向の配置設定を設定する
setHeading(heading)	Paragraph/ListItem	段落の見出しスタイルを設定する
setIndentEnd(indentEnd)	Paragraph/ListItem	段落の右インデントをポイントで設定する
setIndentFirstLine(indentFirstLine)	Paragraph/ListItem	段落の最初の行のインデントをポイントで設定する
setIndentStart(indentStart)	Paragraph/ListItem	段落の左インデントをポイントで設定する
setLineSpacing(multiplier)	Paragraph/ListItem	段落の行間隔をポイントで設定する
setText(text)	void	段落の内容を文字列 text に設定する
setLineSpacing(multiplier)	Paragraph/ListItem	段落の行間隔をポイントで設定する
setText(str)	Void	段落の内容を文字列 str に設定する

　また、ListItem クラスでは、図 12-5-2 に示す通り、リストアイテムの操作をする専用のメンバーがいくつか用意されています。

▶図 12-5-2 ListItem クラス専用の主なメンバー

メンバー	戻り値	説明
getGlyphType()	GlyphType	リストアイテムのグリフタイプを取得する
getListId()	String	リストアイテムが属するリスト ID を取得する
getNestingLevel()	Integer	リストアイテムのネストレベルを取得する
setGlyphType(glyphType)	ListItem	リストアイテムのグリフタイプを設定する
setListId(listItem)	ListItem	リストアイテムが属するリスト ID を listItem の ID に設定する
setNestingLevel(nestingLevel)	ListItem	リストアイテムのネストレベルを設定する

　図 12-5-3 のドキュメントを例として、段落およびリストアイテムの情報を取得するスクリ

プトをサンプル 12-5-1 に示します。

▶図 12-5-3 段落・リストアイテムの情報を取得するドキュメント

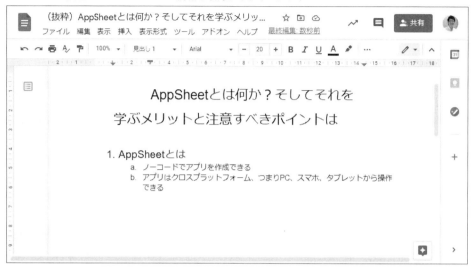

▶サンプル 12-5-1 段落・リストアイテムの情報を取得 [sample12-05.gs]

```
 1  function myFunction12_05_01() {
 2    const id = '********'; //ドキュメント ID
 3    const document = DocumentApp.openById(id);
 4    const body = document.getBody();
 5
 6    const paragraph = body.getParagraphs()[0];
 7    console.log(paragraph.getText()); //AppSheet とは何か？そしてそれを学ぶメリットと（以下略）
 8    console.log(paragraph.getType().toString()); //PARAGRAPH
 9    console.log(paragraph.getParent().getType().toString()); //BODY_SECTION
10    console.log(paragraph.getNumChildren()); //1
11
12    console.log(paragraph.getAlignment().toString()); //JUSTIFY
13    console.log(paragraph.getHeading().toString()); //Heading 1
14
15    console.log(paragraph.getIndentStart()); //28.34645669291339
16    console.log(paragraph.getIndentEnd()); //42.51968503937008
17    console.log(paragraph.getIndentFirstLine()); //85.03937007874016
18    console.log(paragraph.getLineSpacing()); //1.5
19
20    const listItem1 = body.getListItems()[0];
21    console.log(listItem1.getText()); //AppSheet とは
22    console.log(listItem1.getType().toString()); //LIST_ITEM
```

```
23      console.log(listItem1.getParent().getType().toString()); //BODY_SECTION
24      console.log(listItem1.getNumChildren()); //1
25
26      console.log(listItem1.getAlignment()); //null
27      console.log(listItem1.getHeading().toString()); //HEADING2
28      console.log(listItem1.getIndentStart()); //36
29      console.log(listItem1.getIndentEnd()); //null
30      console.log(listItem1.getIndentFirstLine()); //18
31      console.log(listItem1.getLineSpacing()); //null
32
33      console.log(listItem1.getGlyphType().toString()); //NUMBER
34      console.log(listItem1.getNestingLevel()); //0
35      console.log(listItem1.getListId()); //kix.wyo6j1mswvrk
36
37      const listItem2 = body.getListItems()[1];
38      console.log(listItem2.getText()); // ノーコードでアプリを作成できる
39      console.log(listItem2.getGlyphType().toString()); //LATIN_LOWER
40      console.log(listItem2.getNestingLevel()); //1
41      console.log(listItem2.getListId()); //kix.wyo6j1mswvrk
42  }
```

　水平配置、インデント、行間については、デフォルトから設定を変更しないものはすべて
null となります。また、**グリフタイプ**は箇条書きの記号のタイプを表しますが、Enum
GlyphType で既定されているものです。

◆段落・リストアイテムの操作

　段落やリストアイテムの操作に関しては、さまざまな方法がありますが、一例としてサンプ
ル 12-5-2 をご覧ください。このサンプルは前述の図 12-5-3 に対して、文字列や段落、リス
トアイテムの追加や設定の変更を行うものです。実行すると図 12-5-4 のようになりますので、
どの命令がどのような操作を実現しているかを確認してみましょう。

▶ サンプル 12-5-2 段落・リストアイテムの操作 [sample12-05.gs]

```
1  function myFunction12_05_02() {
2    const id = '********'; //ドキュメント ID
3    const document = DocumentApp.openById(id);
4    const body = document.getBody();
5
6    const paragraph1 = body.getParagraphs()[0];
```

```
7     paragraph1.appendText(' ？？？ ');
8     console.log(paragraph1.getNumChildren()); //2
9
10    const paragraph2 = body.appendParagraph('AppSheet の特徴 ');
11    paragraph2.setHeading(DocumentApp.ParagraphHeading.HEADING2);
12
13    const listItem1 = body.getListItems()[0];
14    const listItem2 = body.appendListItem(' 既存のデータソースと連携 ');
15    listItem2.setListId(listItem1);
16  }
```

paragraph1 にテキストを追加する

paragraph1 の要素数は 2

ボディに新たな段落を追加し、その見出しスタイルを「見出し 2」に設定する

ボディに新たなリストアイテムを追加し、そのリスト ID を listItem1 と同じ ID に設定する

▶ 図 12-5-4 段落・リストアイテムの操作をしたドキュメント

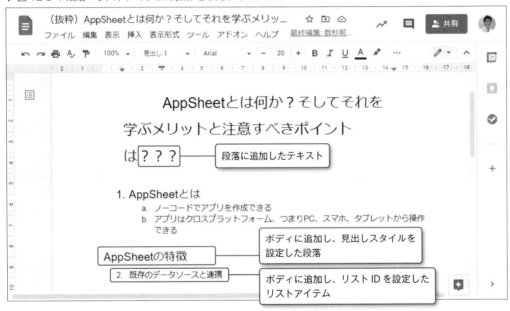

paragraph オブジェクトに対して appendText メソッドを使用した場合は、対象の paragraph オブジェクト内に、指定した文字列を含む Text オブジェクトが追加されます。したがって、この例の getNumChildren メソッドでは「2」が出力されています。

また、同じ**リスト ID** を持つリストアイテムは、同じリストに属するものとして扱われます。図 12-5-4 のように、たとえその位置が隣接していなかったとしても、連続した番号が付与されることになります。

Point

同じリスト ID を持つリストアイテムは、たとえ隣接していなくても同じリストに属します。

12 テキストオブジェクトを
06 操作する

◆Text クラスとは

　Google ドキュメントでいうところの「**テキスト**」は Text オブジェクトのことを指していて、単なる文字列の値ではありません。**Text オブジェクトは文字列とともに、文字の書式設定やリンク情報などを持つ、リッチなテキスト領域なのです。**

P oint

　Text オブジェクトは、文字列とともに書式設定やリンク情報を持つリッチなテキスト領域です。

　Document サービスにおいて、その Text オブジェクトを取り扱うクラスが、**Text クラス**となります。Text クラスでは、Text オブジェクトに文字列を追加・削除をするメンバー、書式やリンク情報の取得や設定をするメンバーなどが提供されています。

　主なメンバーを図 12-6-1 にまとめていますのでご覧ください。

▶図 12-6-1 Text クラスの主なメンバー

メンバー	戻り値	説明
appendText(text)	Text	文字列 text をテキストに追加する
deleteText(startOffset, endOffsetInclusive)	Text	テキストの文字位置 startOffset から endOffsetInclusive までを削除する
findText(searchPattern[, from])	RangeElement	テキスト内を from から検索を開始し、はじめてパターン searchPattern にマッチした要素の位置を取得する
getBackgroundColor([offset])	String	テキストの背景色を取得する
getFontFamily([offset])	String	テキストのフォント種類を取得する
getFontSize([offset])	Integer	テキストのフォントサイズを取得する
getForegroundColor([offset])	String	テキストの文字色を取得する
getLinkUrl([offset])	String	テキストの文字のリンク URL を取得する
getParent()	ContainerElement	テキストの親要素を取得する
getText()	String	テキストの文字列を取得する
getTextAlignment([offset])	TextAlignment	テキストの配置を取得する
getType()	ElementType	要素の ElementType を取得します。
insertText(offset, text)	Text	テキストの文字位置 offset に文字列 text を挿入する

isBold([offset])	Boolean	テキストのボールド設定を判定する
isItalic([offset])	Boolean	テキストのイタリック設定を判定する
isStrikethrough([offset])	Boolean	テキストの取り消し線設定を判定する
isUnderline([offset])	Boolean	テキストのアンダーライン設定を判定する
merge()	Text	前のテキスト要素とマージする
removeFromParent()	Text	要素を削除する
replaceText(searchPattern, replacement)	Element	パターン searchPattern で検索してマッチした文字列と replacement を置換する
setBackgroundColor([startOffset, endOffsetInclusive,]color)	Text	テキストに背景色を設定する
setBold[startOffset, endOffsetInclusive,]bold)	Text	テキストにボールドを設定する
setFontFamily([startOffset, endOffsetInclusive,]fontFamilyName)	Text	テキストにフォントの種類を設定する
setFontSize([startOffset, endOffsetInclusive,]size)	Text	テキストにフォントサイズを設定する
setForegroundColor([startOffset, endOffsetInclusive,]color)	Text	テキストに文字色を設定する
setItalic([startOffset, endOffsetInclusive,]italic)	Text	テキストにイタリックを設定する
setLinkUrl([startOffset, endOffsetInclusive,]url)	Text	テキストにリンク URL を設定する
setStrikethrough([startOffset, endOffsetInclusive,]strikethrough)	Text	テキストに取り消し線を設定する
setText(text)	Text	テキストの内容を文字列 text に設定する
setTextAlignment([startOffset, endOffsetInclusive,]textAlignment)	Text	テキストに配置を設定する
setUnderline([startOffset, endOffsetInclusive,]underline)	Text	テキストにアンダーラインを設定する

　例として、図 12-6-2 に示すドキュメントから、Text オブジェクトのさまざまな情報を取得するスクリプトをサンプル 12-6-1 として用意しました。なお、editAsText メソッドはParagraph オブジェクトや Body オブジェクトを、Text オブジェクトとして取り出すメソッドです。

▶図 12-6-2 テキストの情報を取得するドキュメント

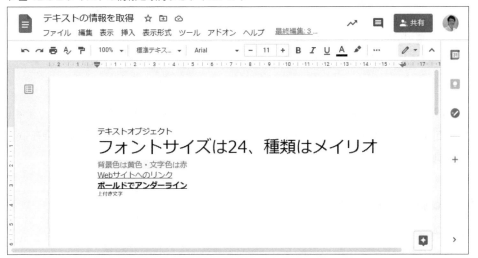

▶サンプル 12-6-1 テキストの情報を取得 [sample12-06.gs]

```
 1  function myFunction12_06_01() {
 2    const id = '********';
 3    const paragraphs = DocumentApp.openById(id).getBody().getParagraphs();
 4
 5    let text = paragraphs[0].editAsText();
 6    console.log(text.getText()); //テキストオブジェクト
 7    console.log(text.getType().toString()); //PARAGRAPH
 8    console.log(text.getParent().getType().toString()); //BODY_SECTION
 9
10    text = paragraphs[1].editAsText();
11    console.log(text.getFontSize()); //24
12    console.log(text.getFontFamily()); //Meiryo
13
14    text = paragraphs[2].editAsText();
15    console.log(text.getBackgroundColor()); //#ffff00
16    console.log(text.getForegroundColor()); //#ff0000
17
18    text = paragraphs[3].editAsText();
19    console.log(text.getLinkUrl()); //http://tonari-it.com/
20
21    text = paragraphs[4].editAsText();
22    console.log(text.isBold()); //true
23    console.log(text.isItalic()); //null
24    console.log(text.isStrikethrough()); //null
```

```
25     console.log(text.isUnderline()); //true
26
27     text = paragraphs[5].editAsText();
28     console.log(text.getTextAlignment().toString()); //SUPERSCRIPT
29 }
```

　フォント設定、リンク、装飾に関してはすべて、デフォルトの状態では null が返ります。また、文字位置 offset を省略すると Text オブジェクト全体を評価し、複数の設定が混在している場合は null が返ります。

◆テキストの書式設定をする

　Text クラスには、テキストのフォントやリンク URL などの書式設定をする多くのメンバーが提供されています。例として、図 12-6-3 のドキュメントに対してテキストの書式設定をする場合を見てみましょう。

▶図 12-6-3 テキストの書式設定前のドキュメント

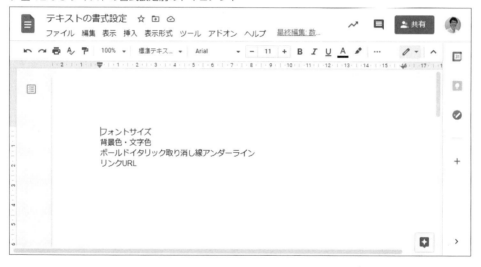

　このドキュメントの各テキストに対して、書式設定を行うスクリプトをサンプル 12-6-2 として用意しました。このスクリプトを実行すると、図 12-6-4 のような結果が得られます。

▶サンプル 12-6-2 テキストの書式設定 [sample12-06.gs]
```
1  function myFunction12_06_02() {
2    const id = '********';
3    const paragraphs = DocumentApp.openById(id).getBody().getParagraphs();
4
```

```
 5    paragraphs[0].editAsText().setFontSize(20);              フォントサイズを20に設定

 6

 7    paragraphs[1].editAsText()

 8      .setBackgroundColor('#FF8C00')                         背景色と文字色の設定

 9      .setForegroundColor('#FFFAFA');

10

11    paragraphs[2].editAsText()

12      .setBold(0, 3, true)

13      .setItalic(4, 8, true)                                各文字範囲に対して文字装飾の設定

14      .setStrikethrough(9, 13, true)

15      .setUnderline(14, 20, true);

16                                                            リンクURLの設定

17    paragraphs[3].editAsText().setLinkUrl('https://tonari-it.com');

18  }
```

▶図 12-6-4 テキストの書式設定後のドキュメント

文字列範囲を指定しない場合は、Text オブジェクト全体が書式設定の対象になる

　書式設定を行う各メソッドの文字範囲設定は、先頭を 0 とした文字位置で設定をします。文字範囲設定は省略でき、その場合は Text オブジェクト全体が対象となります。また、これらのメソッドの返り値として Text オブジェクト自身を返すので、連続して設定できます。

12 07 文字列の編集と書式設定

◆ 文字列の編集

Document サービスによる文字列の編集は、Body オブジェクト、Paragraph オブジェクト、Text オブジェクトなど、各オブジェクトに対しても行うことができ、メソッドの種類も豊富にあるため、混乱しやすいかも知れません。文字列の追加・挿入・削除をする方法は、以下のように整理できます。

・setText メソッドにより要素内の文字列全体を設定する
・append ～メソッド /Insert ～メソッドにより、文字列または文字列を含む新しい要素を追加、挿入する
・removeFromParent メソッド（または removeChild メソッド）により要素自体を削除する
・deleteText メソッドにより文字列を削除する

これらのメソッドと使用できるオブジェクトの関係を表すと、図 12-7-1 のようになります。

▶ 図 12-7-1 文字列の編集に関するメソッドとオブジェクト

メソッド	Body HeaderSection FooterSection	Paragraph ListItem	Text
setText	○	○	○
appendParagraph appendListItem InsertParagraph InsertListItem	○		
appendText InsertText		○	○
removeFromParent		○	○
deleteText			○

ドキュメント本体の末尾に文字列を順次追加していくのであれば、Body オブジェクトへの appendText メソッドがもっともシンプルです。また、ドキュメントがすべてプレーンテキストであるなら、全体の文字列を getText メソッドで取得してから、文字列に変更を加えた

あとに setText メソッドで設定し直すという選択肢もあるでしょう。

　例として、図 12-7-2 のドキュメントに対して、サンプル 12-7-1 を実行する場合を考えましょう。ドキュメント上の「{ 社名 }」「{ 肩書 }」「{ 氏名 }」の内容を置換し、段落を追加するというものです。

　実行をすると、図 12-7-3 のような結果が得られます。

▶図 12-7-2 置換前のドキュメント

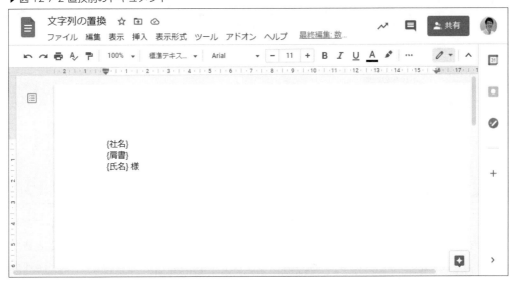

▶サンプル 12-7-1 ドキュメントの文字列を置換する [sample12-07.gs]

```
1  function myFunction12_07_01() {
2    const id = '********';
3    const body = DocumentApp.openById(id).getBody();
4
5    let str = body.getText();                          ボディ全体の文字列を取得する
6    str = str.replace('{ 社名 }', ' 株式会社プランノーツ ');
7    str = str.replace('{ 肩書 }', ' 代表取締役 ');        指定の文字列を置換する
8    str = str.replace('{ 氏名 }', ' 高橋宣成 ');
9                                                       ボディ全体の文字列を設定する
10   body.setText(str);
11   body.appendParagraph(' はじめまして。');            ボディに段落を追加する
12 }
```

▶図 12-7-3 置換後のドキュメント

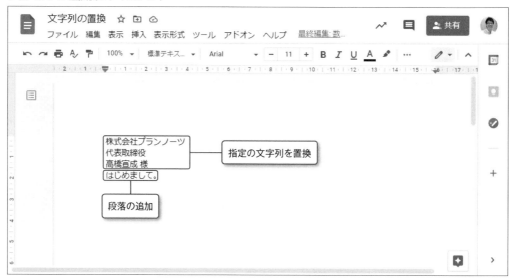

◆文字列の書式設定

　フォントの設定やリンク URL の挿入など、文字列の書式設定は Text オブジェクトに対してのみ行うことができます。しかし、文書全体や段落全体に対して書式設定を行いたいときがあります。そのようなときには、Body オブジェクトや Paragraph オブジェクトを Text オブジェクトとして取得する、**editAsText メソッド**が便利です。

　書式は以下の通りです。

▶構文

```
Body オブジェクト .editAsText()
Paragraph オブジェクト .editAsText()
```

　なお、editAsText メソッドは、他のセクションのクラスや ListItem クラスでもメンバーとして提供されています。

　editAsText メソッドの使用例として、図 12-7-3 のドキュメントについて、書式設定を行ってみましょう。サンプル 12-7-2 を実行すると、図 12-7-4 のようにボディ全体および段落全体について書式設定を行うことができます。

▶サンプル 12-7-2 ボディおよび段落に書式設定する [sample12-07.gs]

```
1  function myFunction12_07_02() {
2    const id = '********';
3    const body = DocumentApp.openById(id).getBody();
```

```
4      body.editAsText().setFontFamily('MS PMincho'); ─────
5
6      const paragraph = body.getParagraphs()[0];
7      paragraph.editAsText().setFontSize(16); ─────
8  }
```

ボディ全体のフォント種類を
「MS P 明朝」に変更する

段落のフォントサイズを 16 に変更する

▶図 12-7-4 ボディと段落に書式設定をしたドキュメント

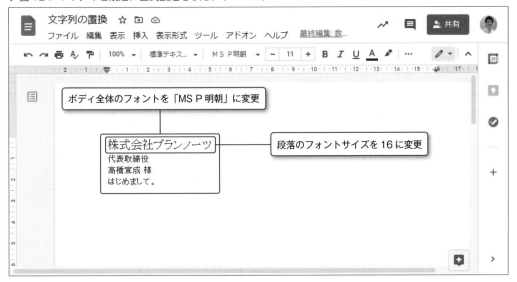

ボディ全体のフォントを「MS P 明朝」に変更

段落のフォントサイズを 16 に変更

Memo

　setFontFamily メソッドでは、フォント種類を文字列で指定する必要があります。以前は、Enum FontFamily により指定をすることができましたが、現在はサポートが終了しているので推奨されていません。目的のフォント種類の文字列を知るためには、実際のドキュメントから getFontFamily メソッドで取得する必要があるかもしれません。

文字列の置換と検索

◆ 文字列の置換

　ドキュメント全体がプレーンテキストの場合は、前節で解説した方法で特定の文字列を置換できますが、リストや表、画像などのプレーンテキスト以外の要素が含まれている場合は、それらの要素が失われてしまいます。

　そのような場合は、**replaceText メソッド**を使用できます。書式は以下の通りです。

▶構文

```
Body オブジェクト .replaceText ( 正規表現 , 置換後の文字列 )
Paragraph オブジェクト .replaceText ( 正規表現 , 置換後の文字列 )
```

　ただし、ここで指定する正規表現は、JavaScript の正規表現オブジェクトではなく、Google の RE2 正規表現ライブラリに則ったものを文字列で指定する点に注意が必要です。

Memo

　とはいえ、正規表現の組み方はほぼ同様です。Google の RE2 正規表現ライブラリについては、以下 URL をご参照ください。
　https://github.com/google/re2/wiki/Syntax

　なお、replaceText メソッドは、他のセクションのクラスや ListItem クラス、Text クラスでもメンバーとして提供されています。

　では、使用例を見てみましょう。図 12-8-1 に示すドキュメントに対して、サンプル 12-8-1 のスクリプトを実行します。

▶ 図 12-8-1 文字列の置換前のドキュメント

▶ サンプル 12-8-1 ボディの文字列の置換 [sample12-08.gs]

```
1   function myFunction12_08_01() {
2     const id = '********';
3     const body = DocumentApp.openById(id).getBody();
4
5     body.replaceText('App sheet', 'AppSheet');
6   }
```

> 「App sheet」というキーワードを「AppSheet」に置換する

　実行すると、図 12-8-2 のようにボディ内の「App sheet」という文字列すべてが「AppSheet」に置換されます。

▶図 12-8-2 ボディの文字列の置換

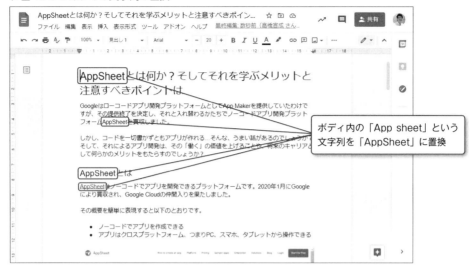

◆テキストの検索

ドキュメント内のキーワードを検索し、その範囲にだけ書式設定を行いたいときには、**findText メソッド**を使います。

書式は以下の通りです。

▶構文

```
Body オブジェクト .findText ( 正規表現 [, from])
Paragraph オブジェクト .findText ( 正規表現 [, from])
```

引数 from には、**RangeElement オブジェクト**というオブジェクトを指定します。RangeElement オブジェクトは主に検索時に使用されるオブジェクトで、要素とその要素内の開始位置、終了位置というデータを持ちます。Document サービスでは、RangeElement オブジェクトを操作するため **RangeElement クラス**が用意されており、その主なメンバーは図 12-8-3 の通りとなります。

▶図 12-8-3 RangeElement クラスの主なメンバー

メンバー	戻り値	説明
getElement()	Element	RangeElement オブジェクトに対応する要素を取得する
getEndOffsetInclusive()	Integer	RangeElement 内の終了位置を取得する
getStartOffset()	Integer	RangeElement 内の開始位置を取得する

　findText メソッドを実行すると、from 以降ではじめて正規表現にマッチしたキーワードが含まれる要素と、その開始位置および終了位置を RangeElement オブジェクトとして取得します。マッチしたキーワードを操作するには、戻り値である RangeElement オブジェクトから要素を取り出し、さらにその範囲を取り出すという手順となります。

　RangeElement オブジェクトから要素を取り出すには、**getElement メソッド**を使用します。しかし、メソッドで取得できるのは、**Element オブジェクト**というドキュメント内のすべての要素を表すオブジェクトですので、Text オブジェクトとして取得するには **asText メソッド**を使います。

　それぞれの書式は以下の通りです。

▶構文
```
RangeElement オブジェクト .getElement()
```

▶構文
```
Element オブジェクト .asText()
```

　さらに、RangeElement オブジェクト内のマッチしたキーワードの開始位置、終了位置を取得するには **getStartOffset メソッド**、**getEndOffsetInclusive メソッド**を使用します。

　書式は以下の通りです。

▶構文
```
RangeElement オブジェクト .getStartOffset()
```

▶構文
```
RangeElement オブジェクト .getEndOffsetInclusive()
```

　findText メソッドの使用例として、サンプル 12-8-2 をご覧ください。ドキュメントのボディ内で「AppSheet」というキーワードを検索し、アンダーラインを引くというものです。実行をすると、図 12-8-4 のように「AppSheet」の箇所にアンダーラインが付与されます。

▶サンプル 12-8-2 検索したキーワードに下線を引く [sample12-08.gs]
```
1    function myFunction12_08_02() {
2      const id = '********';
3      const body = DocumentApp.openById(id).getBody();
4
5      let result = null;
6      while (result = body.findText('AppSheet', result)) {
7        const text = result.getElement().asText();
```

findText の検索結果を result に取得、relsult が null でない間繰り返す

初回の検索開始する RangeElement オブジェクトとして null を指定する

RangeElement オブジェクトの要素を Text オブジェクトとして取得する

12 ドキュメント

```
8 │        text.setUnderline(result.getStartOffset(), result.getEndOffsetInclusive(), true);
9 │    }
10 │ }
```

> text 内のマッチした範囲に下線を引く

▶ 図 12-8-4　検索したキーワードに下線を引いたドキュメント

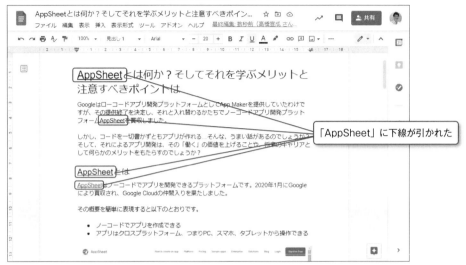

> 「AppSheet」に下線が引かれた

findText メソッドでは、第二引数に指定した RangeElement オブジェクトの開始位置から直後の検索結果のみを返します。したがって、全体を検索するには while 文などの繰り返し構文と組み合わせる必要があります。その場合、検索結果自体を while 文の条件式として使用することで、検索結果がなくなるまで（つまり検索結果が null になるまで）の検索が可能となります。

Memo

　JavaScript の RegExp オブジェクトの exec メソッドと使用方法が類似しているので、見直してみましょう。

　本章では、GAS で Google ドキュメントを操作する Document サービスと、その主なクラス、メンバーについて解説をしました。「文書」の仕組みとその操作は想像以上に複雑で、公式ドキュメントのみで理解するのは、かなりの労力を要します。しかし、本章でお伝えしたドキュメント、セクション、段落といった文書の構造について、また Paragraph オブジェクトや Text オブジェクトといった勘違いをしやすいオブジェクトについて正しく理解することは、今後の学習の効率を大きく上げることにつながるでしょう。

　さて、次章で扱うのは Slides サービス、つまり Google スライドの操作について紹介していきます。プレゼンテーションの作成や変更といった作業を自動化できますので、ぜひマスターしていきましょう。

スライド

13 | 01 Slides サービス

◆Slides サービスとは

Slides サービスは、GAS で Google スライドを操作する機能を提供するサービスです。Slides サービスを使うことで、プレゼンテーション上のスライドの追加や挿入、スライド上の図形や画像の挿入や加工、テキストボックス内のテキストの編集や置換などといったさまざまな操作を行うことができます。

本章では、Slides サービスの中で図 13-1-1 に挙げるクラスについて解説をしていきます。これら以外にも、マスターを扱う Master クラスやレイアウトを扱う Layout クラス、表を扱う Table クラス、グラフを扱う SheetsChat クラス、テキストスタイルを扱う TextStyle クラスなど、とても多くのクラスが提供されています。

▶図 13-1-1 Slides サービスの主なクラス

クラス	説明
SlidesApp	Slides サービスのトップレベルオブジェクト
Presentation	プレゼンテーションを操作する機能を提供する
Page	ページを操作する機能を提供する
Slide	スライドを操作する機能を提供する
PageElement	ページ要素を操作する機能を提供する
Shape	シェイプを操作する機能を提供する
Image	画像を操作する機能を提供する
TextRange	テキスト範囲を操作する機能を提供する

◆Google スライドのプレゼンテーションの構造

Google スライドの構成要素はスプレッドシートなどと比較するとやや複雑で深い構造になっています。まず、主な要素として以下のような 4 つの階層があります。

・SlidesApp
・プレゼンテーション
・ページ：スライド、レイアウト、マスター、スピーカーノートなど
・ページ要素：シェイプ、画像、動画、グラフ、表、動画、ワードアート、線など

SlidesApp は Slides サービスのトップレベルオブジェクトで、**プレゼンテーション**を配下に持ちます。

プレゼンテーションは、その配下に**ページ**を持ちます。ページにはいくつかの種類があり、その中心的な存在はスライドですが、それ以外にもマスターやレイアウト、スピーカーノートもページの一種として同じ階層に分類されます。それぞれを扱うための個別クラスが用意されていますが、共通の特性を表すクラスとして Page というクラスも提供されています。

ページ上には、シェイプ（図形、テキストボックスなど）、画像、動画、グラフ、表、動画、ワードアート、線などさまざまな要素を配置できますが、それらを**ページ要素**といいます。ページ要素の共通の特性を表すクラスとして PageElement クラスがあり、またそれぞれの個別の要素を表すクラスも提供されています。

ページ要素は、その種類に応じて、さらに配下のクラスを持ちます。たとえば、シェイプはその以下にテキスト範囲や、塗りつぶし、枠線などを表すクラスを持ちます。さらに、テキスト範囲を表す TextRange クラスは、その配下に段落を表すクラスやテキストスタイルを表すクラスを持ちます。

これらの主な要素についての位置関係を表したものが図 13-1-2 です。

▶図 13-1-2 Slides サービスのクラスの階層構造

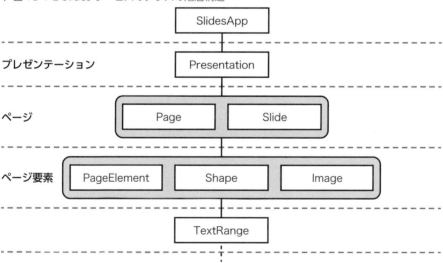

このように、Slides サービスの構造は他のサービスに比べると深い構造になっています。

ページ、ページ要素といった同じ階層のクラスには、同じメソッドも存在していますので、まず上位の４つの階層をよく理解し、マスターすることを目指すとよいでしょう。

Point

Google スライドは他のサービスと比較して深い構造になっています。

また、実際の Google スライドの画面で各クラスの位置関係を表したものが図 13-1-3 です。
合わせてご覧ください。

▶図 13-1-3 Google スライドの画面と Slides サービスのクラス

13
02 SlidesApp クラス

◆SlidesApp クラスとは

SlidesApp クラスは、Slides サービスの最上位に位置するトップレベルオブジェクトです。図 13-2-1 に示すとおり、プレゼンテーションの取得と作成が主な役割となります。

▶図 13-2-1 SlidesApp クラスの主なメンバー

メンバー	戻り値	説明
create(name)	Presentation	新しいプレゼンテーション name を作成する
getActivePresentation()	Presentation	アクティブなプレゼンテーションを取得する
getUi()	Ui	プレゼンテーションの Ui オブジェクトを取得する
openById(id)	Presentation	指定した id のプレゼンテーションを開く
openByUrl(url)	Presentation	指定した url のプレゼンテーションを開く

◆プレゼンテーションを取得する

プレゼンテーションを取得する方法は、以下の 3 つです。

・アクティブなプレゼンテーションを取得する
・ID でプレゼンテーションを取得する
・URL でプレゼンテーションを取得する

Google スライドでは、スプレッドシートやドキュメントと同様、図 13-2-2 に示すようにメニューから「ツール」→「スクリプトエディタ」を選択することで、コンテナバインドスクリプトを作成できます。

▶ 図 13-2-2 プレゼンテーションでコンテナバインドスクリプトを開く

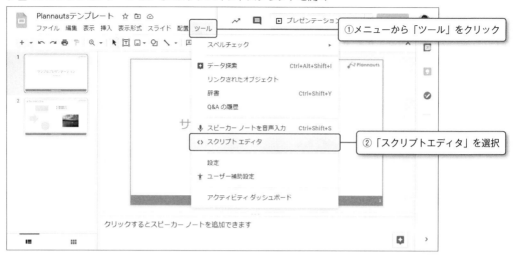

コンテナバインドスクリプトであれば、以下の **getActivePresentation メソッド**により、コンテナとなっているプレゼンテーションを取得できます。

▶構文
```
SlidesApp.getActivePresentation()
```

また、Google スライドのプレゼンテーションは、ID または URL により取得することができます。それぞれ、以下の **openById メソッド**、**openByUrl メソッド**を用います。

▶構文
```
SlidesApp.openById(ID)
```

▶構文
```
SlidesApp.openByUrl(URL)
```

プレゼンテーションの固有の ID も、その URL から取得できます。以下の { プレゼンテーション ID} の部分が、プレゼンテーションの ID です。

https://docs.google.com/presentation/d/{ プレゼンテーション ID}/edit#slide=id.{ スライド ID}

なお、プレゼンテーションの URL には開いているスライドの ID も含まれており、上記の { スライド ID} の部分がそれに該当します。

▶図 13-2-3 プレゼンテーションの URL と ID

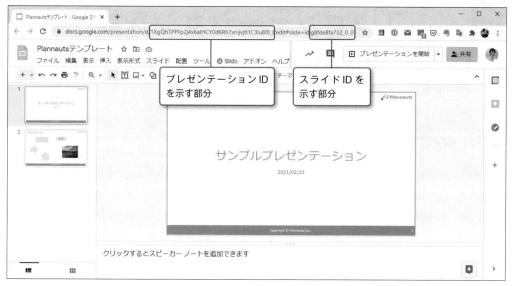

　では、プレゼンテーションを取得する例を見ていきましょう。サンプル 13-2-1 のスクリプトを、プレゼンテーションのコンテナバインドで作成してください。また、URL や ID は皆さんの環境のものを入力してください。

　なお、getName メソッドはプレゼンテーション名を取得するものです。実行すると、それぞれのメソッドで取得したプレゼンテーション名がログに出力されますので確認しましょう。

▶サンプル 13-2-1 プレゼンテーションを取得する [sample13-02.gs]

```
 1  function myFunction13_02_01() {
 2    const activePresentation = SlidesApp.getActivePresentation();
 3    console.log(activePresentation.getName()); // プレゼンテーション名
 4
 5    const url = 'https://docs.google.com/presentation/d/********/edit#'; //URL
 6    const presentationByUrl = SlidesApp.openByUrl(url);
 7    console.log(presentationByUrl.getName()); // プレゼンテーション名
 8
 9    const id = '********'; // プレゼンテーション ID
10    const presentationById = SlidesApp.openById(id);
11    console.log(presentationById.getName()); // プレゼンテーション名
12  }
```

13 03 プレゼンテーションを操作する - Presentation クラス

◆Presentation クラスとは

Presentation **クラス**は、プレゼンテーションを操作する機能を提供するクラスです。図 13-3-1 にその主なメンバーをまとめています。主に、プレゼンテーションの情報を取得するメソッド、配下のスライドを取得、追加、挿入するメソッドなどで構成されています。

▶ 図 13-3-1 Presentation クラスの主なメンバー

メンバー	戻り値	説明
appendSlide([predefinedLayout])	Slide	プレゼンテーションにスライドを追加する
getId()	String	プレゼンテーション ID を取得する
getName()	String	プレゼンテーション名を取得する
getPageElementById(id)	PageElement	プレゼンテーションから指定した id のページ要素を取得する
getPageHeight()	Number	プレゼンテーションのページの高さをポイントで取得する
getPageWidth()	Number	プレゼンテーションのページの幅をポイントで取得する
getSlideById(id)	Slide	プレゼンテーションから指定したオブジェクト ID のスライドを取得する
getSlides()	Slide[]	プレゼンテーションに含まれるすべてのスライドを取得する
getUrl()	String	プレゼンテーションの URL を取得する
insertSlide(insertionIndex[, predefinedLayout])	Slide	プレゼンテーションにスライドを挿入する
replaceAllText(findText, replaceText[, matchCase])	Integer	プレゼンテーション内の文字列 findText を replaceText に置換する
saveAndClose()	void	プレゼンテーションを保存する
setName(name)	void	プレゼンテーション名を設定する

では、プレゼンテーションの情報を取得するサンプル 13-3-1 を実行して、各出力のようすを見てみましょう。

▶ サンプル 13-3-1 プレゼンテーションの情報を取得する [sample13-03.gs]

```
1  function myFunction13_03_01() {
2    const id = '********';
```

```
3    const presentation = SlidesApp.openById(id);

4

5    console.log(presentation.getName()); // プレゼンテーション名
6    console.log(presentation.getId()); // プレゼンテーション ID
7    console.log(presentation.getUrl()); // プレゼンテーションの URL

8

9    console.log(presentation.getPageHeight()); //540
10   console.log(presentation.getPageWidth()); //960
11  }
```

◆スライドを取得する

プレゼンテーションからスライドを取得するには、以下の2つの方法があります。

・スライド ID でスライドを取得する

・スライドの配列を取得する

スライド ID を用いてスライドを取得するには、**getSlideById メソッド**を用います。

▶構文

```
Presentation オブジェクト .getSlideById( スライド ID)
```

スライド ID はプレゼンテーション内のスライドに一意に付与されている ID で、前述のとおりプレゼンテーションの URL の末尾の部分「slide=id.{ スライド ID}」から取得することができます。また、Slide オブジェクトの getObjectId メソッドでも取得可能です。

プレゼンテーションのすべてのスライドを配列で取得するには、**getSlides メソッド**を使用します。

▶構文

```
Presentation オブジェクト .getSlides()
```

配列にはインデックス 0 の要素として 1 ページ目のスライドが、以降順番どおりに格納されていきます。

では、例として図 13-3-2 のプレゼンテーションからスライドを取得していきましょう。

▶図 13-3-2 スライドを取得するプレゼンテーション

サンプル 13-3-2 を実行して、getSlides メソッド、getSlideById メソッドの動作を確認してください。なお、プレゼンテーション ID およびスライド ID は皆さんのプレゼンテーションの URL から取得したものを使用してください。

▶サンプル 13-3-2 スライドを取得する [sample13-03.gs]

```
 1  function myFunction13_03_02() {
 2    const id = '********'; // プレゼンテーション ID
 3    const presentation = SlidesApp.openById(id);
 4
 5    const slides = presentation.getSlides();
 6    console.log(slides.length); //2
 7
 8    const slideId = '********'; // スライド ID
 9    const slide = presentation.getSlideById(slideId);
10    console.log(slide.getObjectId()); // スライド ID
11  }
```

◆スライドを追加・挿入する

プレゼンテーションの末尾に新たなスライドを追加するには、以下の **appendSlide メソッ**ドを用います。

▶構文

```
Presentation オブジェクト .appendSlide([ レイアウト ])
```

　レイアウトとして、図 13-3-3 に示す **Enum PredefinedLayout** のいずれかのメンバーを指定すると、そのレイアウトをもとにしたスライドを追加します。ただし、これらがマスターに存在している必要があり、そうでない場合はエラーとなります。レイアウトを省略した場合は、空白のスライドが追加されます。

▶図 13-3-3 Enum PredefinedLayout のメンバー

メンバー	説明
BLANK	空白
CAPTION_ONLY	説明
TITLE	タイトル
TITLE_AND_BODY	タイトルと本文
TITLE_AND_TWO_COLUMNS	2列（タイトルあり）
TITLE_ONLY	タイトルのみ
SECTION_HEADER	セクションヘッダー
SECTION_TITLE_AND_DESCRIPTION	セクションタイトルと説明
ONE_COLUMN_TEXT	1列のテキスト
MAIN_POINT	要点
BIG_NUMBER	数字（大）

　プレゼンテーションの任意の位置にスライドを挿入するには、**insertSlide メソッド**を用います。

▶構文

```
Presentation オブジェクト .insertSlide( インデックス [, レイアウト ])
```

　インデックスは 1 ページ目のスライドを 0 とした整数で、その指定した位置にスライドを挿入します。レイアウトについては、appendSlide メソッドと同様です。

　では、前述の図 13-3-2 のプレゼンテーションを例として、これらのメソッドの動作を確認してみましょう。サンプル 13-3-3 を実行すると、図 13-3-4 のようにスライドの追加および挿入が可能です。

▶サンプル 13-3-3 スライドを追加・挿入する [sample13-03.gs]

```
1  function myFunction13_03_03() {
2    const id = '********';
3    const presentation = SlidesApp.openById(id);
```

```
4
5      presentation.appendSlide();
6      presentation.insertSlide(1, SlidesApp.PredefinedLayout.TITLE);
7    }
```

空白スライドを末尾に追加

タイトルスライドを2ページ目に挿入

▶図 13-3-4 スライドを追加・挿入したプレゼンテーション

空白スライド
を末尾に追加

タイトルスライドを2ページ目に挿入

Memo

　appendSlide メソッド、insertSlide メソッドのレイアウトを表す引数には、Slide オブジェクトや Layout オブジェクトを指定できます。カスタムレイアウトから新たなページを追加・挿入するには、Layout オブジェクトを引数に指定します。

13
04 スライドを操作する - Slide クラス

◆Slide クラスとは

Slide クラスは文字どおり、スライドを操作する機能を提供するクラスです。図 13-4-1 に示すとおり、スライドの情報を取得する、スライドの複製や削除などの操作をする、スライドにページ要素を挿入するなど、多彩なメソッドが提供されています。

▶ 図 13-4-1 Slide クラスの主なメンバー

メンバー	戻り値	説明
duplicate()	Slide	スライドを複製する
getImages()	Image[]	スライド内のすべての画像を取得する
getObjectId()	String	スライドのオブジェクト ID を取得する
getPageElementById(id)	PageElement	スライドから指定したオブジェクト ID のページ要素を取得する
getPageElements()	PageElement[]	スライドのすべてのページ要素を取得する
getPageType()	PageType	スライドのページタイプを取得する
getShapes()	Shape[]	スライドのすべてのシェイプを取得する
getSlideLinkingMode()	SlideLinkingMode	スライドのリンキングモードを取得する
getSourcePresentationId()	String	スライドがリンクしてるプレゼンテーション ID を取得する
getSourceSlideObjectId()	String	スライドがリンクしているスライドのオブジェクト ID を取得する
insertPageElement(pageElement)	PageElement	スライドにページ要素を挿入する
insertImage(image)	Image	スライドに画像を挿入する
insertImage(imageUrl[, left, top, width, height])	Image	スライドに指定した URL の画像を挿入する
insertShape(shape)	Shape	スライドにシェイプを挿入する
insertShape(shapeType[, left, top, width, height])	Shape	スライドに指定したシェイプタイプのシェイプを挿入する
insertTextBox(text[, left, top, width, height])	Shape	スライドにテキストボックスを挿入する
move(index)	void	スライドを移動する
refreshSlide()	void	スライドを再読み込みする
remove()	void	スライドを削除する
replaceAllText(findText, replaceText[, matchCase])	Integer	スライド内の文字列 findText を replaceText に置換する
selectAsCurrentPage()	void	スライドを現在のページとして選択する
unlink()	void	スライドのリンクを解除する

サンプル 13-4-1 は、ID を指定したプレゼンテーションの 1 ページ目のスライドに対して、その情報を取得するものです。実行してその出力を確認しましょう。

▶ サンプル 13-4-1 スライドの情報を取得する [sample13-04.gs]

```
 1  function myFunction13_04_01() {
 2    const id = '********';
 3    const presentation = SlidesApp.openById(id);
 4    const slide = presentation.getSlides()[0];
 5
 6    console.log(slide.getObjectId()); // スライドのオブジェクト ID
 7    console.log(slide.getPageType().toString()); //SLIDE
 8    console.log(slide.getSlideLinkingMode().toString()); //NOT_LINKED
 9    console.log(slide.getSourcePresentationId()); //null
10    console.log(slide.getSourceSlideObjectId()); //null
11  }
```

◆ページ要素を取得する

スライドには、図形やテキストボックスといったシェイプ、画像、表やグラフなど、さまざまなページ要素が配置されています。これらのページ要素を取得する方法として、以下の 2 つが用意されています。

・ページ要素の配列を取得する
・オブジェクト ID でページ要素を取得する

まず、ページ要素を配列として取得する方法ですが、ページ要素の種類によらず、すべてのページ要素を取得するのであれば、**getPageElements メソッド**を用います。

▶ 構文

```
Slide オブジェクト .getPageElements()
```

一方で、特定の種類のページ要素だけを取得するメソッドも用意されていて、シェイプだけを取得するのであれば **getShapes メソッド**、画像だけを取得するのであれば **getImages メソッド**を使用します。

▶ 構文

```
Slide オブジェクト .getShapes()
```

▶構文

```
Slide オブジェクト .getImages()
```

Memo

他の種類のページ要素のみを取得するメソッドも用意されていますので、必要に応じて公式ド
キュメントなどで確認してください。なお、ページ要素の種類について次節で紹介します。

では、これらのメソッドの動作を確認していきましょう。まず、準備としてページ要素の取
得を確認するための「題名」をページ要素に設定していきましょう。図 13-4-2 のように、ペー
ジ要素の右クリックメニューから「代替テキスト」を選択します。

▶図 13-4-2 ページ要素に代替テキストを設定する

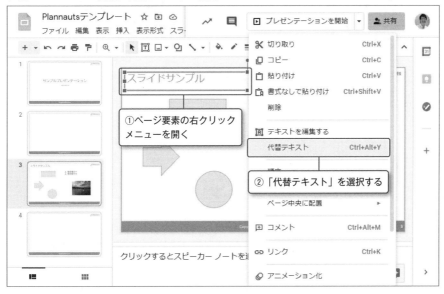

図 13-4-3 のように「代替テキスト」ダイアログが開きますので、「題名」を入力して「OK」
をクリックしてください。同様に、すべてのページ要素について、その要素を表すわかりやす
い題名をつけておきます。

▶図 13-4-3「代替テキスト」ダイアログ

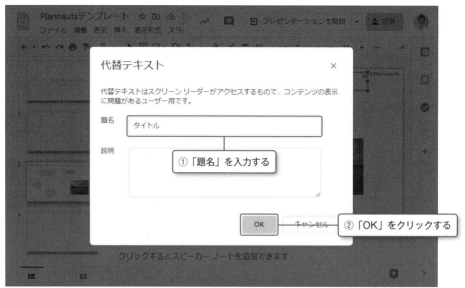

　これで準備ができましたので、サンプル 13-4-2 を実行して、ページ要素、シェイプ、画像を配列で取得できたかをそれぞれ確認しましょう。

▶サンプル 13-4-2 ページ要素・シェイプ・画像の配列を取得する [sample13-04.gs]

```
 1  function myFunction13_04_02() {
 2    const id = '********';
 3    const presentation = SlidesApp.openById(id);
 4    const slide = presentation.getSlides()[2];
 5
 6    const pageElements = slide.getPageElements();
 7    for (const pageElement of pageElements) {
 8      console.log(pageElement.getTitle(), pageElement.getPageElementType().toString());
 9    }
10
11    console.log();
12
13    const shapes = slide.getShapes();
14    for (const shape of shapes) {
15      console.log(shape.getTitle(), shape.getShapeType().toString());
16    }
17
18    console.log();
19
```

すべてのページ要素を取得し、その題名とページ要素の種類を出力する

すべてのシェイプを取得し、その題名とシェイプの種類を出力する

```
20    const images = slide.getImages();
21    for (const image of images) {
22      console.log(image.getTitle());
23    }
24  }
```

すべての画像を取得し、
その題名を出力する

◆実行結果

```
タイトル SHAPE
  SHAPE
箇条書き SHAPE
長方形 SHAPE
楕円 SHAPE
矢印 SHAPE
海の画像 IMAGE

タイトル TEXT_BOX
  TEXT_BOX
箇条書き TEXT_BOX
長方形 RECTANGLE
楕円 ELLIPSE
矢印 RIGHT_ARROW

海の画像
```

　別のページ要素を取得する方法として、**オブジェクト ID** を使用する方法があります。オブジェクト ID はページ要素に付与されている ID で、プレゼンテーションで一意に定められています。したがって、ページ要素のオブジェクト ID がわかれば、それがどのスライド上にあるかにかかわらず取得できます。それを実現するのが、Presentation クラスの **getPageElementById メソッド**です。

▶構文

```
Presentation オブジェクト .getPageElementById( オブジェクト ID)
```

　では、ページ要素の取得についての例を見てみましょう。サンプル 13-4-3 は ID で指定したプレゼンテーションの 3 ページ目のスライドについて、ページ要素を取得するものです。

▶サンプル 13-4-3 オブジェクト ID でページ要素を取得する [sample13-04.gs]

```
1  function myFunction13_04_03() {
2    const id = '********';
3    const presentation = SlidesApp.openById(id);
```

```
 4      const slide = presentation.getSlides()[2];
 5
 6      const pageElement = slide.getPageElements()[0];
 7      const objectId = pageElement.getObjectId();
 8      console.log(objectId); // オブジェクト ID
 9
10      const pageElementById = presentation.getPageElementById(objectId);
11      console.log(pageElementById.getTitle()); // タイトル
12    }
```

スライド上のインデックス 0 の
ページ要素について、オブジェク
ト ID を取得する

オブジェクト ID でページ
要素を取得する

　getPageElements メソッドで取得した配列の要素や、getPageElementById メソッドで取得
したページ要素は、それが実際にはシェイプや画像だったとしても、その時点では
PageElement オブジェクトであり、Shape オブジェクトや Image オブジェクトではありません。
したがって、Shape クラスや Image クラスでのみ提供されているメソッドをそのまま使用する
と、存在していないメソッドの呼び出しとなり、エラーが発生します。
　そのような場合は、asShape メソッドなどを用いて目的のオブジェクトとして取得し直す必
要があります。その方法については次節で解説をします。

◆ページ要素を挿入する

　スライドにページ要素を挿入するメソッドがいくつか用意されていますので見ていきま
しょう。
　まず、スライドにシェイプを挿入するには、**insertShape メソッド**を使用します。

▶構文
```
Slide オブジェクト .insertShape( シェイプタイプ [, 左位置 , 上位置 , 幅 , 高さ ])
```

　指定したシェイプタイプのシェイプを挿入します。左位置、上位置は配置する位置を、幅、
高さは挿入するシェイプのサイズをそれぞれポイント数で指定します。これらの引数を省略し
た場合は、スライドの左上隅にデフォルトサイズで挿入されます。
　シェイプタイプは、Enum ShapeType で用意されているメンバーの中から指定します。

　シェイプタイプは 100 以上存在しています。以下公式ドキュメントのページを参照してくだ
さい。
　https://developers.google.com/apps-script/reference/slides/shape-type
　なお、insertShape メソッドは引数として Shape オブジェクトを渡すことも可能です。

　テキストボックスのシェイプを挿入したい場合は、専用の **insertTextBox メソッド**が用意されているので、こちらを使うほうがよいでしょう。指定した文字列をスライドに挿入することができます。

▶構文

```
Slide オブジェクト .insertTextBox( 文字列 [， 左位置， 上位置， 幅， 高さ ])
```

　画像をスライドに挿入するのであれば、**insertImage メソッド**を使用します。指定したURL の画像をスライドに挿入できます。

▶構文

```
Slide オブジェクト .insertImage( 画像 URL [， 左位置， 上位置， 幅， 高さ ])
```

> insertImage メソッドは引数として Image オブジェクトや BlobSource オブジェクトを渡すことができます。BlobSource オブジェクトについては、第 18 章で紹介します。

　では、これらのメソッドを用いて、スライドにページ要素を挿入してみましょう。図 13-4-4 に示すプレゼンテーションの 4 ページ目を対象として、サンプル 13-4-4 を実行してみましょう。

▶図 13-4-4 ページ要素を挿入するスライド

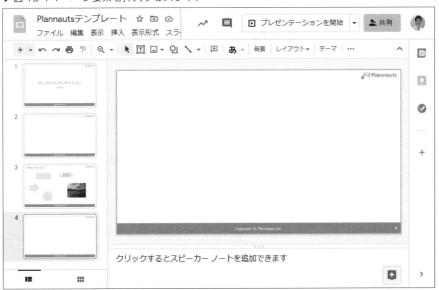

▶サンプル 13-4-4 ページ要素を挿入する [sample13-04.gs]

```
1   function myFunction13_04_04() {
2     const id = '********';
3     const presentation = SlidesApp.openById(id);
4     const slide = presentation.getSlides()[3];
5
6     slide.insertShape(SlidesApp.ShapeType.SMILEY_FACE);
7
8     const imageUrl = 'https://tonari-it.com/wp-content/uploads/sea.jpg';
9     slide.insertImage(imageUrl, 200, 100, 320, 240);
10
11    slide.insertTextBox('Hello GAS!', 100, 350, 300, 100);
12  }
```

「SMILEY_FACE」の
シェイプを挿入する

指定した URL の画像を
挿入する

「Hello GAS!」を文字列として持
つテキストボックスを挿入する

　実行すると、図 13-4-5 のように「スマイル」のシェイプ、画像、テキストボックスを挿入
できます。

▶図 13-4-5 ページ要素を挿入したスライド

13-05 ページ要素を操作する

◆ページ要素とは

　ページ要素はこれまでお伝えしてきたとおり、シェイプ、画像、表、グラフなどの、ページに配置できる要素の総称です。**Shape クラス**、**Image クラス**などといったそれぞれ固有のオブジェクトを操作するクラスも提供されていますが、種類を問わずページ要素を表す**PageElement クラス**も存在しています。

　PageElement クラス、Shape クラス、Image クラスについてその主なメンバーを図 13-5-1 でまとめていますのでご覧ください。

▶図 13-5-1 PageElement クラス・Shape クラス・Image クラスの主なメンバー

メンバー	戻り値	Page Element	Shape	Image	説明
alignOnPage(alignmentPosition)	PageElement/Shape/Image	○	○	○	ページ要素を指定位置に配置する
asImage()	Image	○			ページ要素を画像として返す
asShape()	Shape	○			ページ要素をシェイプとして返す
bringForward()	PageElement/Shape/Image	○	○	○	ページ要素を前面に移動する
bringToFront()	PageElement/Shape/Image	○	○	○	ページ要素を最前面に移動する
duplicate()	PageElement	○	○	○	ページ要素を複製する
getDescription()	String	○	○	○	ページ要素の説明を取得する
getHeight()	Number	○	○	○	ページ要素の高さをポイントで取得する
getLeft()	Number	○	○	○	ページ要素の左位置をポイントで取得する
getObjectId()	String	○	○	○	ページ要素のオブジェクト ID を取得する
getPageElementType()	PageElementType	○	○	○	ページ要素のページ要素タイプを取得する
getParentPage()	Page	○	○	○	ページ要素の親ページを取得する
getRotation()	Number	○	○	○	ページ要素の回転角度を取得する
getShapeType()	ShapeType		○		シェイプのシェイプタイプを取得する
getSourceUrl()	String			○	画像の URL を取得する

getText()	TextRange		○		シェイプのテキスト範囲を取得する
getTitle()	String	○	○	○	ページ要素の題名を取得する
getTop()	Number	○	○	○	ページ要素の上位置をポイントで取得する
getWidth()	Number	○	○	○	ページ要素の幅をポイントで取得する
remove()	void	○	○	○	ページ要素を削除する
scaleHeight(ratio)	PageElement/Shape/Image	○	○	○	ページ要素の高さを伸縮する
scaleWidth(ratio)	PageElement/Shape/Image	○	○	○	ページ要素の幅を伸縮する
select([replace])	void	○	○	○	ページ要素を選択する
sendBackward()	PageElement/Shape/Image	○	○	○	ページ要素を背面に移動する
sendToBack()	PageElement/Shape/Image	○	○	○	ページ要素を最背面に移動する
setDescription(description)	PageElement/Shape/Image	○	○	○	ページ要素の説明を設定する
setHeight(height)	PageElement/Shape/Image	○	○	○	ページ要素の高さをポイントで設定する
setLeft(left)	PageElement/Shape/Image	○	○	○	ページ要素の上位置をポイントで設定する
setRotation(angle)	PageElement/Shape/Image	○	○	○	ページ要素の回転角度を設定する
setTitle(title)	PageElement/Shape/Image	○	○	○	ページ要素の題名を設定する
setTop(top)	PageElement/Shape/Image	○	○	○	ページ要素の上位置をポイントで設定する
setWidth(width)	PageElement/Shape/Image	○	○	○	ページ要素の幅をポイントで設定する

　多くのメソッドはいずれのオブジェクトでも共通で使用できますが、一部は個別のオブジェクトにのみ実行可能です。もし現在対象とするオブジェクトが、PageElement オブジェクトである場合は、以下の **asShape メソッド**や **asImage メソッド**で、それぞれのオブジェクトとして取得し直すという手順が必要ですので覚えておきましょう。

▶構文

```
PageElement オブジェクト .asShape()
```

▶構文

```
PageElement オブジェクト .asImage()
```

では、図 13-5-1 のいくつかのメソッドを使ってページ要素の情報を取得してみましょう。

図 13-5-2 で示すページ要素を対象として、サンプル 13-5-1 を実行してみます。

▶図 13-5-2 情報を取得するシェイプと画像

▶サンプル 13-5-1 ページ要素の情報を取得する [sample13-05.gs]

```
 1  function myFunction13_05_01() {
 2    const id = '********';
 3    const presentation = SlidesApp.openById(id);
 4
 5    const shape = presentation.getSlides()[2].getShapes()[5];
 6
 7    console.log(shape.getTitle()); // 長方形
 8    console.log(shape.getDescription()); //
 9    console.log(shape.getObjectId()); // オブジェクト ID
10
11    console.log(shape.getPageElementType().toString()); //SHAPE
12    console.log(shape.getShapeType().toString()); //RECTANGLE
13
14    console.log(shape.getLeft()); // 左位置
15    console.log(shape.getTop()); // 上位置
16    console.log(shape.getWidth()); // 幅
17    console.log(shape.getHeight()); // 高さ
18    console.log(shape.getRotation()); // 回転角度
19
20    const image = presentation.getSlides()[3].getImages()[0];
```

```
21
22    console.log(image.getPageElementType().toString()); //IMAGE
23    console.log(image.getObjectId()); // オブジェクト ID
24    console.log(image.getSourceUrl()); //https://tonari-it.com/wp-content/uploads/sea.jpg
25  }
```

　ここで、getShapes メソッドでシェイプの配列を取得していますが、どのインデックスの要素が、どのシェイプと対応しているかはケースバイケースで決まりますので、必ずしもインデックス「5」が「長方形」であるとは限りません。注意してください。

　なお、getPageElementType メソッドはページ要素の種類を取得するもので、その戻り値は図 13-5-3 に示す **Enum PageElementType** のメンバーです。ここで、改めてページ要素にはどのような種類があるのかを確認しておくとよいでしょう。

▶ 図 13-5-3 Enum PageElementType のメンバーとクラス

メンバー	クラス	説明
SHAPE	Shape	シェイプ
IMAGE	Image	画像
VIDEO	Video	動画
TABLE	Table	表
GROUP	Group	グループ
LINE	Line	線
WORD_ART	WordArt	ワードアート
SHEETS_CHART	SheetsChart	グラフ

◆ ページ要素の操作

　次に、ページ要素の操作について見ていきましょう。図 13-5-1 のいくつかのメソッドを用いて、ページ要素の位置の変更、拡縮、回転、前面または背面に移動といった操作を行うことができます。

　では、例として図 13-5-2 のシェイプと画像を対象に、サンプル 13-5-2 を実行してみましょう。それぞれのオブジェクト ID はサンプル 13-5-1 のログ出力から取得できますので、それを使用してください。

▶ サンプル 13-5-2 ページ要素を操作する [sample13-05.gs]

```
1  function myFunction13_05_02() {
2    const id = '********';
3    const presentation = SlidesApp.openById(id);
4
5    const shapeId = '********'; // シェイプのオブジェクト ID
```

```
 6    const shape = presentation.getPageElementById(shapeId);

 7

 8    shape

 9      .scaleHeight(2)

10      .scaleWidth(-0.8)

11      .setRotation(45)

12      .bringToFront();

13

14    const imageId = '********'; // 画像のオブジェクト ID

15    const image = presentation.getPageElementById(imageId)

16

17    image

18      .setLeft(0)

19      .setTop(0)

20      .setWidth(480)

21      .setHeight(360)

22      .sendToBack();

23  }
```

実行すると、図 13-5-4 のようにそれぞれのページ要素に操作が加えられます。

▶図 13-5-4 操作したシェイプと画像

13 テキスト範囲と
06 文字列の操作

◆テキスト範囲とは

GAS でプレゼンテーションを操作する目的として、ページ上の文字列やその書式を操作したいというニーズもあるでしょう。

Google スライドでは、ページ上の文字列は**テキスト範囲**の中に含まれていて、その操作をする機能は **TextRange クラス**として提供されています。TextRange クラスは単純に文字列の取得や設定、消去だけでなく、段落やリストの追加や挿入、部分テキスト範囲の取得、文字列の書式を表すテキストスタイルの取得など、多くのそして高度な機能を有しています。

$$\text{P}_{oint}$$

TextRange オブジェクトは、文字列とその範囲、およびその書式設定などを持つテキスト範囲を表します。

TextRange クラスの主なメンバーを図 13-6-1 にまとめています。

▶図 13-6-1 TextRange クラスの主なメンバー

メンバー	戻り値	説明
appendParagraph(text)	Paragraph	テキスト範囲に文字列 text を段落として追加する
appendRange(textRange[, matchSourceFormatting])	TextRange	テキスト範囲にテキスト範囲を追加する
appendText(text)	TextRange	テキスト範囲に文字列 text を追加する
asString()	String	テキスト範囲を文字列として取得する
clear([startOffset, endOffset])	void	テキスト範囲をクリアする
find(pattern[, startOffset])	TextRange[]	テキスト範囲内でパターンにマッチするテキスト範囲を配列で取得する
getEndIndex()	Integer	テキスト範囲の終了インデックスを取得する
getLength()	Integer	テキスト範囲の文字数を取得する
getListParagraphs()	Paragraph[]	テキスト範囲のリスト内の段落を配列で返す
getParagraphs()	Paragraph[]	テキスト範囲の段落を配列で取得する
getRange(startOffset, endOffset)	TextRange	テキスト範囲の部分範囲を取得する
getRuns()	TextRange[]	テキスト範囲のテキストラン（すべての文字が同じテキストスタイルを持つ範囲）を配列で返す
getStartIndex()	Integer	テキスト範囲の開始インデックスを取得する

getTextStyle()	TextStyle	テキスト範囲のテキストスタイルを取得する
insertParagraph(startOffset, text)	Paragraph	テキスト範囲に文字列 text を段落として挿入する
insertRange(startOffset, textRange[, matchSourceFormatting])	TextRange	テキスト範囲にテキスト範囲を挿入する
insertText(startOffset, text)	TextRange	テキスト範囲に文字列 text を挿入する
isEmpty()	Boolean	テキスト範囲が空かどうかを判定する
replaceAllText(findText, replaceText[, matchCase])	Integer	テキスト範囲内の文字列 findText を replaceText に置換する
select()	void	テキスト範囲を選択する
setText(newText)	TextRange	テキスト範囲に文字列を設定する

さて、テキスト範囲はシェイプに含まれています。したがって、スライド上のテキスト範囲を操作するには、プレゼンテーション→スライド→シェイプ→テキスト範囲とたどって取得することになります。

シェイプからテキスト範囲を取得するには、以下の **getText メソッド**を用います。

▶構文

```
Shape オブジェクト .getText()
```

メソッド名は「getText」メソッドですが、取得できるのは Text オブジェクトではなく、TextRange オブジェクトになりますので注意しましょう。

では、テキスト範囲を取得してその情報を取得する例を見ていきましょう。図 13-6-2 のテキストボックスを対象として、サンプル 13-6-1 を実行してみます。

▶ 図 13-6-2 情報を取得するテキスト範囲

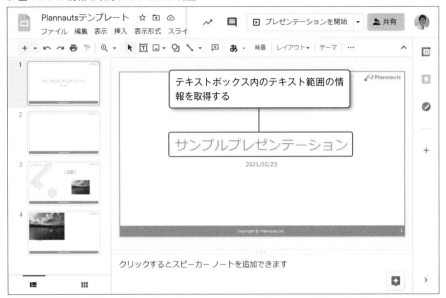

▶ サンプル 13-6-1 テキスト範囲の情報を取得する [sample13-06.gs]

```
 1  function myFunction13_06_01() {
 2    const id = '********';
 3    const presentation = SlidesApp.openById(id);
 4    const textRange = presentation.getSlides()[0].getShapes()[1].getText();
 5
 6    console.log(textRange.asString()); // サンプルプレゼンテーション
 7
 8    console.log(textRange.getStartIndex()); //0
 9    console.log(textRange.getEndIndex()); //14
10    console.log(textRange.getLength()); //14
11    console.log(textRange.isEmpty()); //false
12
13    console.log(textRange.getParagraphs().length); //1
14    console.log(textRange.getListParagraphs().length); //0
15    console.log(textRange.getRuns().length); //1
16  }
```

> テキストボックスの
> テキスト範囲を取得

　補足ですが、getShape メソッドで取得できたシェイプの配列について、必ずしもそのインデックス 1 が目的のテキストボックスとは限りません。含む文字列などをログ出力するなどで確認する必要があるでしょう。

◆テキスト範囲の範囲とインデックスとは

テキスト範囲は、**開始インデックス**と**終了インデックス**によってその範囲を表す情報も持っています。それぞれ **getStartIndex** メソッド、**getEndIndex** メソッドで取得できます。

▶構文

```
TextRange オブジェクト .getStartIndex()
```

▶構文

```
TextRange オブジェクト .getEndIndex()
```

また、**getRange メソッド**を用いて、その部分テキスト範囲を TextRange オブジェクトとして取り出すことができます。

▶構文

```
TextRange オブジェクト .getRange( 開始インデックス , 終了インデックス )
```

例として、図 13-6-2 のテキストボックスに対して、サンプル 13-6-2 を実行してみましょう。

▶サンプル 13-6-2 部分テキスト範囲を取得する [sample13-06.gs]

```
 1  function myFunction13_06_02() {
 2    const id = '*********';
 3    const presentation = SlidesApp.openById(id);
 4    const textRange = presentation.getSlides()[0].getShapes()[1].getText();
 5
 6    console.log(textRange.asString()); // サンプルプレゼンテーション
 7
 8    const subTextRange = textRange.getRange(4, 8);
 9
10    console.log(subTextRange.asString()); // プレゼン
11    console.log(subTextRange.getStartIndex()); //4
12    console.log(subTextRange.getEndIndex()); //8
13    console.log(subTextRange.getLength()); //4
14  }
```

> 開始インデックス 4、終了インデックス 8 のテキスト範囲を取得する

シェイプ内の任意の部分的な文字列に対して、その内容を編集したり、書式を設定したりするときには、この例のように getRange メソッドなどにより、対象となる部分テキスト範囲を TextRange オブジェクトとして取得するというのが 1 つの手法となります。

> 部分テキスト範囲を取得する他の方法として以下のような方法も用意されています。
>
> ・find メソッドで一定のパターンを持つテキスト範囲の配列を取得する
> ・getRuns メソッドでテキストラン（同じテキストスタイルを持つ部分を同一のテキスト範囲とする）の配列を取得する
> ・getParagraphs メソッドや getListParagraphs メソッドで段落の配列を取得し、個々の段落から getRange メソッドでテキスト範囲を取得する

　TextRange オブジェクトは取得するまでの階層が深く、また多彩な機能を保有している分だけその取り扱いは決して容易とはいえません。テンプレートなどの Google スライド本来の機能などとうまく使い分けて、スマートに活用していきましょう。

◆プレゼンテーションの文字列を置換する

　特定の文字列のみを検索して置換するという目的であれば、**replaceAllText メソッド**を使うと便利です。replaceAllText メソッドは、プレゼンテーション、スライドまたはテキスト範囲内の特定の文字列を置換するメソッドです。

▶構文

```
Presentation オブジェクト .replaceAllText ( 検索文字列 , 置換文字列 [ , マッチケース ] )
Slide オブジェクト .replaceAllText ( 検索文字列 , 置換文字列 [ , マッチケース ] )
TextRange オブジェクト .replaceAllText ( 検索文字列 , 置換文字列 [ , マッチケース ] )
```

　対象のオブジェクト内のすべての文字列を検索し、検索文字列を置換文字列に置換します。マッチケースはデフォルトで false が設定されていますが、true にすると大文字と小文字を区別して検索を行います。

　例として、図 13-6-3 のプレゼンテーションに対して、文字列の置換を行います。なお、置換元のテキストには「{ タイトル }」「{ 日付 }」というように波括弧で囲って、その目印としていますので確認しておきましょう。では、サンプル 13-6-3 を実行してみましょう。

▶ 図 13-6-3 文字列を置換するプレゼンテーション

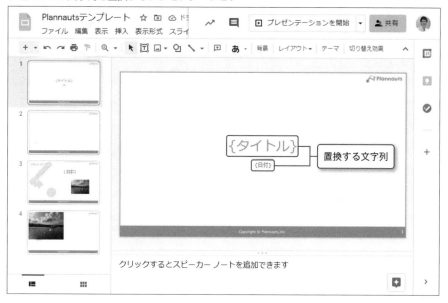

▶ サンプル 13-6-3 プレゼンテーションの文字列を置換する [sample13-06.gs]

```
 1  function myFunction13_06_03() {
 2    const id = '********';
 3    const presentation = SlidesApp.openById(id);
 4
 5    presentation.replaceAllText('{タイトル}', 'サンプルプレゼンテーション');
 6    presentation.replaceAllText('{日付}', '2021/02/24');
 7  }
```

　実行した結果が図 13-6-4 となります。このように、とてもシンプルなコードで文字列の置換が実現できますので、ぜひ活用していきましょう。

▶ 図 13-6-4 文字列を置換したプレゼンテーション

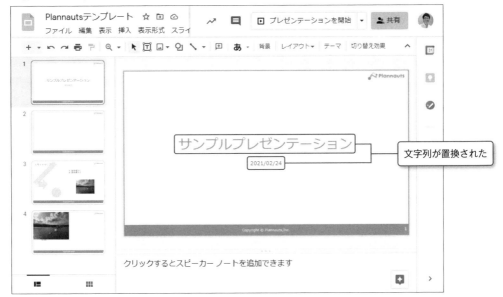

　本章では、GAS で Google スライドを操作する Slides サービスと、その主なクラスについて解説しました。これまでお伝えしてきたとおり、プレゼンテーションはやや複雑な構造になっていますので、闇雲に学習を進めると苦労を強いられるかも知れません。しかし、その構造とポイントをきちんと理解いただいた今、今後の学習効率は向上しているはずです。

　また、GAS により、プレゼンテーション上の要素の配置や書式といった「見栄え」を整えることは、可能ではあります。しかし、ひとつひとつオブジェクトを取得する、またその設定を行う処理を組む必要があります。テンプレートなど Google スライドの本来の機能を用いたほうがスマートに目的を達成できるケースも多くありますので、うまく使い分けていくようにしましょう。

　さて、次章では Forms サービス、すなわち Google フォームを操作する機能を紹介します。これにより、フォームの作成や編集の自動化を実現することが可能となります。

14

フォーム

Forms サービス

◆Forms サービスとは

Forms サービスは、GAS で Google フォームを操作する機能を提供するサービスです。Forms サービスを使用することで、フォームの作成や設定、フォーム上の質問の編集などの操作を自動化できます。

本章では、図 14-1-1 に示すクラスを紹介します。この他にも、日付や時刻の質問を表す DateItem クラスや TimeItem クラス、段落の質問を表す ParagraphTextItem クラスなど、フォーム上の固有のアイテムを表すクラスがたくさん提供されています。また、フォームへの回答を表す FormResponse クラスなども使用できます。

▶図 14-1-1 Forms サービスの主なクラス

クラス	説明
FormApp	Forms サービスのトップレベルオブジェクト
Form	フォームを操作する機能を提供する
Item	アイテムを操作する機能を提供する
TextItem	記述式の質問を操作する機能を提供する
CheckboxItem	チェックボックスの質問を操作する機能を提供する
MultipleChoiceItem	ラジオボタンの質問を操作する機能を提供する
ListItem	プルダウンの質問を操作する機能を提供する
Choice	選択肢を操作する機能を提供する

◆フォームの構造

フォームの構造は比較的シンプルで、以下の 3 つの階層が中心となっています。

- FormApp
- フォーム
- アイテム：質問（記述式、ラジオボタン、チェックボックス、プルダウンリストなど）
  やページの開始、セクションヘッダーなど

フォーム上の要素を**アイテム**といいます。アイテムには記述式、プルダウン、ラジオボタン、チェックボックスなどといった質問だけでなく、画像や動画、セクションヘッダーなどの要素

も含まれます。それらアイテムの種類ごとにもクラスが用意されていて、それぞれ固有のメソッドは、「~Item」という名称のクラスで提供されています。

　各アイテム共通で使用できる機能は Item インターフェースで提供されています。14-4 で詳しく解説していますので、ご覧ください。

アイテムの種類とクラスについて、図 14-1-2 にまとめていますのでご覧ください。

▶図 14-1-2 アイテムの種類とクラス

クラス	説明
CheckboxItem	チェックボックスの質問
CheckboxGridItem	チェックボックス（グリッド）の質問
DateItem	日付の質問
DateTimeItem	日時の質問
DurationItem	経過時間の質問
GridItem	選択式（グリッド）の質問
ImageItem	画像
ListItem	プルダウンの質問
MultipleChoiceItem	ラジオボタンの質問
PageBreakItem	ページの開始
ParagraphTextItem	段落の質問
ScaleItem	均等目盛の質問
SectionHeaderItem	セクションヘッダー
TextItem	記述式の質問
TimeItem	時刻の質問
VideoItem	動画

　なお、プルダウンやラジオボタンなどのアイテムは、その配下に選択肢を持ちます。それらの選択肢を操作する機能は Choise クラスで提供されています。

Google フォーム上の要素をアイテムといいます。

Memo

　アイテムの種類については、Forms サービスの Enum ItemType でリストアップされていますので、合わせて参照ください。
　https://developers.google.com/apps-script/reference/forms/item-type

本章では、これらのアイテムのうち、以下の４つのアイテムを紹介します。

・TextItem: 記述式の質問
・CheckboxItem: チェックボックスの質問
・MultipleChoiceItem: ラジオボタンの質問
・ListItem: プルダウンの質問

Google フォームでは他にも多様な質問が用意されていますが、それらを使用する場合は、上記のアイテムの使い方が参考にできるところも多いはずです。公式ドキュメントなどで調べてみてください。

まとめとして図 14-1-3 に Google フォームの画面と Forms サービスのクラスの関係について図にしましたので、ご覧ください。

▶図 14-1-3 Google フォームの画面と Forms サービスのクラス

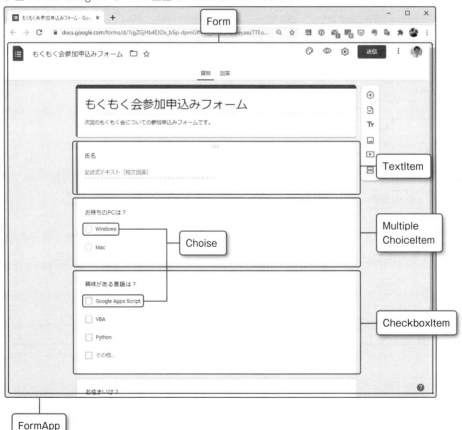

14 / 02　FormApp クラス

◆FormApp クラスとは

　FormApp クラスは、Forms サービスのトップレベルオブジェクトです。図 14-2-1 に示すとおり、フォームの作成と取得を行うのが主な役割です。

▶ 図 14-2-1 FormApp クラスの主なメンバー

メンバー	戻り値	説明
create(title)	Form	新しいフォーム title を作成する
getActiveForm()	Form	アクティブなフォームを取得する
getUi()	Ui	フォームの Ui オブジェクトを取得する
openById(id)	Form	指定した id のフォームを開く
openByUrl(url)	Form	指定した url のフォームを開く

◆フォームを取得する

　既存のフォームを操作するのであれば、Form オブジェクトとして取得する必要があります。フォームを取得するには、以下の 3 つの方法が用意されています。

> ・アクティブなフォームを取得する
> ・ID でフォームを取得する
> ・URL でフォームを取得する

　Google フォームでは、図 14-2-2 で示すように、「その他」メニューアイコンから「スクリプトエディタ」を選択することで、コンテナバインドスクリプトを作成できます。

▶図 14-2-2 フォームでコンテナバインドスクリプトを開く

コンテナバインドスクリプトであれば、以下の **getActiveForm メソッド**を用いて、コンテナであるフォームを取得できます。

▶構文
```
FormApp.getActiveForm()
```

コンテナでないフォームを取得する場合、ID または URL によりフォームを取得する方法が用意されています。以下の **openById メソッド**、**openByUrl メソッド**です。

▶構文
```
FormApp.openById(ID)
```

▶構文
```
FormApp.openByUrl(URL)
```

フォーム ID は、フォームの編集ページの URL から取得できます。以下の {ID} の部分がフォーム ID に該当します。

```
https://docs.google.com/forms/d/{ID}/edit
```

なお、この URL は実際にアンケートを回答することができるページの URL とは異なるものです。あくまで編集ページの URL ですので混同しないようにご注意ください。

▶図 14-2-3 フォームの URL と ID

　では、フォームを取得する例として、サンプル 14-2-1 を実行してみましょう。なお、この
スクリプトは取得するフォームのコンテナバインドとして作成してください。

▶サンプル 14-2-1 フォームを取得する [sample14-02.gs]

```
 1  function myFunction14_02_01() {
 2    const activeForm = FormApp.getActiveForm();
 3    console.log(activeForm.getTitle()); //フォーム名
 4
 5    const url = 'https://docs.google.com/forms/d/********/edit'; //URL
 6    const formByUrl = FormApp.openByUrl(url);
 7    console.log(formByUrl.getTitle()); //フォーム名
 8
 9    const id = '********'; //フォーム ID
10    const formById = FormApp.openById(id);
11    console.log(formById.getTitle()); //フォーム名
12  }
```

◆フォームを作成する

　GAS でフォームを操作する場合、自動でフォームを作成するという目的のことも多いでしょ
う。フォームの作成は、以下の create メソッドで実現できます。

▶構文

```
FormApp.create(タイトル)
```

　タイトルにはフォーム名を指定します。たとえば、サンプル 14-2-2 を実行すると、マイド

ライブに図 14-2-4 のようなフォームを作成できます。

▶ サンプル 14-2-2 フォームを作成する [sample14-02.gs]

```
1  function myFunction14_02_02() {
2    FormApp.create('もくもく会参加申込みフォーム');
3  }
```

▶ 図 14-2-4 作成したフォーム

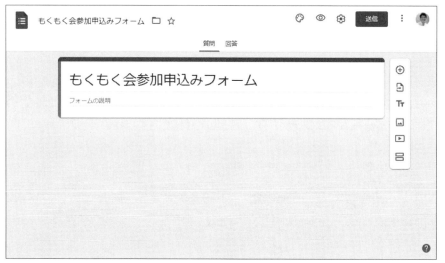

create メソッドにより作成されたフォームにはアイテムが存在しません。create メソッド
の戻り値は作成した Form オブジェクトになりますので、それに対して Form クラスのメソッ
ドでアイテムを追加していく必要があります。

また、作成したフォームはマイドライブに保存されます。保存するフォルダを変更したい場
合は、Drive サービスの moveTo メソッドを使用しましょう。

14
03 フォームを操作する - Form クラス

◆Form クラスとは

　Form クラスは、フォームを操作する機能を提供するクラスです。主にフォームの情報を取得したり設定を行うメソッド、フォーム上のアイテムを取得したり操作をするメソッドなどで構成されています。

　図 14-3-1 にはフォームの設定に関する主なメンバーを、図 14-3-2 にはフォームのアイテムを操作する主なメンバーをまとめていますので、それぞれご覧ください。

▶図 14-3-1 フォームの設定に関する主なメンバー

メンバー	戻り値	説明
canEditResponse()	Boolean	フォームの回答の送信後に編集リンクを表示させるかどうかを判定する
collectsEmail()	Boolean	フォームへの回答者のメールアドレスを収集するかどうかを判定する
getConfirmationMessage()	String	フォームの確認メッセージを取得する
getCustomClosedFormMessage()	String	フォームが回答を受け付けていないときのカスタムメッセージを取得する
getDescription()	String	フォームの説明を取得する
getDestinationId()	String	フォームの回答の送信先 ID を取得する
getDestinationType()	Destination Type	フォームの回答の送信先タイプを取得する
getEditUrl()	String	フォームの編集ページの URL を取得する
getId()	String	フォーム ID を取得する
getPublishedUrl()	String	フォームの回答ページの URL を取得する
getShuffleQuestions()	Boolean	フォームの質問の順序がシャッフルされるかどうかを判定する
getSummaryUrl()	String	フォームのサマリーページの URL を取得する
getTitle()	String	フォームタイトルを取得する
hasLimitOneResponsePerUser()	Boolean	フォームの回答を 1 回に制限されているかどうかを判定する
hasProgressBar()	Boolean	フォームに進行状況バーが表示されるかどうかを判定する
hasRespondAgainLink()	Boolean	フォームに別の回答を送信するリンクを表示するかどうかを判定する
isAcceptingResponses()	Boolean	フォームが回答を受け付けているかどうかを判定する

isPublishingSummary()	Boolean	フォームの回答の概要へのリンクを表示するかどうかを判定する
removeDestination()	Form	フォームの回答の送信先とのリンクを切断する
requiresLogin()	Boolean	フォームの回答にログインが必要かどうかを判定する
setAcceptingResponses(enabled)	Form	フォームが回答を受け付けるかどうかを設定する
setAllowResponseEdits(enabled)	Form	フォームの回答の送信後に編集リンクを表示させるかどうかを設定する
setCollectEmail(collect)	Form	フォームへの回答者のメールアドレスを収集するかどうかを設定する
setConfirmationMessage(message)	Form	フォームの確認メッセージを設定する
setCustomClosedFormMessage(message)	Form	フォームが回答を受け付けていないときのカスタムメッセージを設定する
setDescription(description)	Form	フォームの説明を設定する
setDestination(type, id)	Form	フォームの回答の送信先を設定する
setLimitOneResponsePerUser(enabled)	Form	フォームの回答を1回に制限するかどうかを設定する
setProgressBar(enabled)	Form	フォームに進行状況バーを表示するかどうかを判定する
setPublishingSummary(enabled)	Form	フォームの回答の概要へのリンクを表示するかどうかを設定する
setRequireLogin(requireLogin)	Form	フォームの回答にログインが必要かどうかを設定する
setShowLinkToRespondAgain(enabled)	Form	フォームに別の回答を送信するリンクを表示するかどうかを設定する
setShuffleQuestions(shuffle)	Form	フォームの質問の順序をシャッフルするどうかを設定する
setTitle(title)	Form	フォームタイトルを設定する
shortenFormUrl(url)	String	フォームの URL を短縮して返す

▶ 図 14-3-2 フォームのアイテムを操作する主なメンバー

メンバー	戻り値	説明
addCheckboxItem()	CheckboxItem	フォームにチェックボックスの質問を追加する
addListItem()	ListItem	フォームにプルダウンの質問を追加する
addMultipleChoiceItem()	MultipleChoiceItem	フォームにラジオボタンの質問を追加する
addTextItem()	TextItem	フォームに記述式の質問を追加する
deleteItem(index)	void	フォームから指定したインデックスのアイテムを削除する
deleteItem(item)	void	フォームから指定したアイテム item を削除する
getItemById(id)	Item	フォームから指定した ID のアイテムを取得する
getItems([itemType])	Item[]	フォームから指定したアイテムタイプのアイテムをすべて取得する
moveItem(from, to)	Item	フォームの from の位置のアイテムを to の位置に移動する
moveItem(item, toIndex)	Item	フォームのアイテム itemu を toIndex の位置に移動する

◆フォームの情報の取得

　では、Form クラスのメソッドのうち、フォームの基本情報や URL を取得するメソッドについて、その出力を確認してみましょう。図 14-3-3 のフォームに、サンプル 14-3-1 を実行してみます。

▶図 14-3-3 情報を取得するフォーム

▶サンプル 14-3-1 フォームの情報と URL を取得する [sample14-03.gs]

```
 1  function myFunction14_03_01() {
 2    const id = '********'; //フォーム ID
 3    const form = FormApp.openById(id);
 4
 5    console.log(form.getTitle()); //もくもく会参加申込みフォーム
 6    console.log(form.getId()); //フォーム ID
 7    console.log(form.getDescription()); //次回のもくもく会についての参加申込みフォームです。
 8
 9    console.log(form.getEditUrl()); //フォームの編集ページの URL
10    console.log(form.getSummaryUrl()); //フォームのサマリーページの URL
11
12    const publishedUrl = form.getPublishedUrl();
13    console.log(publishedUrl); //フォームの回答ページの URL
14    console.log(form.shortenFormUrl(publishedUrl)); //短縮された回答ページの URL
15  }
```

実行すると、フォームのタイトルや ID、概要、そしていくつかの URL がログ出力されます。URL についてですが、フォームでは以下の 3 種類の URL があり、各々のメソッドで取得可能です。

・getEditUrl メソッド：編集ページ
・getSummaryUrl メソッド：サマリーページ
・getPublishedUrl メソッド：回答ページ

編集ページはフォーム編集時のページで、前節でお伝えしたとおりフォーム ID を含みます。サマリーページは、フォーム回答のサマリーを表示するページで、setPublishingSummary メソッドで回答後のページに閲覧用のリンクを設置するかどうかを設定可能です。そして、回答ページはアンケートの回答を行うことができるページで、回答者に配布するのはこの URL になります。

また、これらの URL は shortenFormUrl メソッドで以下の形式に短縮できます。メールやチャットなどで回答ページを配布するときに、URL が長すぎると感じるのであれば、短縮してから送付するとよいでしょう。

https://forms.gle/******

◆ フォームの設定項目

Form クラスでは、たくさんのフォームの設定に関するメソッドが提供されています。サンプル 14-3-2 を用いて、それらの内容を確認してみましょう。この例では、前述の図 14-3-3 のフォームを対象としています。

▶サンプル 14-3-2 フォームの設定情報を取得する [sample14-03.gs]

```
 1  function myFunction14_03_02() {
 2    const id = '********'; //フォーム ID
 3    const form = FormApp.openById(id);
 4
 5    // 設定→全般に関するもの
 6    console.log(form.collectsEmail()); //false
 7    console.log(form.requiresLogin()); //true
 8    console.log(form.hasLimitOneResponsePerUser()); //false
 9    console.log(form.canEditResponse()); //false
10    console.log(form.isPublishingSummary()); //false
11
```

```
12      // 設定→プレゼンテーションに関するもの
13      console.log(form.hasProgressBar()); //false
14      console.log(form.getShuffleQuestions()); //false
15      console.log(form.hasRespondAgainLink()); //true
16      console.log(form.getConfirmationMessage()); //
17
18      // 回答の送信先と受付に関するもの
19      console.log(form.getDestinationId()); // 送信先 ID
20      console.log(form.getDestinationType().toString()); //SPREADSHEET
21      console.log(form.isAcceptingResponses()); //true
22      console.log(form.getCustomClosedFormMessage()); //
23    }
```

　サンプル 14-3-2 のうち、「全般」および「プレゼンテーション」に関しての出力内容は、図 14-3-4 および図 14-3-5 に示す「設定」アイコンで開く「設定」ダイアログの各タブを開いた際の項目に対応していますので、比較してみましょう。

▶図 14-3-4 フォームの「全般」設定

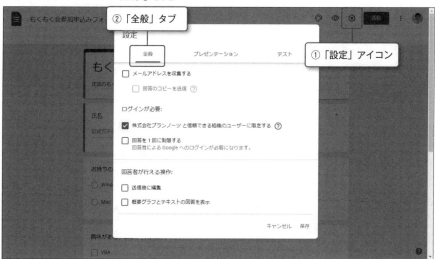

▶図 14-3-5 フォームの「プレゼンテーション」設定

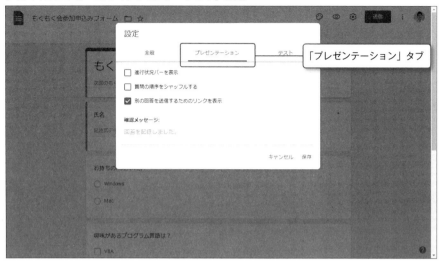

また、回答の送信先と受付に関する設定については、図 14-3-6 に示す、フォームの編集ページの「回答」に関連しています。送信先は現在、スプレッドシートのみが対応しており、この画面で作成できます。作成をしていない場合、サンプル 14-3-2 の getDestinationId メソッドはエラーとなります。

「回答を受付中」のトグルをオフにすると、getCustomClosedFormMessage メソッドで取得できる内容、すなわち回答を受付していないときのメッセージを編集することが可能となります。

▶図 14-3-6 フォームの「回答」タブとその設定

◆アイテムを追加する

　フォームにアイテムを追加するには、アイテムの種類ごとに追加をするためのメソッドが用意されています。ここでは、代表して以下の4つのメソッドについて紹介します。

▶構文

```
Formオブジェクト .addCheckboxItem()
Formオブジェクト .addListItem()
Formオブジェクト .addMultipleChoiceItem()
Formオブジェクト .addTextItem()
```

　それぞれフォームにチェックボックス、プルダウン、ラジオボタンそして記述式の各質問を追加します。

　これらのメソッドの動作について、サンプル 14-3-3 を実行して確認してみましょう。

▶サンプル 14-3-3 フォームにアイテムを追加する [sample14-03.gs]

```
function myFunction14_03_03() {
  const form = FormApp.create('もくもく会参加申込みフォーム');

  form.addTextItem();
  form.addMultipleChoiceItem();
  form.addCheckboxItem();
  form.addListItem();
}
```

　実行すると、マイドライブに図 14-3-7 のようなフォームが作成されます。

14
フォーム

▶図 14-3-7 アイテムを追加したフォーム

　ただし、ご覧の通り各質問のタイトルは「質問」となっており、その内容もありません。これらアイテムを追加するメソッドは、追加したアイテムを表すオブジェクトを戻り値として返しますので、それに対してタイトルや説明を設定したり、質問の内容を追加したりといった処理が必要になります。

他の種類のアイテムを追加したい場合は、公式ドキュメントの Form クラスをご参照ください。
https://developers.google.com/apps-script/reference/forms/form

◆アイテムを取得する

　アイテムを新たに追加した場合は、そのメソッドの戻り値が作成したアイテムになります。一方で、既存のアイテムを取得する場合は、以下の 2 つの方法でアイテムを取得することができます。

・アイテム ID でアイテムを取得する
・アイテムの配列を取得する

　アイテムにはフォーム内で一意の整数によるアイテム ID が割り当てられています。そのアイテム ID を用いてアイテムを取得するには、**getItemById メソッド**を用います。

▶構文

> Form オブジェクト .getItemById(アイテム ID)

また、アイテムを配列で取得するには **getItems メソッド**を使用します。

▶構文

> Form オブジェクト .getItems([アイテムタイプ])

デフォルトではフォーム上のすべてのアイテムを配列として取得しますが、引数に Enum ItemType のメンバーを指定すると、取得するアイテムの種類を限定することができます。

では、前節で作成した図 14-3-7 のフォームに対して、サンプル 14-3-4 を実行して動作を確認してみましょう。getType メソッドはアイテムのタイプを取得するものです。

▶サンプル 14-3-4 フォームのアイテムを取得する [sample14-03.gs]

```
function myFunction14_03_04() {
  const id = '********'; //フォーム ID
  const form = FormApp.openById(id);

  const items = form.getItems();
  for (const item of items) console.log(item.getType().toString());

  const itemId = items[0].getId();
  console.log(itemId, form.getItemById(itemId).getType().toString());
}
```

> アイテムを ID で取得し、その ID とアイテムタイプをログ出力する

◆実行結果

```
TEXT
MULTIPLE_CHOICE
CHECKBOX
LIST
1995183973 'TEXT'
```

実行するとフォーム上の各アイテムのアイテムタイプと、最初のアイテムの ID およびタイプを確認できます。

アイテムを操作する

◆Item インターフェースとは

　公式ドキュメントを見ると、フォーム上のアイテムの共通に使用できるメソッドが「Interface Item」内に掲載されていることに気づきます。この**インターフェース**というワードについて確認しておきましょう。

　Forms サービスでは、TextItem クラス、CheckboxItem クラスといったように各種アイテムの固有のクラスが用意されています。これらのクラスはそれぞれ別の種類のアイテムを表すものですが、アイテム ID を取得したり、タイトルを設定したりといった、いくつかの共通の機能も持ちます。そこで、各種アイテム間の共通部分の機能を提供するのが **Item インターフェース**です。

　つまり、あるクラス群において、それらに共通する機能を提供するのがインターフェースの役割です。

Point

インターフェースは、あるクラス群に共通する機能を提供します。

Memo

　GAS で提供されているインターフェースの代表的なものとして、第 18 章で紹介するBlobSource インターフェースがあります。

　Item インターフェースで提供されている主なメソッドを図 14-4-1 にまとめています。アイテム ID やタイトル、アイテムタイプなどアイテムの情報を取得するメソッドのほか、Itemオブジェクトを固有のクラスに変換するメソッドが提供されています。各アイテム固有のクラスでのみ提供されているメソッドを使用するには、そのクラスのオブジェクトに変換（**キャスト**ともいいます）をする必要があります。

▶図 14-4-1 Item インターフェースの主なメンバー

メンバー	戻り値	説明
asCheckboxItem()	CheckboxItem	アイテムをチェックボックスの質問として返す
asListItem()	ListItem	アイテムをプルダウンの質問として返す
asMultipleChoiceItem()	MultipleChoiceItem	アイテムをラジオボタンの質問として返す
asTextItem()	TextItem	アイテムを記述式の質問として返す
duplicate()	Item	アイテムを複製する
getHelpText()	String	アイテムの説明を取得する
getId()	Integer	アイテムの ID を取得する
getIndex()	Integer	アイテムのインデックスを取得する
getTitle()	String	アイテムのタイトルを取得する
getType()	ItemType	アイテムタイプを取得する
setHelpText(text)	Item	アイテムの説明を設定する
setTitle(title)	Item	アイテムのタイトルを設定する

では、Item インターフェースのメソッドを用いてアイテムの情報を取得してみましょう。図 14-4-2 は、図 14-3-3 の再掲です。こちらのフォームについて、サンプル 14-4-1 を実行してみましょう。

▶図 14-4-2 アイテムの情報を取得するフォーム

▶サンプル 14-4-1 アイテムの情報を取得する [sample14-04.gs]

```
1  function myFunction14_04_01() {
2    const id = '********'; //フォーム ID
3    const form = FormApp.openById(id);
4    const item = form.getItems(FormApp.ItemType.MULTIPLE_CHOICE)[0];
```

14
フォーム

```
 5
 6      console.log(item.getTitle()); // お持ちのPCは？
 7      console.log(item.getId()); // アイテムID
 8      console.log(item.getHelpText()); //
 9      console.log(item.getType().toString()); //MULTIPLE_CHOICE
10      console.log(item.getIndex()); //1
11
12      console.log(item.asMultipleChoiceItem().isRequired()); //true
13  }
```

> Item オブジェクトを asMultipleChoiceItem
> オブジェクトにキャスト

　実行すると「お持ちのPCは？」というラジオボタンの質問についての情報がログ出力されます。ここで、isRequired メソッドはその質問が必須かどうかを返すもので、固有クラスで提供されるメソッドです。したがって、asMultipleChoiceItem メソッドでMultipleChoiceItem オブジェクトにキャストしてから実行する必要があります。Item オブジェクトのまま実行すると、「TypeError」が発生します。

◆質問を操作する

　フォームに追加した質問について、タイトル、説明、質問の内容などを設定するには、各アイテムの固有クラスで提供されているメソッドを使用する必要があります。
　以下の4つのクラスについて、それぞれで提供されている主なメソッドを図 14-4-3 にまとめました。

```
・TextItem クラス：記述式の質問
・CheckboxItem クラス：チェックボックスの質問
・MultipleChoiceItem クラス：ラジオボタンの質問
・ListItem クラス：プルダウンの質問
```

　これら4つのクラスでいうと、質問を必須かどうかを取得・設定するメソッドはいずれのクラスでも提供されています。また、選択肢を有するアイテムでは、それを操作するメソッドが提供されていることがわかります。

▶図 14-4-3 各アイテム固有の主なメンバー

メンバー	戻り値	TextItem	Checkbox Item	Multiple ChoiceItem	ListItem	説明
createChoice(value)	Choice		○	○	○	アイテムに選択肢を追加する
getChoices()	Choice[]		○	○	○	アイテムからすべての選択肢を取得する
hasOtherOption()	Boolean		○	○		アイテムが「その他」のオプションを持つかどうかを判定する
isRequired()	Boolean	○	○	○	○	アイテムの回答が必須かどうかを判定する
setChoices(choices)	CheckboxItem/ MultipleChoiceItem/ ListItem		○	○	○	アイテムに選択肢の配列を設定する
setChoiceValues(values)	CheckboxItem/ MultipleChoiceItem/ ListItem		○	○	○	アイテムに文字列の配列 values から選択肢を設定する
setRequired(enabled)	TextItem/ CheckboxItem/ MultipleChoiceItem/ ListItem	○	○	○	○	アイテムの回答が必須かどうかを設定する
showOtherOption(enabled)	CheckboxItem/ MultipleChoiceItem		○	○		アイテムが「その他」のオプションを持つかどうかを設定する

14
フォーム

　では、これらのメソッドの例を見てみましょう。サンプル 14-4-2 は、フォームと質問を作成するものです。実行すると、マイドライブに図 14-4-4 のような記述式、ラジオボタン、チェックボックスおよびプルダウンの質問を持つフォームを作成できます。

▶サンプル 14-4-2 アイテムを操作する [sample14-04.gs]

```
function myFunction14_04_02() {
  const title = 'もくもく会参加申込みフォーム';
  const description = '次回のもくもく会についての参加申込みフォームです。';

  const form = FormApp.create(title);              // フォーム title の作成と説明を設定
  form.setDescription(description);
  form.addTextItem().setTitle('氏名').setRequired(true);   // 記述式の質問の作成と設定

  form.addMultipleChoiceItem()
    .setTitle('お持ちの PC の OS は？')              // ラジオボタンの質問の作成と設定
    .setChoiceValues(['Windows', 'Mac'])
    .setRequired(true);
```

```
1    form.addCheckboxItem()
1        .setTitle('興味があるプログラム言語は？')
1        .setChoiceValues(['VBA', 'Google Apps Script', 'Python'])
1        .showOtherOption(true);
1
1    form.addListItem()
1        .setTitle('お住まいの都道府県は？')
1        .setChoiceValues(['東京都', '埼玉県', '千葉県', '神奈川県']);
1    }
```

チェックボックスの
質問の作成と設定

プルダウンの質問の
作成と設定

▶図 14-4-4 質問の設定を追加したフォーム

　各質問の選択肢は文字列の配列を与えていますが、これをスプレッドシートなどから取得できるようにすると、より実用的なものとなるでしょう。

　本章では、GAS で Google フォームを操作する Forms サービスとそのクラスについて解説をしました。フォームは、データの入力インターフェースとしてとても便利なアプリケーションです。申し込みフォームやアンケートなどを定期的に実施するのであれば、ぜひ本章の内容を参考に、その作成業務を自動化してみてください。

　さて、次章では Language サービス、つまり翻訳機能を取り扱います。とても簡単に扱うことができますが、まさに「Google らしい」操作を手にすることができます。
　ぜひマスターしていきましょう。

15
01
Language サービスと LanguageApp クラス

◆Language サービスとは

Language サービスは、GASでGoogle 翻訳を利用するためのサービスです。Language サービスを使用することで、スプレッドシートやドキュメント、Gmail などさまざまなサービスで扱う文字列を翻訳できます。

Language サービスで提供されているクラスは、図 15-1-1 に示す通り **LanguageApp クラス**というトップレベルオブジェクトのみです。また、LanguageApp クラスで提供されているメンバーは、文字列を翻訳する translate メソッドのみです（図 15-1-2）。

▶図 15-1-1 Language サービスのクラス

クラス	説明
LanguageApp	Language サービスのトップレベルオブジェクト

▶図 15-1-2 LanguageApp クラスのメンバー

メンバー	戻り値	説明
translate(str, source, target[, args])	String	文字列 str を source 言語から target 言語に翻訳する

◆文字列を翻訳する

GAS による翻訳は、とても簡単に実現できます。以下書式で示す、LanguageApp クラスの **translate メソッド**を使用します。

▶構文

```
LanguageApp.translate ( 文字列 , ソース言語 , ターゲット言語 [ , オプション ])
```

ソース言語、ターゲット言語には、たとえば日本語であれば「ja」、英語であれば「en」というようなアルファベットによる**言語コード**を指定します。図 15-1-3 に主な言語コードをまとめていますが、Language サービスでは世界で使用している 100 を超える言語が対応をしていますので、ほとんどの場合において非対応で困ることはないはずです。

▶図 15-1-3 主な言語コード

言語	言語コード
中国語（簡体）	zh-CN
中国語（繁体）	zh-TW
英語	en
フランス語	fr
ドイツ語	de
イタリア語	it
日本語	ja
韓国語	ko
ポルトガル語	pt
ロシア語	ru
スペイン語	es
タイ語	th
ベトナム語	vi

言語コードは、ほぼ ISO-639-1 識別子に準拠しており、Google Cloud Platform の言語のサポートページでも確認できます。

Memo

Codes for the Representation of Names of Languages
http://www.loc.gov/standards/iso639-2/php/code_list.php

Google Cloud Platform 言語のサポート
https://cloud.google.com/translate/docs/languages

オプションは省略が可能ですが、ソースとなる文字列が HTML である場合には、その旨をコンテンツタイプとしてオブジェクト形式にて指定できます。

translate メソッドの簡単な例として、サンプル 15-1-1 を実行してみましょう。

▶サンプル 15-1-1 文字列を翻訳する [sample15-01.gs]

```
1   function myFunction15_01_01() {
2     const str = ' 文字列を簡単に翻訳できます。';
3     console.log(LanguageApp.translate(str, 'ja', 'en'));
4     console.log(LanguageApp.translate(str, 'ja', 'zh-CN'));
5     console.log(LanguageApp.translate(str, 'ja', 'es'));
6   }
```

文字列を各言語に翻訳する

```
You can easily translate the strings.
您可以轻松地翻译字符串。
Puede traducir fácilmente las cadenas.
```

◆ドキュメントを翻訳する

より実務に近い例として、ドキュメントを複製して翻訳する例を見てみましょう。サンプル
15-1-2 はドキュメントを複製し、そのヘッダーセクションとボディに含まれる文字列を日本
語から英語に翻訳するというものです。

実行すると、図 15-1-4 のような英語版のドキュメントを同一フォルダ内に生成できます。

▶ サンプル 15-1-2 ドキュメントを複製して翻訳する [sample15-01.gs]

```
 1  function myFunction15_01_02() {
 2    const id = '********'; //ドキュメントID
 3    const sourceFile = DriveApp.getFileById(id);
 4
 5    const title = LanguageApp.translate(sourceFile.getName(), 'ja', 'en');
 6    const createFile = sourceFile.makeCopy(title);
 7
 8    const document = DocumentApp.openById(createFile.getId());
 9    translateParagraphs_(document.getBody().getParagraphs());
10    translateParagraphs_(document.getHeader().getParagraphs());
11  }
12
13  function translateParagraphs_(paragraphs) {
14    for (const paragraph of paragraphs) {
15      const text = paragraph.getText();
16      if (text) paragraph.setText(LanguageApp.translate(text, 'ja' ,'en'));
17    }
18  }
```

ドキュメント ID を指定して
File オブジェクトを取得する

ドキュメント名を翻訳し、英語版のドキュメント名を取得する

英語版のドキュメント名で
ファイルのコピーを生成する

ファイル ID により
ドキュメントを開く

生成したドキュメントのヘッダーセクションおよびボディの
段落の配列を渡して、translateParagraphs を呼び出す

各段落について文字列が含まれる場合、
それを英語に翻訳してセットする

▶図 15-1-4 翻訳したドキュメント

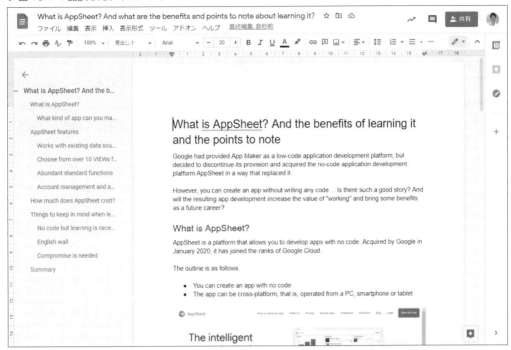

文字列を英語に翻訳したドキュメント
を作成することができる

　なお、Drive サービスの File オブジェクトの ID と、Document サービスの Document オブジェクトの ID は共通の ID になりますので、両方のサービスを行き来するときに便利に使用できます。これについては、スプレッドシート 、プレゼンテーション、フォームにも同様のことがいえます。

　このように、GAS で Language サービスを使うことでドキュメント全文の翻訳も、シンプルなスクリプトを組むだけで実現可能です。その他、スプレッドシート、Gmail なども同様に Language サービスと連携させて動作させることができます。

Memo

　単体のドキュメントを翻訳するのであれば、ドキュメントのメニュー「ツール」→「ドキュメントの翻訳機能」からでも実現可能です。また、スプレッドシートの場合は、スプレッドシート関数「GOOGLETRANSLATE」を利用することもできます。場合に応じて、Google アプリケーションの既存の機能と GAS の Language サービスとを適切に使い分けるようにしましょう。

本章では、Language サービスと、文字列を翻訳する translate メソッドの使い方について
お伝えしました。GAS では Language サービスにより、いとも簡単に翻訳できることに驚か
れたことと思います。Google 翻訳は技術の発展に伴って、その精度がより一層向上していく
ことが期待されますので、今後ますます楽しみな機能といえます。

　さて、次章からは、GAS 全体で横断的に活用できる Script Services の各サービスについ
て紹介をしていきます。その中で、もっとも基本的で、かつ使用頻度の高いサービスが Base
サービスです。次章でその概要といくつかのクラスについて学んでいくことにしましょう。

15

翻訳

16

Base サービス

Base サービスとは

◆Base サービスとそのクラス

Script Services では、GAS 全般で横断的に利用できる機能としていくつかのサービスが提供されています。その中で、基本となるいくつかの機能を集めたものが **Base サービス**です。

Base サービスは、セッションやユーザーにアクセスする、UI を操作する、ブロブを操作するといったさまざまな機能を提供しています。これまで、何度も登場してきたログ出力を行う console クラスも、Base サービスで提供されているものです。

Base サービスで提供されているクラスについて、図 16-1-1 にまとめていますのでご覧ください。

▶図 16-1-1 Base サービスの主なクラス

クラス	説明
console	ログを出力する機能を提供する
Logger	ログを出力する機能を提供する
Session	セッション情報にアクセス機能を提供する
User	ユーザーを表す機能を提供する
Browser	スプレッドシート固有のダイアログを操作する機能を提供する
Ui	UI を操作する機能を提供する
PromptResponse	ダイアログにおけるユーザーの応答を操作する機能を提供する
Menu	メニューを操作する機能を提供する
Blob	データ交換用のオブジェクトを表す機能を提供する
BlobSource	Blob オブジェクトに変換できるオブジェクトのインターフェース

他のサービスでは、トップレベルのオブジェクトは 1 つでしたが、Base サービスでは、以下に挙げるような、複数のトップレベルのオブジェクトが存在しています。

・console

・Logger

・Session

・Browser

本章では、このうちログに関する console クラスと、セッションおよびユーザーに関する Session クラスおよび User クラスについて紹介します。また、UI に関するいくつかのクラスについては続く第 17 章、ブロブに関するクラスについては第 18 章で解説をします。

第 10 章で紹介した Enum MimeType も Base サービスで提供されているトップレベルのオブジェクトです。ですから、たとえば「MimeType.JPEG」とコード内で記述することが可能なのです。

16

Base サービス

ログ

◆console クラスと Logger クラス

GAS では、ログを出力するための機能を提供するクラスが 2 つ存在しています。図 16-2-1 に挙げる console クラスと Logger クラスです。

▶図 16-2-1 ログを操作する Base サービスのクラス

クラス	説明
console	ログを出力する機能を提供する
Logger	ログを出力する機能を提供する

それぞれのクラスで log メソッドが用意されており、それによるログ出力に関しては、ほぼ同じ機能が提供されています。しかし、本書では以下の理由から、ログ出力については console クラスをメインで使用するようにしています。

・オブジェクトの出力がオブジェクトリテラルで得られる

・整数値の出力で「.0」が表示されない

・レベル別のログ出力を行える

・JavaScript でも console クラスが提供されており、それにならって使用できる

サンプル 16-2-1 を実行すると、console クラスの log メソッドと、Logger クラスの log メソッドの出力の違いを確認してみましょう。

▶サンプル 16-2-1 console.log メソッドと Logger.log メソッド [sample16-02.gs]

```
 1  function myFunction16_02_01() {
 2    const obj = {name: 'Bob', age: 25};
 3    console.log(obj, obj.age); //{ name: 'Bob', age: 25 } 25
 4    Logger.log('%s %s', obj, obj.age); //{name=Bob, age=25.0} 25.0
 5
 6    const anyone = DriveApp.Access.ANYONE;
 7    console.log(anyone); //オブジェクト
 8    console.log(anyone.toString()); //ANYONE
 9    Logger.log(anyone); //ANYONE
```

```
10 | }
```

　console.log メソッドでは、オブジェクトがオブジェクトリテラルで出力されます。しかし、この例の Enum Access のメンバーのように、多くの要素を持つオブジェクトでは大量の情報が出力されてしまいますので有効ではありません。そのような場合は、toString メソッドにより文字列化したものをログ出力すると有効なケースがありますので覚えておきましょう。

◆console クラスとは

　console クラスはログの出力をする機能を提供しています。主なメンバーを、図 16-2-2 にまとめていますのでご覧ください。ログに関する複数のメソッドと、スクリプトの実行時間を測定するためのメソッドが提供されています。

▶図 16-2-2 console クラスの主なメソッド

メンバー	戻り値	説明
log(obj1 [, obj2, ...])	void	DEBUG レベルのログを出力する
info(obj1 [, obj2, ...])	void	INFO レベルのログを出力する
warn(obj1 [, obj2, ...])	void	WARNING レベルのログを出力する
error(obj1 [, obj2, ...])	void	ERROR レベルのログを出力する
time(label)	void	タイマー label をスタートする
timeEnd(label)	void	タイマー label をストップし経過時間をログに出力する

　ところで、一般的にクラス名は大文字からはじまりますが、console クラスのみ先頭文字が小文字になっていることに注意してください。これは、JavaScript で使用している console クラスの表記にならったものと考えられます。

> **M**emo
>
> 　以前、console クラスのログ出力先は、Google Cloud Platform で提供されているログの収集や調査を行うツールである Stackdriver Logging に限定されていました。Apps Script ダッシュボードが提供開始となった際に、その出力先として AppsScript ダッシュボードが加わりました。さらに、V8 ランタイムがサポートされた段階で、スクリプトエディタのログにも出力されるようになりました。

◆console クラスによるログ出力

　まず、ログを出力する **log メソッド**の使い方について再度確認しておきましょう。構文はこちらです。

▶構文

```
console.log( オブジェクト 1 [, オブジェクト 2, …])
```

引数には任意の数のオブジェクトを渡すことができ、その場合は半角スペースを空けて連続してログに出力がされます。

> 以前は、「%s」をプレースホルダーとして埋め込んだフォーマット文字列を使用する以下の構文もよく使用されていました。
>
> console.log(フォーマット文字列 [, オブジェクト 1, オブジェクト 2, …])
>
> しかし、V8 ランタイム環境であれば、テンプレート文字列が使用できるようになったため、積極的にこの構文を使用する理由はなくなりました。

console クラスでは、ログを出力するメソッドが log メソッドを含めて全 4 種類提供されています。残りの 3 つは、以下の info メソッド、warn メソッド、error メソッドです。

▶構文

```
console.info( オブジェクト 1 [, オブジェクト 2, …])
console.warn( オブジェクト 1 [, オブジェクト 2, …])
console.error( オブジェクト 1 [, オブジェクト 2, …])
```

これらの引数の指定の方法は、log メソッドと同様です。各メソッドをどのように使い分けるのかというと、**ログレベル**です。図 16-2-3 のように、重要度や緊急度によってレベル分けされているので、そのログ内容に応じて使い分けを行います。

▶図 16-2-3 ログレベル

メンバー	レベル	説明
log	DEBUG	システムの動作状況に関するログ
info	INFO	何らかの注目すべき情報に関するログ
warn	WARN	警告（エラーとは言い切れないが近い事柄）に関するログ
error	ERRORS	エラーに関するログ

では、ログレベルの違いでどのように出力が異なるのかを見てみましょう。サンプル 16-2-2 を実行すると、図 16-2-4 のようにログレベルによる出力の違いを確認できます。

▶サンプル 16-2-2 ログレベルとその出力 [sample16-02.gs]

```
1  function myFunction16_02_02() {
2    console.log('DEBUG レベルのログ：ログの内容');
3    console.info('INFO レベルのログ：ログの内容');
4    console.warn('WARN レベルのログ：ログの内容');
5    console.error('ERROR レベルのログ：ログの内容');
6  }
```

▶図 16-2-4 ログレベルとその出力

　また、図 16-2-5 のように「実行数」画面でも同様にログレベルに応じた出力を確認することができます。

▶図 16-2-5「実行数」でのログレベルとその出力

　スクリプト作成時やデバッグ時の確認用のログであれば、これまで通り log メソッドを使用すればよいわけですが、運用フェイズでキャッチしておきたい不具合や情報がある場合には、try...cathc 文などと組み合わせて、レベルに応じてログを出力するようにするとよいでしょう。

◆実行時間の測定

GAS でスクリプトの実行時間を測定するには、console クラスで提供されている 2 つのメソッド、**time メソッド**と **timeEnd メソッド**を組み合わせて使用します。

まず、スクリプト内の測定開始をしたい箇所に、time メソッドを記述します。

▶構文
```
console.time( ラベル )
```

ラベルはタイマーを識別するための文字列です。タイマーを止めたい箇所に、timeEnd メソッドを記述します。

▶構文
```
console.timeEnd( ラベル )
```

timeEnd メソッドが実行されると、ラベルで指定したタイマーをストップし、加えてタイマーによる測定時間をログに出力します。

では、簡単なサンプルを用いて実行時間の測定をしてみましょう。スプレッドシートのコンテナバインドスクリプトに、サンプル 16-2-3 を入力して実行してみましょう。

▶サンプル 16-2-3 実行時間の測定 [sample16-02.gs]

```
 1  function myFunction16_02_03() {
 2    const sheet = SpreadsheetApp.getActiveSheet();
 3
 4    const timer1 = 'セルを 1 つずつ';
 5    console.time(timer1);                                    ──── 「セルを 1 つずつ」タイマーの開始
 6
 7    for (let i = 1; i <= 1000; i++) {
 8      const value = sheet.getRange(i, 1).getValue();
 9      sheet.getRange(i, 2).setValue(value);
10    }
11
12    console.timeEnd(timer1); // セルを 1 つずつ：262410ms ──── 「セルを 1 つずつ」タイマーの終了
                                                                  とログ出力
13
14    const timer2 = 'セルをまとめて';
15
16    console.time(timer2);                                    ──── 「セルをまとめて」タイマーの開始
17
18    const values = sheet.getRange(1, 2, 1000, 1).getValues();
```

```
19      sheet.getRange(1, 3, values.length, values[0].length).setValues(values);

20

21      console.timeEnd(timer2); // セルをまとめて : 252ms

22  }
```

「セルをまとめて」タイマーの終了
とログ出力

　スプレッドシートの値の取得と設定をする際に、セル 1 つずつに対して行った場合と、セルをまとめて行った場合の実行時間について比較するというものです。GAS の場合は、実行時間に制限がありますから、より実行時間が少ないスクリプトを組む必要があります。その際に、time メソッドと timeEnd メソッドによる実行時間の測定はたよりになります。

Memo

　Rhino ランタイム使用時であれば、スクリプトエディタの「表示」→「実行トランスクリプト」から実行した関数の実行時間の測定が可能です。しかし、V8 ランタイム使用時には、該当のメニューは表示されずに使用することができません。

16

Base サービス

セッションとユーザー

◆Session クラスと User クラス

GAS では、現在スクリプトを実行しているアカウントについてのセッションとユーザーの情報にアクセスできます。これらの機能を提供するのが、図 16-3-1 に挙げる Base サービスの Session クラスと User クラスです。

▶図 16-3-1 セッション・ユーザーを操作する Base サービスのクラス

クラス	説明
Session	セッション情報にアクセス機能を提供する
User	ユーザーを表す機能を提供する

セッションというのは、一般的には開始から終了までの一連を表す単位として用いられていますが、GAS のセッションすなわち Session オブジェクトはスクリプトの開始から終了までを表します。

Session クラスは、セッションについてアクセスする機能を提供するものです。Session クラスのメソッドを図 16-3-2 にまとめていますのでご覧ください。スクリプトの実行やその実行をした現在のユーザーに関する情報を取得できます。

▶図 16-3-2 Session クラスの主なメソッド

メンバー	戻り値	説明
getActiveUser()	User	現在のユーザーを取得する
getActiveUserLocale()	String	現在のユーザーの言語設定を取得する
getEffectiveUser()	User	スクリプトの実行権限を持つユーザーを取得する
getScriptTimeZone()	String	スクリプトのタイムゾーンを取得する
getTemporaryActiveUserKey()	String	現在のユーザーの一時的なキーを取得する（一時的なキーは 30 日ごとにローテーションされる）

一方、**ユーザー**を表すのが User オブジェクトです。**User クラス**で提供されているのは、図 16-3-3 のように getEmail メソッドのみです。

▶図 16-3-3 User クラスのメソッド

メンバー	戻り値	説明
getEmail()	String	ユーザーの Email アドレスを取得する

　では、Session クラスと User クラスのメンバーについて、サンプル 16-3-1 を用いて、その動作を確認してみましょう。

▶サンプル 16-3-1 セッションとユーザーの情報を取得する [sample16-03.gs]

```
1  function myFunction16_03_01() {
2    console.log(Session.getActiveUser().getEmail()); // 現在のユーザーのメールアドレス
3    console.log(Session.getEffectiveUser().getEmail()); // 実行権限を持つユーザーのメールアドレス
4
5    console.log(Session.getActiveUserLocale()); //ja
6    console.log(Session.getScriptTimeZone()); //Asia/Tokyo
7    console.log(Session.getTemporaryActiveUserKey()); // ユーザーの一時的なキー
8  }
```

Memo

　スクリプトエディタからスクリプトを実行した場合、現在のユーザーと実行権限を持つユーザーは同一となります。一方で、インストーラブルトリガーでの起動時や、Web アプリケーションとしての実行時などでは、実行権限を持つユーザーのみが取得できるというケースが存在します。

　本章では Base サービスの概要と、console クラス、Session クラスそして User クラスについて紹介しました。とくに console クラスは、動作確認やデバッグなどにおいて強力な味方となりますので、ぜひ使いこなしていきましょう。

　さて、次章は Base サービスで提供されているクラスのうち、ユーザーインターフェースに関連するものを取り上げます。GAS では、スプレッドシートやドキュメント、スライド、フォームなどのメニュー、ダイアログを独自に作成したり、カスタマイズしたりする機能が提供されています。これらの機能を活用することで、より使いやすいツールやシステムを構築することができるようになります。

16

Base サービス

17

ユーザー
インターフェース

17 / 01 UI の操作と Ui クラス

◆UI を操作するための Base サービスのクラス

GAS では Base サービスで提供されている、図 17-1-1 のクラスを使用することで、スプレッドシート、ドキュメント、フォーム、スライドについて、ダイアログを作成したり、独自のメニューを追加したりといった UI 操作が可能です。

▶ 図 17-1-1 UI を操作する Base サービスのクラス

クラス	説明
Ui	UI を操作する機能を提供する
Menu	メニューを操作する機能を提供する
PromptResponse	ダイアログにおけるユーザーの応答を操作する機能を提供する

◆Ui クラスとは

Ui クラスはメニュー、ダイアログなどの UI を操作する機能を提供するクラスです。主なメンバーを、図 17-1-2 に示します。

▶ 図 17-1-2 Ui クラスの主なメンバー

メンバー	戻り値	説明
alert([title,]prompt[, buttons])	Button	タイトル title、メッセージ prompt、およびボタンのセット buttons を持つアラートダイアログボックスを開く
createMenu(caption)	Menu	メニュー caption のビルダーを作成する
prompt([title,]prompt[, buttons])	PromptResponse	タイトル title、メッセージ prompt、およびボタンのセット buttons を持つプロンプトダイアログボックスを開く

Ui クラスでは、2 種類のダイアログを表示するメンバーが提供されています。1 つは、メッセージとボタンのみを表示する**アラートダイアログ**、他方はユーザーからのテキスト入力を受け付ける**プロンプトダイアログ**です。いずれもユーザーの押下したボタンや、入力したテキストを取得し、スクリプト内で使用できます。

また、**メニュー**については次のような流れでスクリプトを作成することで、独自のメニューを作成できます。

① createMenu メソッドでメニューを作成するためのビルダーを生成する

②ビルダーに対してメニューと関連付ける関数を追加していく

③メニューを表示する

スプレッドシートに限り、ダイアログを表示する Browser クラスの機能や、メニューを操作する Spreadsheet クラスの addMenu メソッドなどを利用可能ですが、本章では、スプレッドシート以外のドキュメントやフォーム、スライドでも使用できる、汎用的な方法として Ui クラスの機能を紹介しています。

◆Ui オブジェクトの取得

これらのメンバーを使用して UI を操作するためには、**Ui オブジェクト**を取得する必要があります。Ui オブジェクトを取得するメソッドは、各サービスのトップレベルのクラスで提供されている **getUi メソッド**で、それぞれ以下の書式です。

▶構文
```
SpreadsheetApp.getUi()
DocumentApp.getUi()
SlidesApp.getUi()
FormApp.getUi()
```

なお、重要な点として、getUi メソッドはコンテナバインドスクリプトでのみ使用できます。

Ui オブジェクトはスプレッドシート、ドキュメント、フォームおよびスライドのコンテナバインドスクリプトのみで使用できます。

ダイアログ

◆アラートダイアログ

アラートダイアログを表示するには、Ui オブジェクトに対して **alert メソッド**を使います。
書式は以下の通りです。

▶構文

```
Ui オブジェクト .alert( [ タイトル , ] メッセージ [ , ボタンセット ] )
```

タイトルはダイアログのタイトルを指定しますが、省略が可能です。ボタンセットには、図
17-2-1 で示す **Enum ButtonSet** のいずれかを指定しますが、省略した場合は ButtonSet.OK
がデフォルトとして採用されます。

▶図 17-2-1 Enum ButtonSet のメンバー

メンバー	説明
OK	「OK」のみ
OK_CANCEL	「OK」と「キャンセル」
YES_NO	「はい」と「いいえ」
YES_NO_CANCEL	「はい」、「いいえ」および「キャンセル」

また、ユーザーがどのボタンを押したかどうか（または閉じたかどうか）を、alert メソッ
ドの戻り値として取得できます。その場合、alert メソッドの戻り値は、図 17-2-2 で示す
Enum Button のいずれかの値となります。

▶図 17-2-2 Enum Button のメンバー

メンバー	説明
CLOSE	閉じる
OK	OK
CANCEL	キャンセル
YES	はい
NO	いいえ

例として、ドキュメントのコンテナバインドスクリプトにサンプル 17-2-1 を作成し、実行

してみましょう。

▶ サンプル 17-2-1 アラートダイアログの表示とレスポンス [sample17-02.gs]

```
 1  function showAlert() {
 2    const ui = DocumentApp.getUi();
 3    const title = 'アラートダイアログの例';
 4    const prompt = 'いずれかのボタンを押してください';
 5    const response = ui.alert(title, prompt, ui.ButtonSet.YES_NO);
 6
 7    switch (response) {
 8      case ui.Button.YES:
 9        console.log('"はい"が選択されました');
10        break;
11      case ui.Button.NO:
12        console.log('"いいえ"が選択されました');
13        break;
14      case ui.Button.CLOSE:
15        console.log('閉じるボタンで閉じられました');
16    }
17  }
```

ドキュメントのUiオブジェクトを取得する

ボタンセット「YES_NO」のアラートダイアログを作成し、その戻り値をresponseに格納する

選択されたボタン（YES/NO/CLOSE）により処理を分岐する

　実行をすると、図 17-2-3 のようなダイアログが表示されます。また、「はい」または「いいえ」の選択、またはダイアログの右上の閉じるボタンの操作に応じて、3 通りのログ出力となりますので確認をしてみましょう。

▶ 図 17-2-3 アラートダイアログの表示

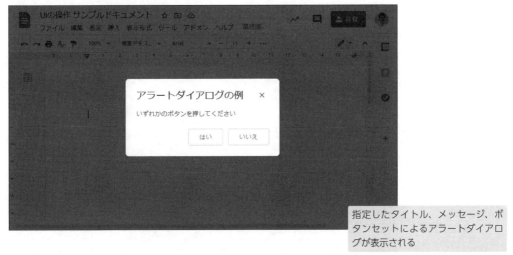

指定したタイトル、メッセージ、ボタンセットによるアラートダイアログが表示される

17

ユーザーインターフェース

◆プロンプトダイアログ

テキスト入力フィールドを持つ**プロンプトダイアログ**を表示するには、Ui オブジェクトに対して **prompt メソッド**を使います。

書式は以下の通りです。

▶構文

```
Ui オブジェクト.prompt([ タイトル , ] メッセージ [, ボタンセット ])
```

各引数の指定は alert メソッドと同様で、ボタンセットの指定は図 17-2-1 の値を設定します。また、タイトルとボタンセットは省略することが可能です。

prompt メソッドの戻り値として、**PromptResponse オブジェクト**を取得できます。PromptResponse オブジェクトには、ユーザーが入力フィールドに入力した文字列と、ユーザーがクリックしたボタンの情報（図 17-2-2 に示す Enum Button のいずれかの値）を持ち、図 17-2-4 に示す **PromptResponse クラス**のメンバーでそれぞれ取り出すことができます。

▶図 17-2-4 PromptResponse クラスのメンバー

メンバー	戻り値	説明
getResponseText()	String	ダイアログの入力フィールドに入力されたテキストを取得する
getSelectedButton()	Button	ダイアログでクリックしたボタンを取得する

プロンプトダイアログの使用例として、サンプル 17-2-2 をご覧ください。ドキュメントのコンテナバインドスクリプトにこのスクリプトを入力し、実行をすると図 17-2-5 のようなプロンプトダイアログを表示できます。

▶サンプル 17-2-2 プロンプトダイアログの表示とレスポンス [sample17-02.gs]

```
 1  function showPrompt() {
 2    const ui = DocumentApp.getUi();
 3    const title = 'プロンプトダイアログの例';
 4    const prompt = '名前を入力してください';
 5    const response = ui.prompt(title, prompt, ui.ButtonSet.OK_CANCEL);
 6    const name = response.getResponseText();
 7
 8    switch (response.getSelectedButton()) {
 9      case ui.Button.OK:
10        console.log(`Hello ${name}!`);
11        break;
12      case ui.Button.CANCEL:
13        console.log('名前を取得できませんでした');
```

> ボタンセット「OK_CANCEL」のプロンプトダイアログを作成し、戻り値を response に格納する

> response から入力された文字列を取得する

```
14         break;
15     case ui.Button.CLOSE:
16         console.log(' 閉じるボタンで閉じられました ');
17     }
18 }
```

responseから選択されたボタン（OK/CANCEL/CLOSE）を取り出し、その結果により処理を分岐する

▶図 17-2-5 プロンプトダイアログの表示

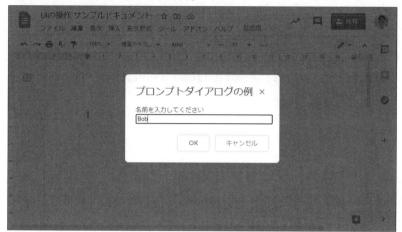

指定したタイトル、メッセージ、ボタンセットによるプロンプトダイアログが表示される

　プロンプトダイアログへの入力や操作の内容に応じてログが出力されますので、確認をしてみてください。

　なお、アラートダイアログもプロンプトダイアログも、ダイアログが表示している間、スクリプトはユーザーの動作を受け付けるまで停止をしています。

17　ユーザーインターフェース

17
03 メニュー

◆メニューの作成と Menu クラス

　独自の**メニュー**を作成するには、まず Ui オブジェクトについてメニューの**ビルダー**を作成する必要があります。ビルダーを作成するには、以下の **createMenu メソッド**を使います。

▶構文

```
Ui オブジェクト .createMenu ( キャプション )
```

　キャプションには、スプレッドシートでいえば「ファイル」や「編集」といった、メニューのトップレベルに表示させる文字列を指定します。createMenu メソッドは戻り値として、**Menu オブジェクト**を返します。

　この Menu オブジェクトに対して、図 17-3-1 に示す **Menu クラス**のメンバーを用いて構築、反映をします。

▶図 17-3-1 Menu クラスのメンバー

メンバー	戻り値	説明
addItem(menu, function)	Menu	メニューに関数 function を呼び出すアイテム menu を追加する
addSeparator()	Menu	メニューに区切り線を追加する
addSubMenu(subMenu)	Menu	メニューにサブメニュー subMenu を追加する
addToUi()	void	UI にメニューを追加する

　まず、メニューにアイテムを追加するのが、以下に示す **addItem メソッド**です。

▶構文

```
Menu オブジェクト .addItem ( アイテム名 , 関数名 )
```

　これにより Menu オブジェクトの配下に、指定した関数名の関数を呼び出すアイテムを追加できます。なお、関数名は文字列で与える必要がありますので、注意してください。

　メニューに階層を設けたい場合は、**addSubMenu メソッド**を用います。書式は以下の通りです。

▶構文

> Menu オブジェクト .addSubMenu(サブメニュー)

　引数サブメニューは Menu オブジェクトを指定します。これにより、Menu オブジェクトの配下にサブメニューを追加できます。さらに、追加したサブメニューに対して addItem メソッドを使用することで、アイテムを構成します。

　Menu オブジェクトの構築が完了したら、以下 **addToUi メソッド**で反映をさせます。

▶構文

> Menu オブジェクト .addToUi()

　では、実際のドキュメントにメニューを作成してみましょう。サンプル 17-3-1 は、showAlert (サンプル 17-2-1) と showPrompt (サンプル 17-2-2) をアイテムとしたメニュー「ダイアログ」を設置するスクリプトです。

　なお、メニューの追加も Ui オブジェクトを使用しますので、コンテナバインドスクリプトで作成する必要があります。

▶サンプル 17-3-1 独自メニューを追加する [sample17-03.gs]

```
1  function myFunction17_03_01() {
2    const ui = DocumentApp.getUi();
3
4    ui.createMenu('ダイアログ')
5      .addItem('アラート ' ,'showAlert')
6      .addSeparator()
7      .addSubMenu(
8        ui.createMenu('サブメニュー ')
9          .addItem('プロンプト ', 'showPrompt')
10     )
11     .addToUi();
12 }
```

> ドキュメントのメニューに「ダイアログ」メニューを追加し「アラート」と区切り線を追加する

> 「サブメニュー」を追加する

> 作成した Menu オブジェクトを反映する

　実行すると、図 17-3-2 のような独自メニューが追加されているはずです。サブメニューの構成や区切り線についても、スクリプトと見比べながら確認してみてください。

17
ユーザーインターフェース

481

▶図 17-3-2 追加した独自メニュー

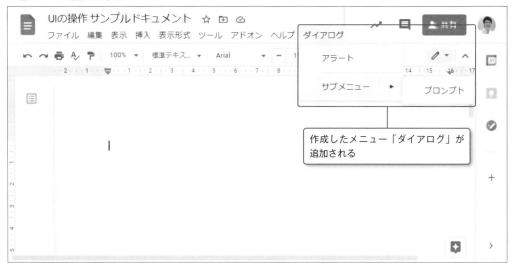

作成したメニュー「ダイアログ」が
追加される

Memo

　関数名を「onOpen」とすることで、起動時のシンプルトリガーを設置できます。これにより、スプレッドシート、ドキュメント、スライドおよびフォームの起動時に自動でメニューを表示させることができます。トリガーについて、詳しくは第 22 章で解説します。

17
ユーザーインターフェース

17
04 スプレッドシートの UI を拡張する

◆スプレッドシートの UI の拡張

本章で紹介してきたダイアログやメニューは、スプレッドシート、ドキュメント、スライドおよびフォームで共通して使用できるものでした。しかし、それ以外にスプレッドシート限定で使用できる以下のような UI の拡張方法が用意されています。

> ・Browser クラスのメンバーによるダイアログの作成
> ・Spreadsheet クラスの addMenu メソッドによるメニューの追加
> ・マクロメニューへのスクリプトのインポート
> ・図形、画像へのスクリプトの割り当て

この節では、マクロメニューへのスクリプトのインポートと、画像・図形へのスクリプトの割り当てについて見ていきましょう。

◆マクロメニューにインポートする

スプレッドシートのメニューを拡張する方法として、マクロメニューにスクリプトを追加する方法があります。こちらの方法では、メニューを追加するコードを書く必要はありません。

まず、**マクロ**について簡単に紹介をしておきましょう。マクロとは、ユーザーの一連の操作を記録する機能、または記録したもののことをいいます。記録したマクロは、図 17-4-1 のように、スプレッドシートのメニューの「ツール」→「マクロ」に追加され、そこから素早く呼び出すことができるようになります。

▶図 17-4-1 マクロメニューとスクリプトの実行

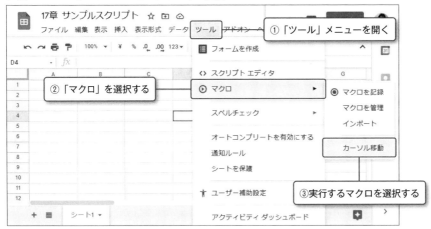

　このマクロメニューには、記録したマクロだけでなく、既存のスクリプトをインポートして追加できます。

　では、例としてサンプル 17-4-1 の関数 showMessage をマクロメニューに追加していきましょう。コンテナバインドスクリプトに作成しておいてください。

▶サンプル 17-4-1 メッセージを表示するスクリプト [sample17-04.gs]

```
1  function showMessage() {
2    Browser.msgBox(' スクリプトが呼ばれました ');
3  }
```

　続いて、作成したスクリプトをインポートします。図 17-4-2 のように、メニュー「ツール」→「マクロ」とたどり、「インポート」を選択します。

▶図 17-4-2 マクロメニューのインポート

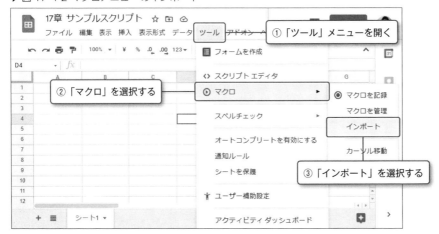

　図 17-4-3 に示す「インポート」ダイアログが開きますので、追加した関数について「関数を追加」をクリックします。

▶図 17-4-3 インポートダイアログ

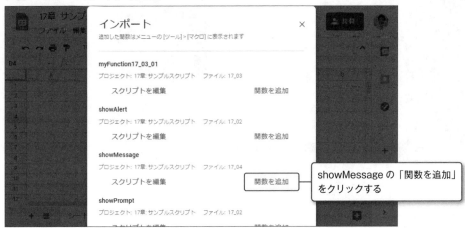

　これで、マクロメニューへの追加が完了しました。図 17-4-4 のようにマクロメニューから「showMessage」を呼び出すことができるようになりました。

▶図 17-4-4 マクロメニューに追加されたスクリプト

　なお、メニュー「ツール」→「マクロ」→「マクロを管理」から、図 17-4-5 に示す「マクロの管理」ダイアログを開くことができます。このダイアログでは、追加したマクロについて Ctrl + Alt + Shift （(Mac の場合は ⌘ + option + shift ）と任意のキーの組み合わせによるのショートカットキーで呼び出せるようにしたり、三点リーダーアイコンメニューを開いて編集や、マクロメニューからの削除を行うことができます。

▶図 17-4-5 マクロの管理ダイアログ

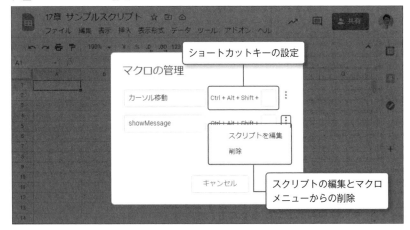

◆図形や画像にスクリプトを割り当てる

スプレッドシートでは、挿入した画像や図形描画で作成した図形にスクリプトを割り当てることができます。割り当てるスクリプトは、コンテナバインドスクリプトである必要があります。

では、その手順を見ていきましょう。まず、スプレッドシートのメニューから「挿入」→「図形描画」と選択します（図 17-4-6）。

▶図 17-4-6 図形描画を選択

図形描画ダイアログが開くので、「図形」アイコンの中から挿入したい図形を選択します（図 17-4-7）。

▶図 17-4-7 図形描画ダイアログで図形を挿入

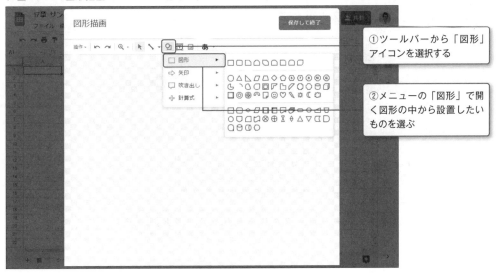

①ツールバーから「図形」アイコンを選択する

②メニューの「図形」で開く図形の中から設置したいものを選ぶ

挿入した図形をダブルクリックすると、図形に重ねる文字列を編集できます。また、図形の外枠をつかんでマウスドラッグ操作でサイズを決めたり、ツールバーの機能を使ってデザインや書式を設定したりできます（図 17-4-8）。

▶図 17-4-8 図形描画を選択

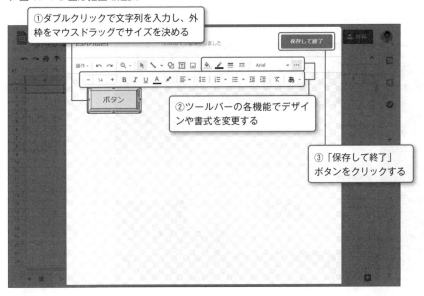

①ダブルクリックで文字列を入力し、外枠をマウスドラッグでサイズを決める

②ツールバーの各機能でデザインや書式を変更する

③「保存して終了」ボタンをクリックする

編集が完了したら「保存して閉じる」ボタンをクリックすることで、スプレッドシートに図形を挿入できます。挿入した図形をクリックして選択すると、その右上に三点リーダーアイコ

ンが表示されます。三点リーダーアイコンをクリックして開くメニューから、「スクリプトを割り当て」を選択します（図17-4-9）。

▶図17-4-9 図形のメニューを開く

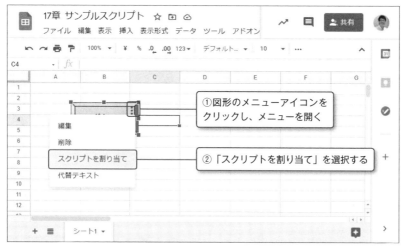

「スクリプトを割り当て」ダイアログが開きますので、その図形のクリックにより呼び出したい関数を入力して「OK」とします（図17-4-10）。今回は、サンプル17-4-1で示す「showMessage」を割り当てます。

▶図17-4-10 スクリプトを割り当てダイアログ

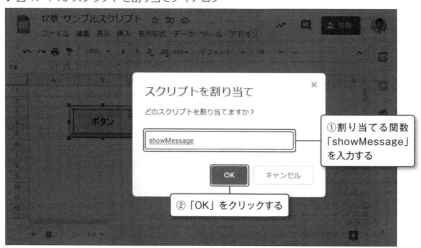

　図形をクリックすると、スクリプト「showMessage」が起動し、図17-4-11のように「スクリプトが呼ばれました」というメッセージダイアログが表示されます。

▶図 17-4-11 図形をクリックしてスクリプトを起動

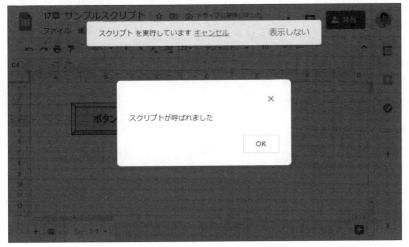

また、シートに挿入した画像についても、図 17-4-9 以降と同様の手順でスクリプトを割り当てることができます。このように、図形や画像へのスクリプトの割り当てをすることで、どのユーザーでもスプレッドシート上から手軽にスクリプトを起動できるようになります。

本章では、ダイアログやメニューなどの UI を操作する方法、そして図形にスクリプトを割り当てる方法について解説をしました。これらの機能を使うことで、簡単な手順で、GAS によるツールやシステムのユーザービリティを高めることができますので、ぜひご活用ください。

さて、次章はファイルとデータの操作がテーマです。そのための機能として、Blob オブジェクトとその操作方法について紹介をします。
これらを活用することで、ファイルの形式の変換、添付ファイルの操作ができるようになります。

18

ファイルと
データの操作

Blob オブジェクト

◆ブロブの操作をするための Base サービスのクラス

ブロブ（Blob）はファイルと類似したオブジェクトで、ファイルの内容を操作したり、データを交換したりするためのオブジェクトです。Base サービスでは、図 18-1-1 の Blob クラスおよび BlobSource インターフェースが提供されていて、それによりブロブとしての情報の取得や、オブジェクトやファイルタイプの変換などを行うことができます。

▶図 18-1-1 ブロブを操作する Base サービスのクラス

クラス	説明
Blob	データ交換用のオブジェクトを表す機能を提供する
BlobSource	Blob オブジェクトに変換できるオブジェクトのインターフェース

Point

ブロブとはファイルの内容の操作およびデータ交換をするためのオブジェクトです。

◆Blob クラスと BlobSource インターフェース

ブロブを操作する機能を提供するクラスが **Blob クラス**です。Blob クラスのメンバーを使用することで、Blob オブジェクトの情報を取得したり、データやコンテンツタイプを設定したりできます。

主なメンバーを図 18-1-2 にまとめていますので、ご覧ください。

▶図 18-1-2 Blob クラスの主なメンバー

メンバー	戻り値	説明
copyBlob()	Blob	ブロブを複製する
getAs(contentType)	Blob	ブロブを指定した contentType に変換する
getContentType()	String	ブロブのコンテンツタイプを取得する
getDataAsString([charset])	String	ブロブをエンコーディング charset による文字列として取得する
getName()	String	ブロブの名前を取得する

isGoogleType()	Boolean	ブロブが Google アプリケーションのファイルかどうかを判定する
setContentType(contentType)	Blob	ブロブのコンテンツタイプを設定する
setContentTypeFromExtension()	Blob	ブロブのコンテンツタイプをファイルの拡張子に基づいて設定する
setDataFromString(string[,charset])	Blob	エンコーディング charset による文字列 string をブロブのデータとして設定する
setName(name)	Blob	ブロブの名前を設定する

　また、GAS で提供されているクラスのうち、図 18-1-3 に示すクラスのオブジェクトは、Blob オブジェクトとして取得および操作をすることができ、これらを **BlobSource オブジェクト**と呼びます。

▶図 18-1-3 主な BlobSource オブジェクト

クラス	説明
Blob	ブロブ
Document	ドキュメント
EmbeddedChart	スプレッドシートの埋め込みグラフ
File	Google ドライブのファイル
GmailAttachment	Gmail の添付ファイル
HTTPResponse	HTTP レスポンス
Image	画像を表すページ要素
InlineImage	埋め込み画像
Spreadsheet	スプレッドシート

　本来、これらのオブジェクトは個別のサービス内でのみ使用できるものです。しかし、Blob オブジェクトを介することで、たとえばドライブ上のファイルを Gmail に添付する、スライド上の画像をドライブに保存するなどといった、異なるサービス間での横断的なオブジェクトの操作が可能となるわけです。

　また、これらのオブジェクトに対して共通で使用できるメンバーは、図 18-1-4 に示す **BlobSource インターフェース**として提供されています。

▶図 18-1-4 BlobSource インターフェースのメンバー

メンバー	戻り値	説明
getAs(contentType)	Blob	ブロブを指定した contentType に変換する
getBlob()	Blob	オブジェクトをブロブとして返す

18
ファイルとデータの操作

Drive サービスの File オブジェクトや、Gmail サービスの GmailAttachment オブジェクトが、Blob オブジェクトとして取得できるということは、結果的にはすべての種類のファイルが Blob オブジェクトとして取得できることを意味します。しかし、データの変換などの操作が可能かどうかは、その Blob オブジェクトのコンテンツタイプによります。

◆Blob オブジェクトの取得と変換

前述の通り、BlobSource オブジェクトを Blob オブジェクトとして取得するには、**getBlob メソッド**または **getAs メソッド**を使います。

書式は以下の通りです。

▶構文
```
BlobSource オブジェクト .getBlob()
```

▶構文
```
BlobSource オブジェクト .getAs( コンテンツタイプ )
```

getAs メソッドの引数であるコンテンツタイプには、Enum MimeType の値を指定できますが、変換可能なコンテンツタイプの組み合わせは一部に限られています。この点に関しては、後ほど詳しく解説します。

なお、Blob オブジェクトのコンテンツタイプを変換した場合、それだけでは Blob オブジェクトがメモリ上に存在しているのみです。実際にファイルとして生成するには、DriveApp または Folder オブジェクトに対して、以下の **createFile メソッド**を使用します。これにより、指定した Blob オブジェクトから、ルートフォルダまたは対象のフォルダにファイルを生成できます。

▶構文
```
DriveApp.createFile( ブロブ )
Folder オブジェクト .createFile( ブロブ )
```

では、Google ドライブ上のファイルを Blob オブジェクトとして取得し、コンテンツタイプの変換をする例を見てみましょう。まず、サンプル 18-1-1 は JPG 形式の画像ファイルを取得し、BMP 形式に変換をして、その前後の情報を取得するというものです。

▶ サンプル 18-1-1 画像の形式を変換する [sample18-01.gs]

```
 1  function myFunction18_01_01() {
 2    const folderId = '********'; // 保存先フォルダ ID
 3    const fileId = '********'; //JPG 画像のファイル ID
 4
 5    const folder = DriveApp.getFolderById(folderId);
 6    const file = DriveApp.getFileById(fileId);
 7
 8    const sourceBlob = file.getBlob();
 9    console.log(sourceBlob.getName()); // 海 .jpg
10    console.log(sourceBlob.getContentType()); //image/jpeg
11
12    const targetBlob = file.getAs(MimeType.BMP);
13    console.log(targetBlob.getName()); // 海 .bmp
14    console.log(targetBlob.getContentType()); //image/bmp
15
16    folder.createFile(targetBlob);
17  }
```

指定したファイルから Blob オブジェクトを取得する

指定したファイルを BMP 形式の Blob オブジェクトとして取得する

取得した Blob オブジェクトを元に生成したファイルを指定のフォルダに追加する

　ログ出力を見ると、getAs メソッドの後にコンテンツタイプが「image/bmp」に変換されていることが確認できます。また、図 18-1-5 のように、指定したフォルダには BMP 形式のファイルが生成されます。

▶ 図 18-1-5 形式を変換して生成した画像ファイル

BMP 形式の画像が生成された

18
ファイルとデータの操作

◆スプレッドシート、ドキュメントを変換する

コンテンツタイプの変換をするのであれば、需要があるのはスプレッドシートまたはドキュメントを Excel 形式や Word 形式、または CSV 形式などさまざまなコンテンツタイプに変換することを期待するかも知れません。しかし、残念ながらスプレッドシート、ドキュメントの変換先のコンテンツタイプは、PDF 形式のみに限られています。

Point

getAs メソッドによるスプレッドシート、ドキュメントの変換先のコンテンツタイプは PDF 形式に限られます。

むしろ、**Spreadsheet オブジェクトや Document オブジェクトを getBlob メソッドにより取得した時点で、そのコンテンツタイプは「application/pdf」となります。**

その点の確認のために、サンプル 18-1-2 を用意しましたのでご覧ください。バインドしているスプレッドシート「果物購入リスト」自体を Blob オブジェクトとして取得し、それをそのまま引数にして createFile メソッドを実行しています。

▶サンプル 18-1-2 スプレッドシートをブロブとして取得しファイルを生成する [sample18-01.gs]

```
1  function myFunction18_01_02() {
2    const folderId = '********'; // 保存先フォルダ ID
3    const folder = DriveApp.getFolderById(folderId);
4
5    const ss = SpreadsheetApp.getActiveSpreadsheet();
6    const blob = ss.getBlob();
7
8    console.log(blob.getContentType()); //application/pdf
9    console.log(blob.getName()); // 果物購入リスト .pdf
10   console.log(blob.isGoogleType()); //false
11
12   folder.createFile(blob);
13  }
```

> バインドしているスプレッドシートを Blob オブジェクトとして取得する

> この時点でコンテンツタイプが「application/pdf」に、ファイル拡張子が「.pdf」になっている

> 取得した Blob オブジェクトからファイルを生成し、指定のフォルダに追加する

ログ出力では、すでにコンテンツタイプが「application/pdf」となっていることが確認できます。また、ドライブの指定フォルダには図 18-1-6 のように、PDF 形式のファイルが追加されます。

▶図 18-1-6 スプレッドシートをブロブとして取得してドライブに作成

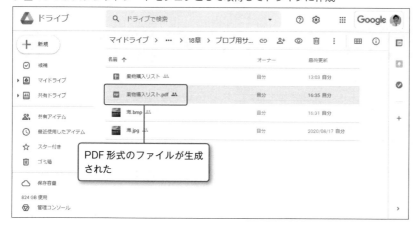

PDF 形式のファイルが生成
された

　このように、**getAs メソッドによるコンテンツタイプの変換は限定的です**。しかしながら、画像形式の変換、またはスプレッドシートやドキュメントなどの PDF への変換については、シンプルなスクリプトで実現できますので、活用の場は十分にあるといえるでしょう。

　スプレッドシートから CSV ファイルへの変換は、Utilities クラスの newBlob メソッドを使うことで実現できます。その方法は、第 19 章で解説をしています。

添付ファイルを操作する

◆GmailAttachment クラス

GmailAttachment クラスは、Gmail の添付ファイルを取り扱う機能を提供する Gmail サービスのクラスです。なぜ本章で Gmail サービスのクラスを紹介しているかというと、その機能が Blob クラスと同じだからです。つまり、GmailAttachment オブジェクトは、Blob オブジェクトとして取り扱えます。

実際、図 18-2-1 に GmailAttachment クラスの主なメンバーをまとめている通り、Blob クラスのメンバーに getSize メソッドが加わったのみで、ほぼ同じ構成となっています。

▶図 18-2-1 GmailAttachment クラスの主なメンバー

メンバー	戻り値	説明
copyBlob()	Blob	ブロブを複製する
getAs(contentType)	Blob	ブロブを指定した contentType に変換する
getContentType()	String	ブロブのコンテンツタイプを取得する
getDataAsString([charset])	String	ブロブをエンコーディング charset による文字列として取得する
getName()	String	ブロブの名前を取得する
getSize()	Integer	添付ファイルのサイズを取得する
isGoogleType()	Boolean	ブロブが Google アプリケーションのファイルかどうかを判定する
setContentType(contentType)	Blob	ブロブのコンテンツタイプを設定する
setContentTypeFromExtension()	Blob	ブロブのコンテンツタイプをファイルの拡張子に基づいて設定する
setDataFromString(string[,charset])	Blob	エンコーディング charset による文字列 string をブロブのデータとして設定する
setName(name)	Blob	ブロブの名前を設定する

Point

GmailAttachment オブジェクトは、Blob オブジェクトとして取り扱うことができます。

◆添付ファイルをドライブに保存する

Gmail のメッセージから添付ファイルを取得するには、Message オブジェクトに対して **getAttachments メソッド**を使用します。

書式は以下の通りです。

▶構文

```
Message オブジェクト .getAttachments()
```

1 つのメッセージに添付ファイルが複数含まれることもありますので、戻り値は GmailAttachment オブジェクト（つまり Blob オブジェクト）の配列になります。

では、添付ファイルを取得してドライブに保存する例を見てみましょう。たとえば、図 18-2-2 のように JPG 形式のファイルと、CSV 形式のファイルが添付されているメッセージが受信トレイに届いているとします。それに対して、メッセージを取得して、添付ファイルをドライブ内の指定フォルダに保存するスクリプトを、サンプル 18-2-1 にて用意しました。

▶図 18-2-2 ファイルが添付されているメッセージ

▶サンプル 18-2-1 添付ファイルをドライブに保存 [sample18-02.gs]

```
1   function myFunction18_02_01() {
2     const folderId = '********'; // 保存先フォルダ ID
3     const folder = DriveApp.getFolderById(folderId); // 保存先フォルダ ID
```

```
 4
 5      const query = 'has:attachment';
 6      const threads = GmailApp.search(query, 0, 1);        添付ファイルのある最新のスレッド
 7      const messages = threads[0].getMessages();           からメッセージを取得する
 8
 9      for (const message of messages) {
10        const attachments = message.getAttachments();      メッセージから添付ファイルを配列
11                                                           で取得する
12        for (const attachment of attachments) {
13          const subject = message.getSubject();
14          const name = attachment.getName();
15          console.log(`Subject: ${subject}, Attachment: ${name}`);
16
17          folder.createFile(attachment);
18        }
19      }                                                    各添付ファイルについてメッセージの件名と添付ファ
20    }                                                      イル名を表示し、ドライブにファイル生成をする
```

◆実行結果

```
Subject: 添付ファイルの送信 , Attachment: 海 .jpg
Subject: 添付ファイルの送信 , Attachment: 果物購入リスト .csv
```

　スクリプトを実行すると、対象となるメッセージの件名と、添付ファイルの名称がログ出力され、添付ファイルはドライブの指定したフォルダに保存されます（図 18-2-3）。

▶図 18-2-3 ドライブに保存した添付ファイル

◆ドライブのファイルを添付して Gmail を作成

GmailApp クラスの sendEmail メソッドでは、オプション attachments に BlobSource オブジェクトの配列を指定することで、添付ファイル付きのメッセージを送信できます。

例として、サンプル 18-2-2 をご覧ください。このスクリプトを実行すると、指定したフォルダのすべてのファイルを添付してメッセージを送信します（図 18-2-4）。

▶サンプル 18-2-2 ファイルを添付したメッセージを送信する [sample18-02.gs]

```
 1  function myFunction18_02_02() {
 2    const folderId = '********'; // 保存先フォルダ ID
 3    const folder = DriveApp.getFolderById(folderId); // 保存先フォルダ ID
 4    const files = folder.getFiles();
 5
 6    const attachments = [];
 7    while (files.hasNext()) attachments.push(files.next());
 8
 9    const recipient = 'bob@example.com'; // 送信先
10    const subject = '添付ファイルサンプル';
11    let body = '';
12    body += 'サンプル様 \n';
13    body += '\n';
14    body += 'このメールは添付ファイルありのサンプルメールです。\n';
15    body += 'ご確認ください。';
16
17    GmailApp.sendEmail(recipient, subject, body, {attachments: attachments});
18  }
```

> すべてのファイルを、配列 attachments に追加する

> sendEmail のオプションに配列 attachments を指定する

▶図 18-2-4 ファイルを添付して送信したメッセージ

> 添付したファイル

18
ファイルとデータの操作

本章では、ファイル操作やデータの交換を行うブロブと、それを操作するための Blob クラスについてお伝えしました。これによりサービス間での横断的なオブジェクトの操作や、添付ファイルの操作を行うことができます。使いこなすことで、GAS で実現できることの幅がさらに広がるのではないかと思います。

　さて、次章では GAS で使用できるさまざまな便利機能を提供する Utilities サービスについて紹介をしていきます。

19

Utilities サービス

Utilities サービス

◆Utilities サービスとは

Utilities サービスは、GAS で使用できる色々な便利機能を提供するサービスです。Utilities サービスで提供されているクラスは、図 19-1-1 の通り **Utilities クラス**のみです。

▶図 19-1-1 Utilities サービスのクラス

クラス	説明
Utilities	Utilities サービスのトップレベルオブジェクト

Utilities クラスのメンバーのうち、主なものを図 19-1-2 にまとめています。ご覧のとおり、Blob オブジェクトやファイルに関するもの、日時の文字列化、スリープなど、さまざまなメソッドが提供されています。

▶図 19-1-2 Utilities クラスの主なメンバー

メンバー	戻り値	説明
formatDate(date, timeZone, format)	String	日時を指定の書式に従って文字列にフォーマットする
newBlob(data[, contentType, name])	Blob	文字列 data、コンテンツタイプ contentType、および名前 name から新しいブロブを作成する
parseCsv(csv[, delimiter])	String[][]	文字列データ csv を区切り文字 delimiter で分割して二次元配列を取得する
sleep(milliseconds)	void	指定のミリ秒の間スリープする
unzip(blob)	Blob[]	ZIP 形式の blob を解凍し、ブロブの配列として取得する
zip(blobs[, name])	Blob	ブロブの配列 blobs を ZIP 形式のブロブに圧縮する

19 / 02 ZIP ファイルと CSV ファイル

◆ZIP 形式の圧縮と展開

Utilities クラスの **zip メソッド**を使うと、複数の Blob オブジェクトを ZIP 形式で圧縮した Blob オブジェクトを生成できます。

▶構文

```
Utilities.zip( ブロブの配列 )
```

zip メソッドの例として、サンプル 19-2-1 をご覧ください。ドライブのフォルダ内のすべてのファイルを ZIP 圧縮して、対象のフォルダ名をファイル名とした ZIP ファイルを生成するというものです。

▶ サンプル 19-2-1 フォルダ内のファイルを ZIP 圧縮する [sample19-02.gs]

```javascript
function myFunction19_02_01() {
  const id = '********'; // フォルダ ID
  const folder = DriveApp.getFolderById(id);
  const files = folder.getFiles();

  const blobs = [];
  while (files.hasNext()) blobs.push(files.next().getBlob());

  const zip = Utilities.zip(blobs);
  folder.createFile(zip).setName(folder.getName() + '.zip');
}
```

> すべてのファイルをブロブとして配列 blobs に追加する

> 配列 blobs を ZIP ファイルとして圧縮して zip とする

> zip をファイルとして生成し、ファイル名を設定する

実行すると同じフォルダ内に ZIP ファイルが作成されます。プレビューを「新しいウィンドウで開く」と、図 19-2-1 のように格納されているファイルを確認できます。

19

Utilities サービス

▶図 19-2-1 ZIP 圧縮したファイル

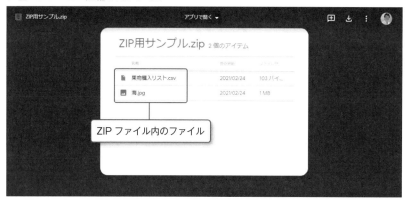

また、ZIP 圧縮された Blob オブジェクトを展開するには、**unzip メソッド**を使用します。
書式は以下の通りです。

▶構文

```
Utilities.unzip(ブロブ)
```

unzip メソッドの例として、サンプル 19-2-1 で生成した ZIP ファイルを展開して、その内
容を確認するスクリプトを作成しました。サンプル 19-2-2 をご覧ください。

▶サンプル 19-2-2 ZIP ファイルを展開する [sample19-02.gs]

```
1  function myFunction19_02_02() {
2    const id = '********'; //ZIP ファイルのファイル ID
3    const file = DriveApp.getFileById(id);
4    const blobs = Utilities.unzip(file.getBlob());
5
6    for (const blob of blobs) {
7      console.log(`${blob.getName()} [Type: ${blob.getContentType()}]`);
8    }
9  }
```

> 指定した ZIP ファイルを展開して配列 blobs に格納する

> blobs 内の Blob オブジェクトについて、名前とコンテンツタイプをログ出力する

◆実行結果

```
海.jpg [Type: image/jpeg]
果物購入リスト.csv [Type: text/csv]
```

なお、この例ではブロブとして展開しただけですから、ドライブには保存されません。ドラ
イブ上に展開するには、Drive サービスの createFile メソッドを使ってブロブからファイル
を作成する必要があります。

◆CSV ファイルを作成する

前章でお伝えした通り、Blob オブジェクトの getAs メソッドで、スプレッドシートを
CSV 形式に変換することはできません。しかし、Utilities クラスの **newBlob メソッド**を使
うことで、同様のことを実現できます。

newBlob メソッドは、指定した文字列から新たな Blob オブジェクトを生成することがで
きるメソッドで、以下のように記述します。

▶構文

```
Utilities.newBlob(文字列 [, コンテンツタイプ , ブロブ名 ])
```

では、図 19-2-2 のスプレッドシートから CSV ファイルを生成する例を見てみましょう。
このスプレッドシートにバインドするスクリプトにて、サンプル 19-2-3 を記述します。

▶図 19-2-2 CSV を生成するスプレッドシート

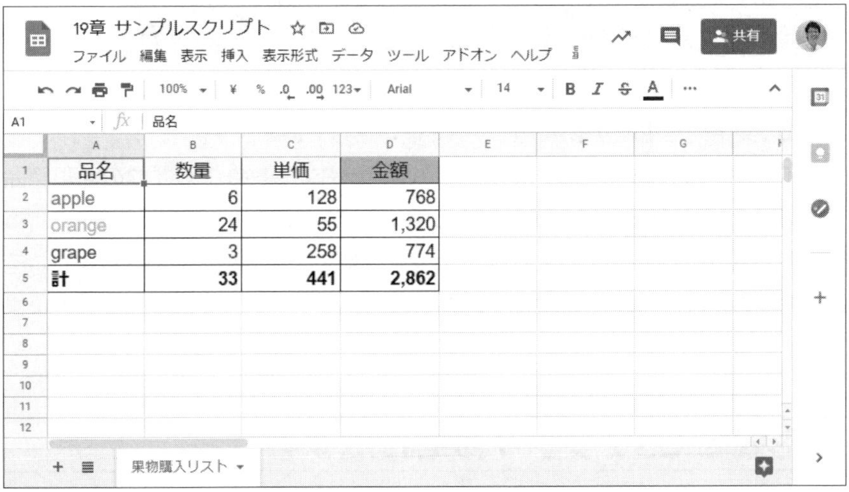

▶サンプル 19-2-3 スプレッドシートから CSV ファイルを生成する [sample19-02.gs]

```
1  function myFunction19_02_03() {
2    const values = SpreadsheetApp.getActiveSheet().getDataRange().getValues();
3    const csv = values.reduce((str, row) => str + '\n' + row);
4    const blob = Utilities.newBlob(csv, MimeType.CSV, '果物購入リスト.csv');
5
6    const id = '********'; // 保存先フォルダ ID
7    const folder = DriveApp.getFolderById(id);
8    folder.createFile(blob);
9  }
```

シートのデータを二次元配列 values として取得する

二次元配列 values から CSV 形式の
文字列を生成して csv に格納する

csv から CSV 形式の Blob オブ
ジェクトを生成し、blob とする

このスクリプトを実行すると、図 19-2-3 のような CSV ファイルが指定のフォルダに生成されます。

▶図 19-2-3 スプレッドシートから作成した CSV ファイル

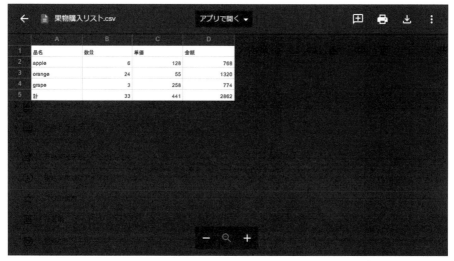

ここで、CSV 形式の文字列を生成する処理について補足をしておきます。

reduce メソッドに与えられた関数内の str および row は、シートの 1 行ずつのセル範囲の値が格納されている一次元配列となります。これらの一次元配列は、文字列の連結式に含めることで、文字列型へ型変換されますが、その際にカンマ区切りの文字列に変換されます。それらを順次、改行コード LF(\n) を挟んで連結することで、CSV 形式の文字列を生成しています。

◆Shift-JIS 形式で CSV ファイルを作成する

newBlob メソッドで生成した CSV ファイルなどのテキストファイルは、デフォルトではその文字コードが UTF-8 となっています。しかし、たとえば生成した CSV ファイルを Excel などで開いた場合は、文字化けを起こしてしまいます。つまり、その文字コードを UTF-8 から Shift-JIS に変換しなければなりません。このような場合、Blob クラスで提供されている **setDataFromString メソッド**を使用します。

書式は以下の通りです。

▶構文

```
Blob オブジェクト .setDataFromString( 文字列 [, 文字コード ])
```

　setDataFromString メソッドは、Blob オブジェクトのデータとして、与えられた文字コードの文字列を設定するメソッドです。文字コードには、たとえば「Shift-JIS」と文字列で指定します。

　ですから、前述の課題は、空の Blob オブジェクトを生成し、そこに Shift-JIS 形式の文字列をセットすることで、実現ができるということになります。

　では、サンプル 19-2-3 のスクリプトをベースに、CSV ファイルの文字コードを Shift-JIS に設定をしてみましょう。サンプル 19-2-4 をご覧ください。

▶ サンプル 19-2-4 Shift-JIS で CSV ファイルを作成する [sample19-02.gs]

```
 1  function myFunction19_02_04() {
 2    const values = SpreadsheetApp.getActiveSheet().getDataRange().getValues();
 3    const csv = values.reduce((str, row) => str + '\n' + row);
 4    const blob = Utilities.newBlob('', MimeType.CSV, '果物購入リスト_Shift-JIS.csv')
 5      .setDataFromString(csv, 'Shift-JIS');
 6
 7    const id = '********'; // 保存先フォルダID
 8    const folder = DriveApp.getFolderById(id);
 9    folder.createFile(blob);
10  }
```

> 空の Blob オブジェクトを生成する

> 文字コードを Shift-JIS とした文字列を Blob オブジェクトに設定する

　図 19-2-4 のように、このスクリプトの実行で生成した CSV は Excel で開いても文字化けとはなりません。

▶ 図 19-2-4 Excel に展開した CSV データ

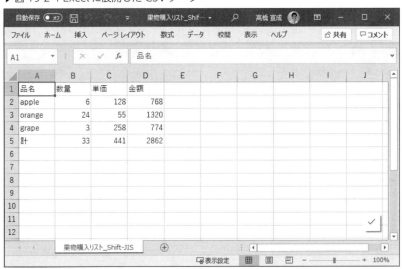

◆CSV ファイルのデータを二次元配列化する

Utilities クラスの **parseCsv メソッド**は、CSV 形式の文字列を二次元配列化するメソッドです。

書式は以下になります。

▶構文

```
Utilities.parseCsv(CSV文字列 [, 区切り文字])
```

区切り文字は省略可能で、デフォルトではカンマ記号になります。

では、例としてサンプル 19-2-3 で作成した CSV ファイルのデータについて、二次元配列化してみましょう。サンプル 19-2-5 をご覧ください。

▶サンプル 19-2-5 CSV ファイルのデータを二次元配列化する [sample19-02.gs]

```
1   function myFunction19_02_05() {
2     const id = '********'; // ファイル ID
3     const blob = DriveApp.getFileById(id).getBlob();
4     const csv = blob.getDataAsString();
5
6     const values = Utilities.parseCsv(csv);
7
8     const sheet = SpreadsheetApp.getActiveSheet();
9     sheet.getRange(7, 1, values.length, values[0].length).setValues(values);
10  }
```

CSV ファイル内の文字列を csv として取得

csv を二次元配列に変換して values とする

◆実行結果

```
[ [ '品名', '数量', '単価', '金額' ],
  [ 'apple', '6', '128', '768' ],
  [ 'orange', '24', '55', '1320' ],
  [ 'grape', '3', '258', '774' ],
  [ '計', '33', '441', '2862' ] ]
```

実行すると、図 19-2-5 のようにスプレッドシート上に CSV データを展開できます。

▶ 図 19-2-5 スプレッドシートに展開した CSV データ

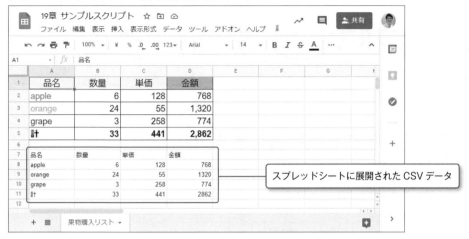

スプレッドシートに展開された CSV データ

　このように、Utilities クラスの newBlob メソッドと parseCsv メソッドを用いて、スプレッドシートと CSV ファイルの相互変換が可能です。

emo

　サンプル 19-2-5 のログを見ると、CSV データから生成された二次元配列の要素は、すべて文字列として格納されていることがわかります。しかし、スプレッドシートに展開されたデータを見ると、数値はきとんと数値として認識されて入力されます。これは、setValues メソッドでスプレッドシートに展開する際、各データの型を自動で認識して、それに応じた書式が採用されるようになっているためです。

19

Utilities サービス

日時を文字列化する

◆日時を指定の書式に文字列化する

日時を表す Date オブジェクトは、toString メソッドでそのまま文字列化したり、ログ出力したりすると、以下のような表示になります。

> Tue Sep 01 2020 09:08:07.370 GMT+0900

書類の内容やファイル名に日時の情報を用いたい場合、このままでは使用できないことが多いので、書式の変更が必要となります。そのような場合、Utilities クラスの **formatDate** メソッドを使用できます。

▶構文

```
Utilities.formatDate( 日時 , タイムゾーン , 書式 )
```

日時を表す Date オブジェクトを、図 19-3-1 で示す、いくつかの文字を組み合わせて表現した書式に文字列化します。

▶図 19-3-1 formatDate メソッドの書式に使用する文字

種別	文字	例
元号	G	AD
年	yy	70 71 ... 29 30
	yyyy	1970 1971 ... 2029 2030
月	M	1 2 ... 11 12
	MM	01 02 ... 11 12
	MMM	Jan Feb ... Nov Dec
	MMMM	January February ... November December
年のうちの週	w	1 2 ... 52 53
月のうちの週	W	1 2 ... 4 5
年のうちの日	D	1 2 ... 365 366
月のうちの日	d	1 2 ... 30 31
	dd	01 02 ... 30 31

曜日	E	Sun Mon ... Fri Sat
	EEEE	Sunday Monday ... Friday Saturday
	u	1 2 ... 6 7
AM/PM	a	a: AM
時	H	0 1 ... 22 23
	HH	00 01 ... 22 23
	h	1 2 ... 11 12
	hh	01 02 ... 11 12
分	m	0 1 ... 58 59
	mm	00 01 ... 58 59
秒	s	0 1 ... 58 59
	ss	00 01 ... 58 59
ミリ秒	S	000 001 ... 998 999
タイムゾーン	z	JST
	zzzz	Japan Standard Time
	X	+09
	XX	+0900
	XXX	+09:00

　タイムゾーンにはどの地域の標準時間帯を使用するかを文字列で指定します。日本のタイムゾーンであれば「JST」を指定します。

　では、例としてサンプル 19-3-1 を実行して、それぞれの書式でどのような出力になるか確認してみましょう。

▶サンプル 19-3-1 Date オブジェクトを文字列化する [sample19-03.gs]

```
1  function myFunction19_03_01() {
2    const d = new Date('2020/9/1 9:8:7.370');
3
4    console.log(Utilities.formatDate(d, 'JST', 'yyyy/MM/dd HH:mm:ss'));
5    console.log(Utilities.formatDate(d, 'JST', 'yy/M/d ah:m:s'));
6    console.log(Utilities.formatDate(d, 'JST', 'yyyy年M月d日 H時m分s秒'));
7    console.log(Utilities.formatDate(d, 'JST', "E MMM dd yyyy HH:mm:ss.S 'GMT'XX"));
8  }
```

◆実行結果

```
2020/09/01 09:08:07
20/9/1 AM9:8:7
2020年9月1日 9時8分7秒
Tue Sep 01 2020 09:08:07.370 GMT+0900
```

書類の内容やファイル名などに日時を用いたいときなどには、formatDate メソッドが活躍してくれるはずです。

　本章では、Utilities サービスのメンバーを利用して、ZIP ファイルや CSV ファイルの操作、日時の文字列化をする方法についてお伝えしました。いずれも、頻繁に使用するテクニックですので、ぜひマスターいただければと思います。

　さて、次章ではプロパティストアを操作する Properties サービスについて紹介します。プロパティストアを使用することで、スクリプトやユーザーに紐づくデータを、コードと分離した別の領域で管理をすることができるようになります。活用することで、GAS による開発がよりスマートになるでしょう。

プロパティサービス

プロパティストア

◆ プロパティストアとは

　GAS では、プロジェクトやドキュメントに紐づく形でデータを格納しておくことができます。その格納しておく領域を、**プロパティストア**といいます。プロパティストアには、文字列形式のキーと値のペアを格納することができ、スクリプトから読み書きできます。

　たとえば、スクリプト内で使用するファイルの ID や、外部と接続するために必要な情報などは、スクリプトのグローバル領域に記述することもできますが、その場合プロジェクト内のすべての領域から変数名だけでアクセスできてしまいますし、コードをコピーして再利用するときに流出してしまうという心配があります。

　そのようなときに、**プロパティストアを使用することで、それらのデータをコードから分離して安全に管理できます**。また、ユーザーごとに別のデータを格納することもできますので、ユーザーによって別のスプレッドシートを参照するといったことも可能になります。

Point

> プロパティストアは、データをキーと値のペアの形式で格納する領域です。

　プロパティストアには、図 20-1-1 のように、プロジェクトに紐づいて格納する**スクリプトプロパティ**、ユーザーごとに格納する**ユーザープロパティ**、ドキュメントに紐づいて格納する**ドキュメントプロパティ**という 3 種類がありますので、用途に応じて使い分けることになります。

▶図 20-1-1 プロパティストアの種類

プロパティストア	プロパティのアクセス	例
スクリプトプロパティ	スクリプト単位で保有するスクリプトプロパティにアクセス	スクリプトで使用するフォルダやファイルの ID、DB 接続のアカウント情報など
ユーザープロパティ	スクリプトを実行するユーザー自身のユーザープロパティにアクセス	ユーザーごとに作成したファイル ID など
ドキュメントプロパティ	開いているドキュメントのドキュメントプロパティにアクセス	ドキュメントに使用されているデータのソース URL など

20 / 02 Properties サービスと PropertiesService クラス

◆Properties サービスと PropertiesService クラス

Properties サービスはプロパティストアを取り扱うためのサービスで、Script Services に含まれています。Properties サービスには、図 20-2-1 に挙げる 2 つのクラスが用意されています。

▶図 20-2-1 Properties サービスのクラス

クラス	説明
PropertiesService	Properties サービスのトップレベルオブジェクト
Properties	プロパティストアを操作する機能を提供する

Properties サービスを使用することで、プロパティストアへのデータの読み書きができますが、第 1 章でお伝えした 割り当て、制限により、1 日あたりのプロパティの読み書きができる回数や、プロパティとして持てるデータサイズが定められています。その範囲で使用するように注意しましょう。

Point

プロパティの読み書きの回数や格納する容量に注意しましょう。

PropertiesService クラスでは、図 20-2-2 に示す通り、各プロパティストアを Properties オブジェクトとして取得するメンバーが提供されています。

▶図 20-2-2 PropertiesService クラスのメンバー

メンバー	戻り値	説明
getScriptProperties()	Properties	スクリプトプロパティを取得する
getUserProperties()	Properties	ユーザー自身のユーザープロパティを取得する
getDocumentProperties()	Properties	ドキュメントプロパティを取得する

スクリプトプロパティを取得する **getScriptProperties メソッド**、ユーザープロパティを取得する **getUserProperties メソッド**、ドキュメントプロパティを取得する **getDocument Properties メソッド**は、以下の書式でそれぞれのプロパティストアの内容を Properties オブジェクトとして返します。

```
PropertiesService.getScriptProperties()
```

```
PropertiesService.getUserProperties()
```

```
PropertiesService.getDocumentProperties()
```

　実際にプロパティストアの内容を操作する際には、これにより取得した Properties オブジェクトに対してデータの読み書きなどの操作を行うことになります。なお、getUserProperties メソッドでは、現在スクリプトを実行しているユーザーに紐づくユーザープロパティを取得します。

　例として、サンプル 20-2-1 を実行してみましょう。この例では、スクリプトプロパティを設定し、またそれを取り出してログ出力するものです。

　ここで、setProperties メソッドと getProperties メソッドは、それぞれ Properties オブジェクトのキーと値のペアを設定または取得するものです。

▶サンプル 20-2-1 スクリプトプロパティの設定と取得 [sample20-02.gs]
```
1  function myFunction20_02_01() {
2    const scriptProperties = PropertiesService.getScriptProperties();
3
4    scriptProperties.setProperties({'犬': 'わんわん', '猫': 'にゃあにゃあ', '狸': 'ぽんぽこ'});
5    console.log(scriptProperties.getProperties());
6  }
```

◆実行結果
```
{ '犬': 'わんわん', '猫': 'にゃあにゃあ', '狸': 'ぽんぽこ' }
```

　この例は、あまり意味のあるデータではありませんが、プロパティストアを使ってスクリプト内で使用する他のファイルの ID や、API 接続で使用するトークンなど、定数的に使用するデータや流出を避けたいデータなどを管理するとよいでしょう。

Memo
　以前、スクリプトプロパティはスクリプトエディタのメニューから閲覧および編集をすることが可能でした。しかし、2020 年 12 月に新しい IDE が導入された際に、その機能は取り除かれました。したがって、新しい IDE でプロパティストアを使用する際には、最初の手順として、そのデータを設定するためのスクリプトを作成、実行することが必要になっています。

20 / 03 Properties クラス - プロパティストアの読み書き

◆Properties クラスとは

Properties クラスは、プロパティストアを操作する機能を提供するクラスです。図 20-3-1 のようにプロパティストアのデータを読み書きする、または削除をするメンバーで構成されています。

▶図 20-3-1 Properties クラスのメンバー

メンバー	戻り値	説明
deleteAllProperties()	Properties	プロパティストアのすべてのプロパティを削除する
deleteProperty(key)	Properties	プロパティストアの指定された key を持つプロパティを削除する
getKeys()	String[]	プロパティストアのすべてのキーを取得する
getProperties()	Object	プロパティストアのすべてのキーと値のペアを取得する
getProperty(key)	String	プロパティストアの指定された key に関連付けられた値を取得する
setProperties(properties[, deleteAllOthers])	Properties	プロパティストアに properties で指定したすべてのキーと値のペアを設定する（deleteAllOthers に true を設定すると、事前に既存のすべてのプロパティを削除する）
setProperty(key, value)	Properties	プロパティストアに指定された key と値 value のペアを設定する

◆キーと値のセットをまとめて読み書きする

プロパティストアのデータをまとめて読み書きするには、**getProperties メソッド**と **setProperties メソッド**を使います。

書式は以下の通りです。

▶構文

```
Properties オブジェクト .getProperties()
```

▶構文

```
Properties オブジェクト .setProperties( オブジェクト [, 削除オプション ])
```

getProperties メソッドは、指定したプロパティストアのすべてのキーと値のペアをオブジェクト形式で取得します。setProperties メソッドでは、オブジェクト形式で指定したキーと値の組み合わせすべてについて、キーが存在すれその値を書き換え、キーが存在しなければキーと値を新たに追加します。削除オプションは省略できますが、true を設定すると、一度対象とするプロパティストアのすべてのデータを削除してからの設定となります。

例として、サンプル 20-2-1 の実行後の状態からスクリプトプロパティのデータの書き換えと追加をしてみましょう。

▶ サンプル 20-3-1 スクリプトプロパティの書き換えと追加 [sample20-03.gs]

```
1 | function myFunction20_03_01() {
2 |   const scriptProperties = PropertiesService.getScriptProperties();
3 |   scriptProperties.setProperties({'猫': 'にゃーご', '馬': 'ひひーん'});
4 |
5 |   const properties = scriptProperties.getProperties();
6 |   for (const key in properties) console.log(key, properties[key]);
7 | }
```

> キーが存在している「猫」は値の上書き、キーが存在していない「馬」はキーと値の追加となる

> プロパティストアの内容をオブジェクトとして取り出し for...in ループによりログ出力する

◆実行結果

```
馬 ひひーん
猫 にゃーご
狸 ぽんぽこ
犬 わんわん
```

一方で、プロパティストアにセットされている、すべてのキーと値のペアを削除したいときには、以下の **deleteAllProperties メソッド**を使用できます。

▶構文

```
Properties オブジェクト .deleteAllProperties()
```

サンプル 20-3-2 を実行すると、実行ログには空のオブジェクトが出力されますので、確認してみましょう。

▶ サンプル 20-3-2 スクリプトプロパティをすべて削除する [sample20-03.gs]

```
1 | function myFunction20_03_02() {
2 |   const scriptProperties = PropertiesService.getScriptProperties();
3 |   scriptProperties.deleteAllProperties();
4 |
```

```
5   console.log(scriptProperties.getProperties()); //{}
6 }
```

◆特定のキーの値を読み書きする

プロパティストアの操作でもっとも使用する機会が多いのは、特定のキーに対する値を読み書きするというものです。取得には **getProperty メソッド**を使用し、設定には **setProperty メソッド**を使用します。

書式はそれぞれ、以下の通りです。

▶構文

```
Properties オブジェクト .getProperty( キー )
```

▶構文

```
Properties オブジェクト .setProperty( キー , 値 )
```

getProperty メソッドでは、指定したキーの値を取り出すことができます。キーが存在しない場合は、null が返ります。setProperty メソッドでは、指定したキーに値を設定します。キーが存在しない場合は、新たにキーと値をペアで設定をします。

使用例として、サンプル 20-3-3 をご覧ください。実行するたびに、スクリプトプロパティのキー COUNT に対応する値を 1 ずつカウントアップするものです。

▶サンプル 20-3-3 スクリプトプロパティの特定のキーの値の設定と取得 [sample20-03.gs]

```
1  function myFunction20_03_03() {
2    const scriptProperties = PropertiesService.getScriptProperties();
3    let count = Number(scriptProperties.getProperty('COUNT'));
4
5    if (count) {
6      count++;
7      scriptProperties.setProperty('COUNT', count.toString());
8    } else {
9      scriptProperties.setProperty('COUNT', '1');
10   }
11
12   console.log(scriptProperties.getProperty('COUNT'));
13 }
```

> スクリプトプロパティからキー「COUNT」の値を取得する

実行するたびに、実行ログに出力される値が 1 ずつ増えていくことを確認してください。なお、プロパティストアの値は文字列ですから、この例では、取得した値を Number 関数によって数値に変換したり、設定する値を toString メソッドで文字列に変換したりしていることを確認しておきましょう。

さて、プロパティストアにセットされている、特定のキーと値のペアを削除するには、以下の **deleteProperty メソッド**を使用します。

▶構文
```
Properties オブジェクト .deleteProperty( キー )
```

例として、サンプル 20-3-3 の実行後の状態で、サンプル 20-3-4 を実行してみましょう。キーと値が削除されたことを確認できます。

▶サンプル 20-3-4 特定のキーと値の削除 [sample20-03.gs]
```
1  function myFunction20_03_04() {
2    const scriptProperties = PropertiesService.getScriptProperties();
3    scriptProperties.deleteProperty('COUNT');
4
5    console.log(scriptProperties.getProperties()); //{}
6  }
```

◆ユーザープロパティの活用

ユーザープロパティは、ユーザーごとに異なるデータを管理できます。たとえば、ユーザープロパティにユーザーごとのスプレッドシート ID を格納するようにすることで、ユーザーごとのスプレッドシートに対して処理をすることができるようになります。

例として、サンプル 20-3-5 を用意しました。ユーザープロパティに「SPREAD_SHEET_ID」の値が存在していなければ、新規でスプレッドシートを作成し、その ID をユーザープロパティに格納するというものです。

▶サンプル 20-3-5 ユーザーごとのスプレッドシートを作成する [sample20-03.gs]

> 現在のユーザーのユーザープロパティからキー「SPREAD_SHEET_ID」の値を取り出す

```
1  function myFunction20_03_05() {
2    const userProperties = PropertiesService.getUserProperties();
3    const spreadSheetId = userProperties.getProperty('SPREAD_SHEET_ID');
4
5    if (spreadSheetId) {
```

> キー「SPREAD_SHEET_ID」の値が存在しているかを判定する

```
 6        throw(' すでにスプレッドシートが存在しています：' + spreadSheetId);
 7    } else {
 8      const ssName = `スタッフ別 (${Session.getActiveUser().getEmail()})`;
 9      const ss = SpreadsheetApp.create(ssName);
10      userProperties.setProperty('SPREAD_SHEET_ID', ss.getId());
11    }
12  }
```

新規スプレッドシートを作成し、その
ID をユーザープロパティに設定する

現在のユーザーか
らスプレッドシー
ト名を作成し、
ssName とする

　ただし、前述の通り、ユーザープロパティは自らのデータにのみアクセスできます。ですから、スクリプトの動作を確認しづらい場合があります。その点、留意して使用するようにしましょう。

Point

ユーザープロパティは、自らのデータにのみアクセスできるので注意しましょう。

　本章では、コードとは別の領域にデータを格納できるプロパティストアと、その操作をするProperties サービスについて紹介をしました。派手な機能ではないように思われるかも知れませんが、スクリプトの管理のしやすさ、読みやすさや安全性を高めることにつながりますので、上手に活用をしていきましょう。

　さて、次章はクラウド上ですべてが動作する GAS ならではの機能である、「イベント」および「トリガー」について解説をしていきます。これらの機能を使用することで、スプレッドシートやドキュメントの起動や編集、もしくは特定の時間帯といったイベントに合わせてスクリプトを動作させることができるようになります。
　GAS によるツールやアプリケーションの幅を大きく広げる機能となりますので、ぜひ使いこなせるようにしていきましょう。

20
プロパティサービス

21

イベントと
トリガー

21 | 01 シンプルトリガー

◆2種類のトリガー

GAS には、指定した日時、スプレッドシートを編集したとき、またはフォーム投稿をしたときといった、特定のイベントに合わせて自動的にスクリプトを実行させる**トリガー**という機能があります。

トリガーは、大きく分けて以下の 2 種類に分類できます。

・シンプルトリガー：あらかじめ決められた関数名でスクリプトを作成する

・インストーラブルトリガー：スクリプトエディタでイベントの内容と関数を設定する

Point

GAS のトリガーにはシンプルトリガーとインストーラブルトリガーの 2 種類があります。

それぞれトリガーの設定の方法とトリガーとして使用できるイベントが異なりますので、目的に応じて使い分ける必要があります。図 21-1-1 にシンプルトリガー、インストーラブルトリガーが、それぞれどのイベントをサポートしているかをまとめています。

▶図 21-1-1 2 種類のトリガーとイベント

イベント	シンプルトリガー	インストーラブルトリガー
起動時（Open）	スプレッドシート ドキュメント フォーム スライド	スプレッドシート ドキュメント フォーム
編集時（Edit）	スプレッドシート	スプレッドシート
インストール時（Install）	スプレッドシート ドキュメント フォーム スライド	－
選択の変更時（Selection Change）	スプレッドシート	－
値の変更時（Change）	－	スプレッドシート
フォーム送信時（Form submit）	－	スプレッドシート フォーム

カレンダー更新時（Calendar event）	－	スプレッドシート ドキュメント フォーム スライド スタンドアロン
時間主導型（Time-driven）	－	スプレッドシート ドキュメント フォーム スライド スタンドアロン
HTTP リクエスト（Get/Post）	スプレッドシート ドキュメント フォーム スライド サイト スタンドアロン	－

　図 21-1-1 において、スタンドアロン以外はすべてそのアプリケーションのコンテナバインドスクリプトを意味しています。たとえば、スプレッドシートの起動時に動作するスクリプトを作成したいのであれば、スプレッドシートのコンテナバインドスクリプトを作成し、そこにシンプルトリガーまたはインストーラブルトリガーを設置する必要があるということです。

　一方で、時間主導型のトリガーはスタンドアロンでも設置が可能ですが、インストーラブルトリガーのみが対応をしているということになります。

◆シンプルトリガーとその設置

　シンプルトリガーは、あらかじめ決められた関数名でスクリプトを作成するだけで設置できます。

　その種類は、以下の 6 種類です。

- ・onOpen(e): スプレッドシート、ドキュメント、フォームまたはスライドを開いたときに実行される
- ・onEdit(e): スプレッドシートの値を変更したときに実行される
- ・onSelectionChange(e): スプレッドシートの選択を変更したときに実行される
- ・onInstall(e): スプレッドシート、ドキュメント、フォームまたはスライドにアドオンをインストールしたときに実行される
- ・doGet(e): Web アプリケーションにアクセスがあったとき、または GET リクエストがあったときに実行される
- ・doPost(e): Web アプリケーションに POST リクエストがあったときに実行される

たとえば、サンプル 21-1-1 のスクリプトをスプレッドシートのコンテナバインドスクリプトに記述して保存をすると、次回以降スプレッドシートを起動するたびに、「Hello」と表示されたメッセージボックスが自動で表示されます。

▶ サンプル 21-1-1 起動時にメッセージボックスを表示

```
1  function onOpen() {
2    Browser.msgBox('Hello');
3  }
```

なお、シンプルトリガーはスクリプト内に記述されていますので、スクリプトを確認するだけでトリガーの設定とその内容を把握することができるという利点があります。

シンプルトリガーは、スクリプトを確認することでトリガーの設定と内容を把握できます。

◆シンプルトリガー使用時の注意点

シンプルトリガーは特定の関数名とするだけで設置できるという手軽さの一方で、さまざまな制限が課されています。GAS のスクリプトの誤動作の原因が、シンプルトリガーの制限だったなどということも大いにあり得ますので、ここで確認をしておきましょう。

- ・Get/Post 以外のシンプルトリガーの設置は、必ずコンテナバインドスクリプトである必要がある
- ・スプレッドシート、ドキュメントフォームおよびスライドのファイルが読み取り専用で開かれているときには実行されない
- ・バインドしているファイル以外にはアクセスできない
- ・30 秒以上の実行をすることはできない

このようにシンプルトリガーには厳しい制限が課されていますので、複雑なスクリプトを実行させるトリガーとしては向いていません。その場合は、インストーラブルトリガーを使用するようにしましょう。

シンプルトリガーには厳しい制限が課されているため、複雑なスクリプトを動作させるトリガーには向いていません。

　onOpen 関数は、スプレッドシート、ドキュメント、フォームまたはスライドの起動時に独自のメニューを追加する際によく使用されます。メニューの作成については、第 17 章を復習しましょう。

21 02 インストーラブルトリガー

◆インストーラブルトリガーとその設置

インストーラブルトリガーは関数を作成した上で、スクリプトエディタ上で設置をします。その種類は、以下6種類です。

・起動時 (Open): スプレッドシート、ドキュメントまたはフォームを開いたときに実行される
・編集時 (Edit): スプレッドシートの編集がされた際に実行される
・変更時 (Change): スプレッドシートの内容もしくは構成が変更された際に実行される
・フォーム送信時 (Form submil): フォームの送信時に実行される
・時間主導型 (Time-driven): タイマーを設定した時刻に実行される
・カレンダー更新時 (Calendar event): カレンダーイベントを変更した際に実行される

また、時間主導型のタイマーは、図21-2-1のような設定が可能です。

▶図21-2-1 時間主導型トリガーのタイマー設定

タイマー	説明
特定の日時	特定の日時を指定する
分ベースのタイマー	1分/5分/10分/15分/30分おき
時間ベースのタイマー	1時間/2時間/4時間/8時間/12時間おき
日付ベースのタイマー	実行する時間帯（1時間単位）を設定する
週ベースのタイマー	曜日とその実行する時間帯（1時間単位）を設定する
月ベースのタイマー	日付とその実行する時間帯（1時間単位）を設定する

たとえば、前述と同様にメッセージボックスを表示するサンプル21-2-1を作成し、インストーラブルトリガーを設置してみましょう。シンプルトリガーの場合と異なり、関数名は自由に決めることができます。

▶サンプル 21-2-1 メッセージボックスを表示する関数 [sample21-02.gs]

```
1  function myFunction21_02_01() {
2    Browser.msgBox('Hello');
3  }
```

　関数 myFunction21_02_01 に対して、インストーラブルトリガーを設定していきます。まず、スクリプトエディタのメニュー「トリガー」をクリックします。「トリガー」の画面が開きますので、画面右下の「トリガーを追加」をクリックします（図 21-2-2）。

▶図 21-2-2「トリガー」の画面でトリガーを追加する

　続いて表示されたダイアログで、実行する関数、イベントのソースおよび種類、エラーの通知設定について設定をします。今回は、関数は myFunction21_02_01」、イベントは「スプレッドシートから」→「起動時」、エラー通知はデフォルトの「毎日通知を受け取る」として保存しました（図 21-2-3）。

531

▶ 図 21-2-3 スプレッドシート起動時のトリガーの設置

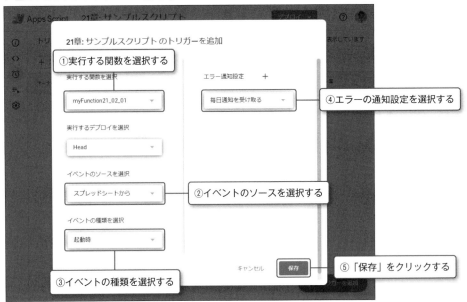

このトリガーの設置後、次回以降コンテナのスプレッドシートを起動するたびに、「Hello」と表示されたメッセージボックスが自動で表示されるようになります。

インストーラブルトリガーの設定とその内容について、補足をしておきましょう。

まず、イベントのソースは、バインドしているコンテナの種類によって、以下のいずれかの選択肢が表示されます。イベントのソースに応じて以降の設定すべき項目とその選択肢が変わります。

・スプレッドシート／ドキュメント／フォームから

・時間主導型

・カレンダーから

エラー通知設定は、トリガーによる実行でエラーが発生した場合のメール通知のタイミングを以下から設定できます。はじめて実行するときなどは「今すぐ通知を受け取る」にしておくほうが、エラーの発生を素早く把握できます。

・今すぐ通知を受け取る

・1時間おきに通知を受け取る

・毎日通知を受け取る（デフォルト）

・1週間おきに通知を受け取る

「実行するデプロイを選択」は、新しいバージョンのデプロイを行った場合に選択ができるようになります。デフォルトは「Head」が選択されていますが、これは最新のコードをトリガーの対象とすることを表しています。

インストーラブルトリガーの設置が完了すると、「トリガー」の画面に図21-2-4のように設置したトリガーが追加されます。

▶図21-2-4 インストーラブルトリガーの編集と操作

トリガーの編集を行いたい場合は、「トリガーの編集」アイコンをクリックするとダイアログが開き、編集可能となります。また、削除を行いたい場合は「その他のメニュー」を開き、「トリガーを削除」を選択します。

さらに、「その他のメニュー」の「実行数」から、トリガーによる実行の履歴とログを確認できます。

◆インストーラブルトリガー使用時の注意点

スクリプトエディタのメニューから簡単に設置できるインストーラブルトリガーですが、使用する際にいくつかの注意点があります。GASによるシステムの運用でトラブルになりやすいポイントですので、必ず押さえておきましょう。

- インストーラブルトリガーによる実行は、常にトリガーを設置したアカウントによる実行となる
- インストーラブルトリガーは他のユーザーからはどのアカウントで設置したかが把握できない

　たとえば、Gmail サービスを使ってメール送信や取得をするときには、トリガーを設置したアカウントでの送信・取得となります。また、後述する、トリガーによる総実行時間にも気を配る必要があります。

　よく検討した上で、設置するアカウントを決定し、またその設置状況はチームで共有しておくとよいでしょう。

Point

インストーラブルトリガーの設置アカウントはよく考えて選択し、適正に管理をしましょう。

　また、時間主導型のトリガーでは最短で 1 分間隔のトリガーを発動させることができますが、その分だけスクリプトの実行回数が多くなります。つまり、GAS の割り当てにも注意を払う必要が出てきます。たとえば、無料の Google アカウントでは、トリガーによる総実行時間は 1 日あたり 90 分と定められていますから、実行時間が 1 分のスクリプトであれば、日に 90 回までしか実行することができません。

　時間主導型のトリガーは、割り当てから逆算をして実行間隔を設定する必要がありますので、覚えておきましょう。

Point

時間主導型のトリガーは、割り当てに注意して設定をする必要があります。

21-03 イベントオブジェクト

◆イベントオブジェクトとは

シンプルトリガーまたはインストーラブルトリガーにより関数が実行される場合、**イベントオブジェクト**というオブジェクトを引数として渡すことができます。イベントオブジェクトには、一般的に「e」という仮引数名がよく用いられます。

たとえば、シンプルトリガー onEdit 関数でスプレッドシートを操作する場合は、その編集されたセルを表す Range オブジェクトや、その値などを取得して、スクリプト内で使用できます。

イベントオブジェクトを構成するプロパティとその値は、イベントとアプリケーションによって異なります。図 21-3-1 に、イベントオブジェクトの主なプロパティをまとめています。

▶ 図 21-3-1 イベントオブジェクトとその主なプロパティ

イベント	アプリケーション	プロパティ	タイプ	説明
起動時 (Open)	スプレッドシート ドキュメント フォーム スライド※	source	Spreadsheet Document Form Presentation	バインドされているコンテナ
		user	User	現在のユーザー
編集時 (Edit)	スプレッドシート	source	Spreadsheet	バインドされているコンテナ
		range	Range	編集されたセル範囲
		value	Object	編集後のセルの値（Range オブジェクトが単一セルの場合にのみ利用可能）
		oldValue	Object	編集前のセルの値（Range オブジェクトが単一セルの場合にのみ利用可能）
		user	User	現在のユーザー
値の変更時 (Change)	スプレッドシート	source	Spreadsheet	バインドされているコンテナ
		user	User	現在のユーザー
フォーム 送信時 (Form submit)	スプレッドシート	range	Range	編集されたセル範囲
		values	Object[]	フォームから送信される値の配列
		namedValues	Object	フォームの質問をキー、フォームからの送信を値としたオブジェクト
	フォーム	source	Form	バインドされているコンテナ
		response	FormResponse	ユーザーのレスポンス
カレンダー 更新時 (Calendar event)	スプレッドシート ドキュメント フォーム スライド スタンドアロン	calendarId	String	イベント更新が発生したカレンダー ID

※スライドの起動時 (Open) はシンプルトリガーのみで使用可能

例として、スプレッドシートの編集時に、そのセルの行番号および列番号、編集前後の値を
メッセージダイアログで表示するスクリプトをサンプル 21-3-1 に紹介します。セルを編集す
ると、図 21-3-2 のようにメッセージダイアログが表示されます。

▶ サンプル 21-3-1 スプレッドシートの編集時のイベントオブジェクト [sample21-03.gs]

```
1  function onEdit(e) {
2    const {range, value, oldValue} = e;        ← イベントオブジェクトを各定数に分割代入
3    const msg = `${range.getRow()}, ${range.getColumn()}: ${oldValue} → ${value}`;
4    Browser.msgBox(msg);
5  }
```

▶ 図 21-3-2 スプレッドシートの編集内容をメッセージダイアログに表示

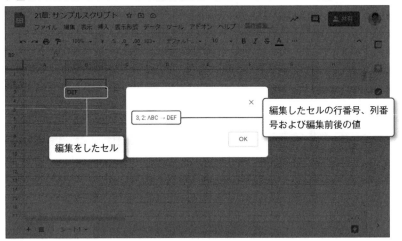

編集をしたセル

編集したセルの行番号、列番
号および編集前後の値

◆フォームの送信時にスプレッドシートを操作する

　フォームの送信時にトリガーを設置する例についても紹介しましょう。Google フォームで
作成したフォームからデータを送信した場合、送信先としてスプレッドシートに連携できます。
それにより、スプレッドシートにフォームの回答を蓄積でき、さらにトリガーを使用すれば送
信と同時に処理を施すことが可能となります。
　例として、図 21-3-3 のように、ラジオボタンによる選択式の 3 つの質問によるフォームを
作成する場合を見てみましょう。各質問は、いずれも 1 ～ 3 の数値を選択するものとなって
います。

▶図 21-3-3 フォームの例

　フォームの回答については、図 21-3-4 のように「回答」タブでその集計を見ることができます。さらに、この画面で「スプレッドシートの作成」アイコンをクリックすると、フォームの送信先となるスプレッドシートを作成できます。

▶図 21-3-4 フォームの送信先となるスプレッドシートを作成

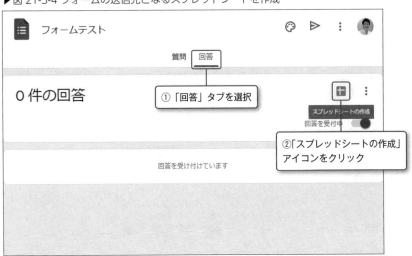

　これによりスプレッドシートが作成され、そのシートの 1 行目には質問に応じて、自動で見出し行が作成されます。以降、フォームの回答がされるたびに、図 21-3-5 のように 1 行ずつデータが蓄積されるようになります。

▶図 21-3-5 フォームの回答が入力されるスプレッドシート

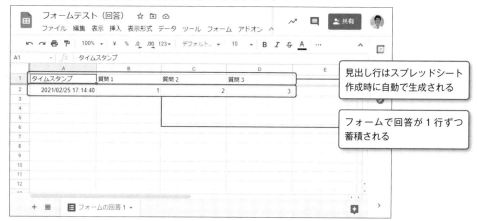

A 列から D 列まではタイムスタンプとフォームの回答が自動で入力されていきますが、たとえば E 列に各質問の合計値を求めたいとします。その場合、まず、このスプレッドシートのコンテナバインドスクリプトとして、サンプル 21-3-2 のようなスクリプトを作成します。

▶サンプル 21-3-2 フォーム送信時に数式を追加する [sample21-03.gs]

```
1  function myFunction21_03_02(e) {
2    const sheet = SpreadsheetApp.getActiveSheet();
3    const row = e.range.getRow();
4    sheet.getRange(row, 5).setFormulaR1C1('=SUM(RC[-3]:RC[-1])');
5  }
```

> フォーム回答が入力された行番号を取得する

> E 列に B 列から D 列の回答の合計値を求める数式を入力する

この myFunction21_03_02 が、「フォーム送信時」で発動するようにインストーラブルトリガーを設置します。すると、以降の実行の際には、フォームからのデータの入力とともに、スクリプトが動作して E 列に数式が入力されるようになります（図 21-3-6）。

▶図 21-3-6 フォーム送信時に数式で合計値を求める

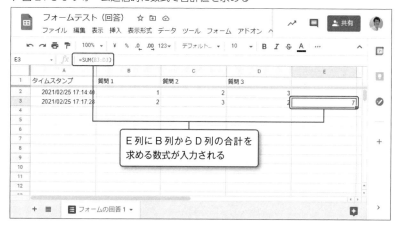

> E 列に B 列から D 列の合計を求める数式が入力される

21 / 04　Script サービス

◆Script サービスとそのクラス

Script サービスは Script Services に含まれているもので、その名の通り「スクリプト」を操作する機能を提供するものです。その機能は大きく分けて、トリガーの操作をする機能とスクリプトの公開について操作をする機能に分類できます。本書ではトリガーの操作について紹介していきます。

Script サービスでは、図 21-4-1 に挙げるクラスを用いてトリガーの操作を行うことができます。

▶図 21-4-1 Script サービスの主なクラス

クラス	説明
ScriptApp	Script サービスのトップレベルオブジェクト
Trigger	トリガーを操作する機能を提供する
TriggerBuilder	汎用のトリガービルダーを提供する
ClockTriggerBuilder	時間主導型のトリガービルダーを提供する
CalendarTriggerBuilder	カレンダーのトリガービルダーを提供する
DocumentTriggerBuilder	ドキュメントのトリガービルダーを提供する
FormTriggerBuilder	フォームのトリガービルダーを提供する
SpreadsheetTriggerBuilder	スプレッドシートのトリガービルダーを提供する

クラスの構成はやや複雑に見えるかも知れませんが、決してそうではありません。Script サービスのトリガーに関するクラスは、図 21-4-2 のように ScriptApp クラスの配下にトリガーとトリガービルダーの 2 系統に分岐するだけのシンプルな構成になっています。

▶ 図 21-4-2 Script サービスのクラスの階層構造

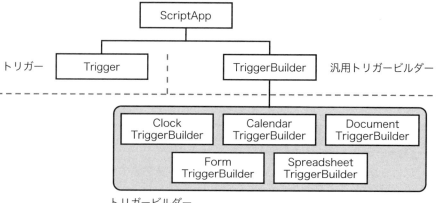

なお、Script サービスで操作できるのはインストーラブルトリガーのみで、シンプルトリガーについての操作はできません。以降、本章では「トリガー」という単語はインストーラブルトリガーのことを指すことにします。

Script サービスを用いてインストーラブルトリガーの操作を行うことができます。

◆ScriptApp クラス

ScriptApp クラスは Script サービスのトップレベルオブジェクトで、スクリプトの情報を取得したり、トリガーを操作したりといった機能を提供しています。主なメンバーを図 21-4-3 にまとめていますのでご覧ください。

▶ 図 21-4-3 ScriptApp クラスの主なメンバー

メンバー	戻り値	説明
deleteTrigger(trigger)	void	トリガーを削除する
getProjectTriggers()	Trigger[]	プロジェクトの現在のユーザーのトリガーを配列で取得する
getScriptId()	String	スクリプト ID を取得する
newTrigger(functionName)	TriggerBuilder	新しいトリガービルダーを作成して返す

簡単な例として、サンプル 21-4-1 を実行して動作を確認しましょう。なお、スクリプト ID は、スクリプトエディタのメニューから「プロジェクトの設定」を開き、「ID」のパートで確認できますので、合致しているか見てみてください。

▶ サンプル 21-4-1 スクリプトの情報およびトリガーを取得する [sample21-04.gs]

```
1  function myFunction21_04_01() {
2    console.log(ScriptApp.getScriptId()); //スクリプト ID
3    console.log(ScriptApp.getProjectTriggers().length); // プロジェクトのトリガーの数
4  }
```

◆Trigger クラス

　Script サービスでは、トリガーのひとつひとつを Trigger オブジェクトとして扱います。サンプル 21-4-1 で登場しましたが、プロジェクトに含まれるトリガーは、ScriptApp クラスの **getProjectTriggers メソッド**を使用して、配列として取得できます。

▶ 構文

```
ScriptApp.getProjectTriggers()
```

　このようにして取得したトリガーは、**Trigger クラス**で提供されているメンバーを用いて、その情報を取得できます。主なメンバーを図 21-4-4 に挙げていますのでご覧ください。

▶ 図 21-4-4 Trigger クラスの主なメンバー

メンバー	戻り値	説明
getEventType()	EventType	トリガーのイベントタイプを取得する
getHandlerFunction()	String	トリガーで呼び出される関数名を取得する
getTriggerSource()	TriggerSource	トリガーのソースの種類を取得する
getTriggerSourceId()	String	トリガーのソースの ID を取得する
getUniqueId()	String	トリガー ID を取得する

　では、これらのメソッドによりトリガーの情報を取得してみましょう。サンプル 21-4-2 を実行してみてください。

▶ サンプル 21-4-2 トリガーの情報を取得する [sample21-04.gs]

```
1  function myFunction21_04_02() {
2    const trigger = ScriptApp.getProjectTriggers()[0];
3
4    console.log(trigger.getEventType().toString()); //ON_OPEN
5    console.log(trigger.getHandlerFunction()); //myFunction21_02_01
6    console.log(trigger.getTriggerSource().toString()); //SPREADSHEETS
7    console.log(trigger.getTriggerSourceId()); // スプレッドシート ID
8    console.log(trigger.getUniqueId()); //4744618
9  }
```

この例では、サンプル 21-2-1 で作成した関数とそのトリガーについて実行した際の出力を、コメントとして記載しています。何もトリガーが設定されていない場合は、TypeError が発生しますので、ご注意ください。

getTriggerSource メソッド、getTriggerSourceId メソッドで対象となっているソースというのは、トリガーのきっかけとなる対象を表すもので、Enum TriggerSource にて列挙されています。なお、ソースが「CLOCK」の場合、getTriggerSourceId メソッドの戻り値は null となります。

◆ トリガービルダーとトリガーの作成

新たなトリガーを作成する場合、**トリガービルダー**という仕組みを使用して以下の手順を踏みます。

①汎用のトリガービルダーを生成する
②汎用のトリガービルダーから各種のトリガービルダーに変換する
③各種のトリガービルダーに必要な設定を行う
④各種のトリガービルダーからトリガーを作成する

トリガービルダーというのは、トリガーを構築するためのオブジェクトです。汎用のトリガービルダーは TriggerBuilder オブジェクトとなりますが、トリガーの種類を設定するメソッドを使って、ClockTriggerBuilder オブジェクトや、SpreadsheetTriggerBuilder オブジェクトなど、種類ごとのトリガービルダーに変換します。

Point

トリガーはトリガービルダーを用いて作成します。

では、具体的に見ていきましょう。まず、汎用のトリガービルダーである TriggerBuilder オブジェクトを作成するには、ScriptApp クラスの **newTrigger メソッド**を用います。書式は以下のとおりです。

▶構文

```
ScriptApp.newTrigger(関数名)
```

関数名は文字列で指定し、その関数を呼び出すトリガーを構築するための汎用のトリガービルダーを生成します。

続いて、図 21-4-5 に示す **TriggerBuilder クラス**のメンバーを用いて、各種のトリガービ

ルダーに変換します。

▶図 21-4-5 TriggerBuilder クラスの主なメンバー

メンバー	戻り値	説明
forDocument(document)	DocumentTriggerBuilder	ドキュメントのトリガービルダーを返す
forForm(form)	FormTriggerBuilder	フォームのトリガービルダーを返す
forSpreadsheet(spreadsheet)	SpreadsheetTriggerBuilder	スプレッドシートのトリガービルダーを返す
forUserCalendar(emailId)	CalendarTriggerBuilder	カレンダーのトリガービルダーを返す
timeBased()	ClockTriggerBuilder	時間主導型のトリガービルダーを返す

　ここで、timeBased メソッドを除くメソッドでは、トリガーのソースを引数として指定する必要があります。

　forDocument メソッド、forForm メソッド、forSpreadsheet メソッドでは、Document オブジェクト、Form オブジェクト、Spreadsheet オブジェクトをそれぞれ直接的に指定することもできますし、ドキュメント ID、フォーム ID、スプレッドシート ID を文字列で指定することもできます。

　forUserCalendar メソッドでは、対象となるカレンダー ID を文字列で指定します。

　続いて、各種のトリガービルダーに対して、図 21-4-6 のメンバーを用いて必要な設定を行います。

▶図 21-4-6 各種トリガービルダーのクラスの主なメンバー

クラス	メンバー	戻り値	説明
共通	create()	Trigger	トリガーを作成する
時間主導型	after(durationMilliseconds)	ClockTriggerBuilder	トリガーを現在時刻からミリ秒後に設定する
	at(date)	ClockTriggerBuilder	トリガーの日時を Date オブジェクトに設定する
	atDate(year, month, day)	ClockTriggerBuilder	トリガーの年、月、日を設定する
	atHour(hour)	ClockTriggerBuilder	トリガーの時を設定する
	everyDays(n)	ClockTriggerBuilder	n 日毎のトリガーを設定する
	everyHours(n)	ClockTriggerBuilder	n 時間毎のトリガーを設定する
	everyMinutes(n)	ClockTriggerBuilder	n 分毎のトリガーを設定する
	everyWeeks(n)	ClockTriggerBuilder	n 週毎のトリガーを設定する
	inTimezone(timezone)	ClockTriggerBuilder	トリガーのタイムゾーンを設定する
	nearMinute(minute)	ClockTriggerBuilder	トリガーの分を設定する
	onMonthDay(day)	ClockTriggerBuilder	トリガーの日付を設定する
	onWeekDay(day)	ClockTriggerBuilder	トリガーの曜日を設定する

カレンダー	onEventUpdated()	CalendarTriggerBuilder	カレンダーイベント更新によるトリガーとする
ドキュメント	onOpen()	DocumentTriggerBuilder	ドキュメントの起動によるトリガーとする
フォーム	onFormSubmit()	FormTriggerBuilder	フォーム送信によるトリガーとする
	onOpen()	FormTriggerBuilder	フォームの起動によるトリガーとする
スプレッドシート	onChange()	SpreadsheetTriggerBuilder	スプレッドシートの変更によるトリガーとする
	onEdit()	SpreadsheetTriggerBuilder	スプレッドシートの編集によるトリガーとする
	onFormSubmit()	SpreadsheetTriggerBuilder	スプレッドシートのフォーム送信によるトリガーとする
	onOpen()	SpreadsheetTriggerBuilder	スプレッドシートの起動によるトリガーとする

　これら各種トリガービルダーの設定を行うメソッドは、その戻り値も同種のトリガービルダーになりますので、連続的に必要なメソッドをつなげて記述できます。

　そして、最後に以下の **create メソッド**で、トリガーを作成します。

▶構文

```
ClockTriggerBuilder オブジェクト.create()
CalendarTriggerBuilder オブジェクト.create()
DocumentTriggerBuilder オブジェクト.create()
FormTriggerBuilder オブジェクト.create()
SpreadsheetTriggerBuilder オブジェクト.create()
```

　では、新たなトリガーを作成する例としてサンプル 21-4-3 をご欄ください。

▶サンプル 21-4-3 時間主導型のトリガーを作成する [sample21-04.gs]

```
1  function myFunction21_04_03() {
2    const d = new Date();
3    d.setHours(23);
4    d.setMinutes(59);
5
6    ScriptApp.newTrigger('myFunction21_02_01').timeBased().at(d).create();
7  }
```

> 日時 d で指定した関数を呼び出す時間主導型のトリガーを作成

　本日の 23:59 に関数 myFunction21_02_01 を実行する時間主導型のトリガーを作成するというものです。実行して現在のプロジェクトのトリガーを確認すると、図 21-4-7 のようなトリガーが作成できているはずです。

▶図 21-4-7 作成した時間主導型のトリガー

手動で時間主導型のトリガーを作成する場合、「午後 11〜午前 0 時」というように幅のある時間での設定しかできません。しかし、たとえば関数 myFunction21_04_03 について、毎日 0〜1 時の日時で動作するトリガーを設定すると、当日の 23:59 ちょうどに動作するトリガーが毎日作成されるようになります。

◆トリガーの削除

サンプル 21-4-3 のスクリプトと、そのトリガー作成によって、毎日ぴったりの時刻に動作するトリガーを作成することができるのですが、ひとつ問題があります。それは、過去に作成した使用済みのトリガーが残ったままになってしまうということです。ですから、作成したトリガーについて起動をしたあとに削除するという処理を入れる必要があります。

トリガーを削除するには、ScriptApp クラスの **deleteTrigger メソッド**を用います。

▶構文

```
ScriptApp.deleteTrigger(トリガー)
```

引数トリガーは Trigger オブジェクトで指定します。

では、トリガーの削除の例を見てみましょう。サンプル 21-4-4 です。

▶ サンプル 21-4-4 トリガーを削除する [sample21-04.gs]

```
1  function myFunction21_04_04() {
2    const functionName = 'myFunction21_02_01';
3    const triggers = ScriptApp.getProjectTriggers();
4
5    const trigger = triggers.find(trigger => trigger.getHandlerFunction() === functionName);
6    ScriptApp.deleteTrigger(trigger);
7  }
```

> 現在のプロジェクトのトリガーを配列で取得し triggers とする

> トリガー trigger を削除する

> 配列 triggers から functionName と一致する関数のトリガーを検索し、trigger とする

　getProjectTriggers メソッドは、現在のプロジェクトの Trigger オブジェクトを配列で返します。その配列内から削除する対象の Trigger オブジェクトを探すために、関数名が等しいかどうかを判定基準として find メソッドを使っています。

　関数 myFunction21_04_04 の呼び出しを、関数 myFunction21_02_01 内の処理として入れておけば、トリガー実行と同時に、トリガーの削除も行うことができます。

　本章では、GAS のスクリプトをさまざまなイベントに応じて動作させることができるトリガーについて、またその際に受け取ることができるイベントオブジェクト、そしてそのトリガーの操作を行う Script サービスについて解説をしました。トリガーは、すべてがクラウドで動作する GAS だからこそ簡単に実現できる機能ではありますが、一方で気にしなければいけない制限や注意点があることもお伝えしました。実務で確実に活躍するツールやシステムを作るためにも、よく理解をしておくことをおすすめします。

　さて、次章では外部サイトへの URL リクエストの方法についてお伝えします。これにより、外部のサイトからデータを取得したり、API を経由して外部のサービスを操作したりすることができるようになります。これも、まさにクラウドだからこそ実現できる機能だといえるでしょう。

外部サイトへの
アクセス

22 | 01 Url Fetch サービス

◆HTTP 通信とは

　GAS では、外部のサイトやサービスとのデータのやり取りを行う仕組みが用意されています。これにより、他のサイトの Web ページの情報を取得したり、API を経由してデータを送受信したりできます。その際、インターネット上で一般的に用いられている **HTTP** という通信プロトコルを用いて、外部との通信を行います。

　まず、事前準備として、HTTP 通信の基礎について図 22-1-1 を用いて確認しておきましょう。

▶図 22-1-1 HTTP 通信の仕組み

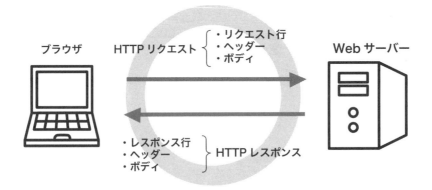

　私たちが Web ページを閲覧する場合、ブラウザに URL を入力します。このとき、ブラウザからはその Web サーバーに対して、「Web ページを見たい」という要求を出します。この要求を、**HTTP リクエスト**といいます。

　HTTP リクエストは、以下の 3 つの部分で構成されています。

・リクエスト行：要求の種類を表すメソッド、対象となる URI、HTTP バージョンを含む情報

・ヘッダー：ブラウザの種類、クッキーなど Web サーバーに送るブラウザの情報

・ボディ：Web サーバーに送るデータ本体（空白の場合もある）

なお、リクエスト行に付与されるメソッドには、いくつかの種類があります。主に使用されるのは、HTML ドキュメントや画像ファイルを要求するときに使われる **GET**、ボディに記載された情報を Web サーバーへ送信するときに使われる **POST** の 2 つです。

一方、Web サーバーが HTTP リクエストを受け取ると、その内容を解析し、それに対する返答、つまり **HTTP レスポンス**をブラウザに戻します。

HTTP レスポンスは、以下で構成されています。

・ステータス行：HTTP リクエストの状態を表すステータスコード、説明文、HTTP バージョンを含む情報
・ヘッダー：サーバーの種類やデータのタイプなど、ブラウザに送る Web サーバーの情報
・ボディ：HTML ドキュメント、テキストデータ、バイナリデータなどのブラウザに送るデータ本体

ブラウザはこの HTTP レスポンスの状態を解析して、Web ページを表示するという動作をしています。

◆Url Fetch サービスとは

GAS で HTTP リクエストを送信したり、HTTP レスポンスを解析したりする機能を提供するのが、**Url Fetch サービス**です。つまり、図の 22-1-2 ように、Web ブラウジングの際にブラウザが担っている役割を、GAS で受け持つことができるということになります。

▶図 22-1-2 GAS による HTTP 通信

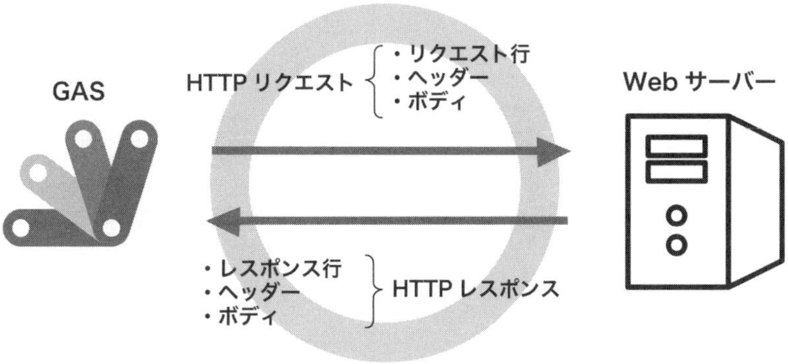

Url Fetch サービスでは、図 22-1-3 に示すように 2 つのクラスが提供されています。HTTP リクエストを送信する場合は UrlFetchApp クラスを、HTTP レスポンスから情報を取り出すには、HTTPResponse クラスを使うことになります。

▶ 図 22-1-3 Url Fetch サービスのクラス

クラス	説明
UrlFetchApp	Url Fetch サービスのトップレベルオブジェクト
HTTPResponse	HTTP レスポンスを取り扱う機能を提供する

Point

Url Fetch サービスは、GAS で外部と HTTP 通信をする機能を提供しています。

22
02
HTTP リクエストと HTTP レスポンス

◆UrlFetchApp クラスと HTTP リクエスト

UrlFetchApp クラスは、Url Fetch サービスのトップレベルオブジェクトです。図 22-2-1 に、UrlFecthApp クラスで提供されているメソッドをまとめています。

▶図 22-2-1 UrlFetchApp クラスの主なメンバー

メンバー	戻り値	説明
fetch(url[, params])	HTTPResponse	url に対してパラメータ prams を渡して HTTP リクエストを行う
fetchAll(requests)	HTTPResponse[]	配列 requests に指定された複数の HTTP リクエストを行う
getRequest(url, [params])	Object	url とパラメータ prams によるリクエストを表すオブジェクトを返す

fetch メソッドは、指定した URL に対して HTTP リクエストを行うメソッドで、書式は以下の通りです。

▶構文

```
UrlFetchApp.fetch(URL[, パラメータ])
```

パラメータは、図 22-2-2 の項目のうち必要なものをオブジェクト形式で指定します。単純な GET リクエストの場合は、パラメータ自体を省略できますが、多くの場合は指定をする必要があるでしょう。

▶図 22-2-2 fetch メソッドの主なパラメータ

パラメータ	タイプ	説明
contentType	String	コンテンツタイプ（デフォルト：application/x-www-form-urlencoded）
headers	Object	リクエストの HTTP ヘッダー
method	String	リクエストの HTTP メソッド（デフォルト：GET）
payload	String	リクエストのペイロード（POST の際のボディなど）
followRedirects	Boolean	リダイレクト先を取得するかどうか（デフォルト：true）
muteHttpExceptions	Boolean	レスポンスが失敗を示す場合に例外をスローするかどうか（デフォルト：false）

複数のリクエストをまとめて行いたいときには、以下に示す **fetchAll メソッド**が便利です。

▶構文

```
UrlFecthApp.fetchAll(リクエストの配列)
```

　リクエストの配列は、URL を表す文字列か、リクエストの内容を表すオブジェクトを要素とします。オブジェクトを構成する場合は、図 22-2-2 のパラメータにリクエスト先 URL を表すパラメータ「url」を加えます。

　fetchAll メソッドを実行すると、それら指定されたすべてに対して、まとめて HTTP リクエストを行いますので、複数のリクエスト先がある場合は効率的に行うことができます。

Memo

　図 22-2-2 のパラメータについては、HTTP の専門的な知識も要するものもあり、現時点ですべてを十分に理解する必要はありません。必要なパラメータについて、都度、他の参考文献などを参照しながら理解をしていただければよいでしょう。

　これらのメソッドを使用する際には、注意すべき点があります。fetch メソッドおよび fetchAll メソッドによる HTTP リクエストの内容およびその回数について、それぞれ割り当てと制限が定められていますので、第 1 章で確認をしておきましょう。

Point

HTTP リクエストの内容と回数には、割り当てと制限があります。

◆HTTPResponse クラスとは

　HTTPResponse クラスは、HTTP リクエストをした際に外部から返答された HTTP レスポンスを取り扱う機能を提供するクラスです。図 22-2-3 に示すように、HTTP レスポンスから情報を取り出したり、HTTP レスポンスを Blob オブジェクトとして取得したりするメンバーが用意されています。

▶図 22-2-3 HTTPResponse クラスの主なメンバー

メンバー	戻り値	説明
getAs(contentType)	Blob	HTTP レスポンスを指定した contentType のブロブに変換する
getBlob()	Blob	HTTP レスポンスをブロブとして返す
getContent()	Byte[]	HTTP レスポンスのバイナリコンテンツを取得する
getContentText([charset])	String	HTTP レスポンスを文字コード charset による文字列に変換して取得する
getHeaders()	Object	HTTP レスポンスのヘッダーをオブジェクト形式で取得する
getResponseCode()	Integer	HTTP レスポンスの HTTP ステータスコードを取得する

簡単な例として、HTTP レスポンスからヘッダー、内容の文字列およびステータスコードを取得するスクリプトを組んでみましょう。

サンプル 22-2-1 をご覧ください。

▶ サンプル 22-2-1 HTTP レスポンスを取得する [sample22-02.gs]

```
1  function myFunction22_02_01() {
2    const response = UrlFetchApp.fetch('https://tonari-it.com');
3    console.log(response.getResponseCode()); //200
4
5    const headers = response.getHeaders();
6    for (const key in headers) console.log(key, headers[key]);
7
8    console.log(response.getContentText());
9  }
```

- URL に GET リクエストを行う
- HTTP レスポンスのステータスコードを取得する
- HTTP レスポンスのヘッダーをログに出力する
- HTTP レスポンスを文字列として取得する

fetch メソッドのパラメータを省略しているので、シンプルな GET リクエスト、つまり URL で指定した Web ページの HTML ドキュメントを取得することになります。

結果として、図 22-2-4 のようなログ出力を得ることができます。なお、ステータスコードは、正常に HTTP 通信が行われれば「200」という数値が得られます。

▶ 図 22-2-4 fetch メソッドで取得したレスポンス

外部サイトへのアクセス 22

また、fetchAll メソッドによる複数の HTTP リクエストの例として、サンプル 22-2-2 も実行してみましょう。各リクエストに対するレスポンスのコンテンツタイプを確認できます。

▶ サンプル 22-2-2 fetchAll メソッドによるリクエストとレスポンス [sample22-02.gs]

```
 1  function myFunction22_02_02() {
 2    const requests = [
 3      'https://tonari-it.com',
 4      {
 5        url: 'https://tonari-it.com/wp-content/uploads/sea.jpg',
 6        method: 'get'
 7      }
 8    ];
 9
10    const responses = UrlFetchApp.fetchAll(requests);
11    for (response of responses) console.log(response.getHeaders()['Content-Type']);
12  }
```

◆実行結果

```
text/html; charset=UTF-8
image/jpeg
```

22
03　HTML・JSONから データを取り出す

◆HTML から正規表現でデータを抽出する

　多くの場合、HTML ドキュメント全体の文字列から必要なデータのみを取り出すという作業が必要になります。その場合、1 つの手法として、第 7 章で解説をしました正規表現を使う方法があります。

　具体的には、String オブジェクトの match メソッドで HTML ドキュメントから該当の要素を取得し、同じく replace メソッドで HTML タグを取り除くという手順になります。

　サンプルは 22-3-1、HTML ドキュメントから title タグ内のテキストと、h2 タグ内のテキストを抽出するものです。

▶ サンプル 22-3-1 正規表現を使って HTML からデータを抽出する [sample22-03.gs]

```
 1  function myFunction22_03_01() {
 2    const url = 'https://tonari-it.com/scraping-test/';
 3
 4    const response = UrlFetchApp.fetch(url);
 5    const html = response.getContentText();
 6    const title = html.match(/<title>.*?<\/title>/i)[0];      ——————  title 要素を取得する
 7    console.log(removeTag_(title));
 8
 9    const entries = html.match(/<h2>.*?<\/h2>/gi);       ——————  h2 要素を配列で取得する
10    for (const entry of entries) console.log(removeTag_(entry));
11  }
12
13  function removeTag_(str) {
14    return str.replace(/<\/?[^>]+>/gi, '');       ——————  文字列からタグを除去する関数
15  }
```

◆実行結果

```
スクレイピング用テストページ ｜ いつも隣に IT のお仕事
id 属性
class 属性
リンク
表
```

目的のデータを抽出するため、またはタグを取り除くための正規表現は、その生成が難しく感じるかも知れませんが、一定のパターンがあります。第7章を参考にトライをしてみてください。

HTMLは、GASで提供されているXMLサービスで解析をすることもできます。本書では取り扱いませんが、場合により正規表現による方法よりも効果的ですので、機会があれば公式ドキュメントをご覧ください。

◆API を使って JSON データを取得する

APIとは「Application Programming Interface」の略で、あるソフトウェアの機能やデータを、外部のプログラムから呼び出して利用する仕組みのことをいいます。

REST APIは、APIの形式の1つで、特定のURLに対してHTTPリクエストを送ることで、外部から操作をすることができるものです。SNS、チャット、地図情報、気象情報、辞書、ショッピングなど多岐に渡るサービスで提供されていて、そのいくつかは、無料ですぐに利用できます。

そして、それらREST APIは、GASのUrl Fetchサービスにより利用可能です。

例として、「郵便番号検索API」を使用してみましょう。

郵便番号検索API
http://zipcloud.ibsnet.co.jp/doc/api

このAPIでは、以下定められたリクエストURLを送信することで、JSON形式でレスポンスを受け取ることができます。

https://zipcloud.ibsnet.co.jp/api/search?zipcode={zipcode}

{zipcode}には、7桁の郵便番号をハイフンなしで指定します。このURLにリクエストすることにより、指定した郵便番号に対する住所のデータをJSON形式で取得できます。

サンプル22-3-2は、そのJSONデータの例となります。

▶ サンプル22-3-2 郵便番号検索APIで受け取るJSONデータ [sample22-03-02.json]

```
1  {
2    "message": null,
3    "results": [
```

```
 4        {
 5          "address1": "北海道",
 6          "address2": "美唄市",
 7          "address3": "上美唄町協和",
 8          "kana1": "ﾎｯｶｲﾄﾞｳ",
 9          "kana2": "ﾋﾞﾊﾞｲｼ",
10          "kana3": "ｶﾐﾋﾞﾊﾞｲﾁｮｳｷｮｳﾜ",
11          "prefcode": "1",
12          "zipcode": "0790177"
13        },
14        {
15          "address1": "北海道",
16          "address2": "美唄市",
17          "address3": "上美唄町南",
18          "kana1": "ﾎｯｶｲﾄﾞｳ",
19          "kana2": "ﾋﾞﾊﾞｲｼ",
20          "kana3": "ｶﾐﾋﾞﾊﾞｲﾁｮｳﾐﾅﾐ",
21          "prefcode": "1",
22          "zipcode": "0790177"
23        }
24      ],
25      "status": 200
26  }
```

　では、例としてサンプル 22-3-3 を実行してみましょう。zipcode として指定した郵便番号に対する都道府県名、市区町村名、町域名をログで確認できます。

▶サンプル 22-3-3 郵便番号検索 API から住所を取得する [sample22-03.gs]

```
 1  function myFunction22_03_03() {
 2    const zipcode = '7830060';
 3    const url = 'https://zipcloud.ibsnet.co.jp/api/search?zipcode=' + zipcode;
 4    const response = UrlFetchApp.fetch(url);
 5
 6    const obj = JSON.parse(response.getContentText());
 7    console.log(`ステータスコード: ${obj.status}`);
 8
 9    const result = obj.results[0];
10    const {address1, address2, address3} = result;
11    console.log(`都道府県名: ${address1}`);
12    console.log(`市区町村名: ${address2}`);
13    console.log(`町域名: ${address3}`);
```

```
14 | }
```

◆実行結果

ステータスコード： 200
都道府県名： 高知県
市区町村名： 南国市
町域名： 蛍が丘

　「郵便番号検索API」は、サービスの継続や、提供する情報の正確性を完全に保証をするものではありません。

　詳しくは、以下利用規約をご覧ください。

・郵便番号検索 API 利用規約
http://zipcloud.ibsnet.co.jp/rule/api

　同様に、他の多くのサービスにおいても、API の利用に関してその継続性や情報の正確性については保証されていないものが多くあります。各規約等を確認してから使用するようにしましょう。

　本章では、Url Fetch サービスのメンバーを利用して、HTTP 通信による外部のサイトやサービスとのデータをやり取りする方法について解説しました。まさに、クラウド上で動作する GAS であるからこそ、簡単に実現できるというわけです。また、REST API を提供するサービスが増えれば増えるほど、GAS でできることが増えていきます。ぜひ、習得しておきたいテクニックといえます。

　さて、次章ではライブラリについてお伝えします。ライブラリは、自分または他のユーザーが作成した関数を再利用するための仕組みで、その利用は GAS の開発効率を向上することにつながります。ぜひご覧ください。

23

ライブラリ

23 01 ライブラリを使用する

◆ ライブラリとその追加

GAS では、作成した関数を他のプロジェクトから利用できる**ライブラリ**という機能を使うことができます。他のユーザーが公開しているライブラリを使用することもできますし、自作をすることもできます。

すでにあるライブラリを活用することで、よく使う機能については自分で組み上げる必要がなくなり、GAS の開発効率を大きく上げることにつながります。ここでは、導入テスト用に用意した「Hello」というライブラリを例として、その導入方法や使い方を見ていきます。

P oint

ライブラリを使用することで、すでにある関数やクラスを再利用できます。

では、ライブラリの追加の方法を見ていきましょう。まず、ライブラリを追加したいプロジェクトを開き、「ライブラリ」の「+」アイコンをクリックします（図 23-1-1）。

▶図 23-1-1 ライブラリを追加する

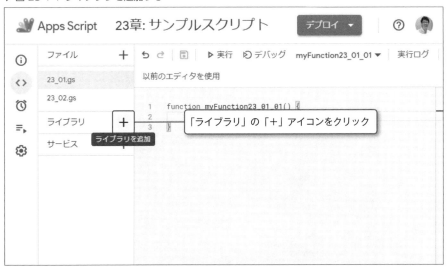

図 23-1-2 のように、「ライブラリの追加」ダイアログが開きますので、以下ライブラリ「Hello」の「スクリプト ID」を入力して「検索」をクリックします。

スクリプト ID: 1U81fRGYRWq-0yEJgtMIMMfxa-UrMSg03gOf99tzspsZXxt7ScZPjmIs2

Memo

ライブラリ「Hello」のスクリプト ID は、サンプルファイル [sample23_01.gs] 内にも記載していますので、ご活用ください。

▶図 23-1-2「ライブラリの追加」ダイアログ

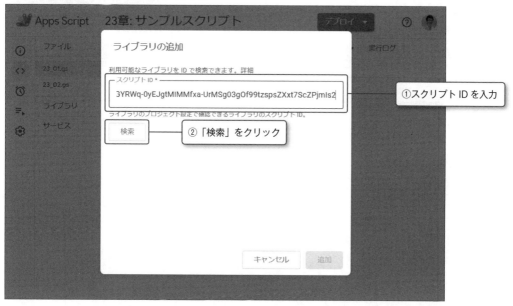

すると、図 23-1-3 のように、ライブラリ Hello についての検索結果が表示されます。「バージョン」のプルダウンは、最新のバージョン（もっとも大きな数字）を選択します。また、「ID」はライブラリの識別子を表します。変更することもできますが、とくに理由がない限りはデフォルトのままでよいでしょう。

▶図 23-1-3 ライブラリのバージョンを選択して追加

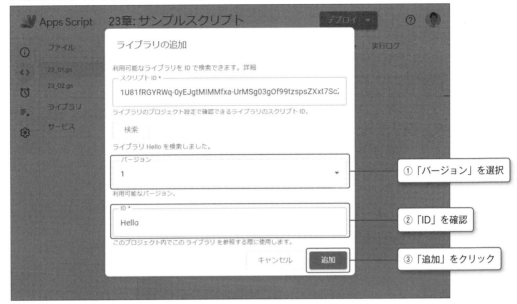

そして「追加」をクリックすると、図 22-1-4 のようにスクリプトエディタの「ライブラリ」に「Hello」が追加されます。

▶図 23-1-4 追加したライブラリ

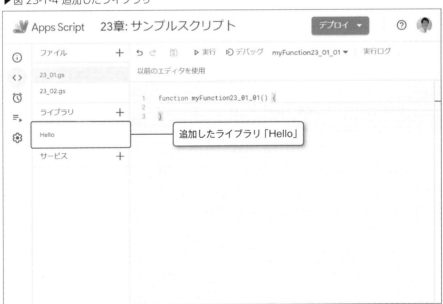

◆ライブラリを使用する

追加したライブラリ内のメンバーは、**識別子**を使用して、以下の記述で呼び出すことができます。

▶構文

識別子 . メンバー名

Hello ライブラリが追加されたことを、サンプル 23-1-1 を実行して確認してみましょう。「〜さん、こんにちは！」というメッセージがログ出力されていれば、Hello ライブラリは正しく動作しているということになります。

▶サンプル 23-1-1 Hello ライブラリの動作確認 [sample23-01.gs]

```
1  function myFunction23_01_01() {
2    console.log(Hello.getHello('Bob')); //Bob さん、こんにちは！
3    console.log(Hello.getHello()); // 名無し さん、こんにちは！
4  }
```

なお、ライブラリを使用している場合、単一のプロジェクトよりも実行速度が遅くなりますので、スピードを求められるプロジェクトの利用には推奨されていません。

さて、ライブラリを使用している場合、作成者がライブラリのバージョンアップをしたとしても、追加したライブラリのバージョンが自動的に最新になることはありません。

ライブラリのバージョンの確認や、バージョンアップを確認する場合は、「ライブラリ」から該当のライブラリ名をクリックして開く、「ライブラリの設定」ダイアログで行うことができます（図 23-1-5）。

新しいバージョンがあれば、今より大きい数字のバージョンが選べるようになっていますので、そのバージョンに切り替えて「保存」をクリックします。

▶図 23-1-5「ライブラリの設定」ダイアログ

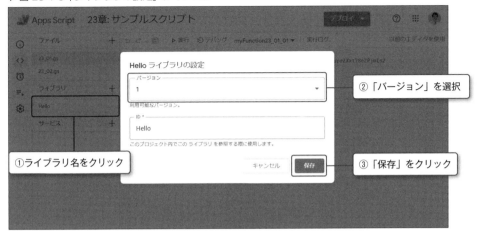

Memo

　公開されているライブラリは永続的に使用できるとは限りません。実際に、とても利用されているメジャーなライブラリでも開発がストップし、メンテナンスがされなくなるということも起こり得ます。ライブラリは GitHub などで公開されているものも多いので、最近のアップデートがあるかなどを、活用する際の判断材料にしましょう。

　また、ライブラリの三点リーダーアイコンをクリックすると、「新しいタブで開く」「削除」の 2 つのメニューが表示されます（図 23-1-6）。

　「新しいタブで開く」を選択すると、そのライブラリについてのドキュメントをブラウザの別のタブで開きます。「削除」を選択すると、ライブラリを削除できます。

▶図 23-1-6 ライブラリのその他のメニュー

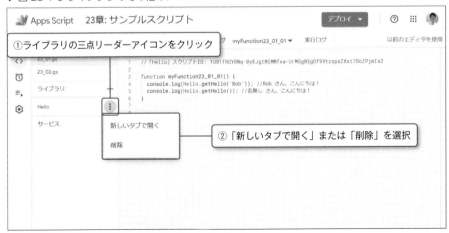

23 | 02 ライブラリを作成する

◆ライブラリのスクリプトを準備する

ライブラリを作成する方法を見ていきましょう。ライブラリを作成する手順は、以下の通りとなります。

---

①スタンドアロンスクリプトでプロジェクトを作成する
②スクリプトを作成する
③共有設定で公開範囲を設定する
④版の管理で新しいバージョンを作成する

まず、新規のプロジェクトを作成します。**ライブラリを作成する場合はスタンドアロンスクリプトである必要があります**ので、コンテナバインドで作成しないようにしましょう。

ライブラリはスタンドアロンスクリプトで作成する必要があります。

また、**プロジェクト名がデフォルトの識別子として採用されます**。ですから、プロジェクト名としては、JavaScript や GAS の予約語やグローバルオブジェクトとバッティングすることはできませんし、日本語は避ける必要があります。今回は「MyLibrary」として進めます。

続いて、サンプル 23-2-1 のスクリプトを作成します。

▶ サンプル 23-2-1 ライブラリ MyLibrary [sample23-02.gs]

```
1  /** 人を表すクラス */
2  class Person {
3    /**
4     * Person オブジェクトを生成する
5     * @param {string} name - 名前
6     * @param {number} age - 年齢
7     */
```

```
 8      constructor(name, age) {
 9        this.name = name;
10        this.age = age;
11      }
12
13      /**
14       * あいさつ文をログ出力する
15       */
16      greet(){
17        console.log(`Hello! I'm ${this.name}!`);
18      }
19    }
20
21    /**
22     * Person クラスのインスタンスを生成して返すファクトリ関数
23     *
24     * @param {String} name - 名前
25     * @param {Number} age - 年齢（既定値は 0.1）
26     * @return {Person} - 生成した Person オブジェクト
27     */
28    function createPerson(name, age) {
29      return new Person(name, age);
30    }
31
32    /**
33     * 税込み価格を返す関数
34     *
35     * @param {Number} price - 価格
36     * @param {Number} taxRate - 税率（既定値は 0.1）
37     * @return {Number} - 税込価格
38     */
39    function includeTax(price, taxRate = 0.1) {
40      return price * (1 + taxRate);
41    }
```

　人を表すクラス Person、Person クラスのインスタンスを作成する関数 createPerson、税込み価格を返す関数 includeTax で構成されています。ライブラリ上のクラスについては、他のプロジェクトから直接的に new 演算子によるインスタンス生成を行うことができませんので、インスタンスを生成するための関数をライブラリ内に定義し、それを呼び出します。そのような、インスタンス生成用の関数を**ファクトリ関数**といいます。

ここで、図 23-2-1 のタグを用いて**ドキュメンテーションコメント**を使うことができます。ドキュメンテーションコメントを記述した関数は、ライブラリを追加したプロジェクトにおいて補完対象にできます。

▶図 23-2-1 ライブラリのドキュメンテーションコメントで使用するタグ

タグ	説明	書式
@param	引数の情報を追加する	{データ型} 仮引数名 - 概要
@return	戻り値の情報を追加する	{データ型} - 概要

◆ライブラリの公開範囲を設定する

次に、ライブラリを公開する範囲を定めるために、スクリプトの共有設定を行います。なお、自分だけが使用するライブラリであれば、共有設定を変更する必要はありません。

まず、スクリプトエディタの「プロジェクトの共有」アイコンをクリック、続いて「ユーザーやグループ」ダイアログの「〜へのリンクの権限を変更」または「リンクを知っている全員に変更」をクリックします（図 23-2-2）。

▶図 23-2-2 「ユーザーやグループと共有」ダイアログ

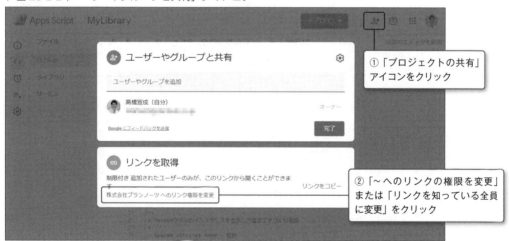

① 「プロジェクトの共有」アイコンをクリック

② 「〜へのリンクの権限を変更」または「リンクを知っている全員に変更」をクリック

続いて、図 23-2-3 のとおり、公開範囲のプルダウンを開き、組織名または「リンクを知っている全員」を選択して「完了」とします。これで、公開範囲の設定ができました。

▶図 23-2-3 公開範囲を選択する

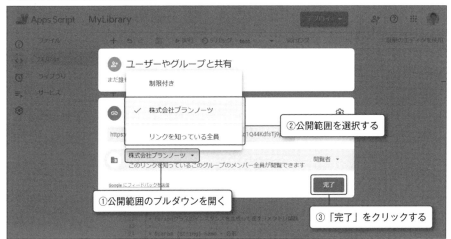

　さらに、ライブラリとして使用する場合には、**「デプロイ」**という手順を踏む必要があります。デプロイというのは、公開して使える状態にするということを指します。

　まず、スクリプトエディタの「デプロイ」ボタンから「新しいデプロイ」を選択します（図23-2-4）。

▶図 23-2-4 「新しいデプロイ」を選択

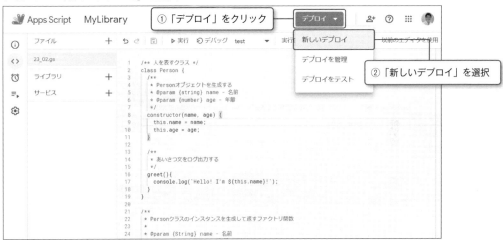

　すると、「新しいデプロイ」ダイアログが開きます（図 23-2-5）。ここでは、種類の選択の設定アイコンから「ライブラリ」を選択してください。

▶図 23-2-5 デプロイの種類を選択

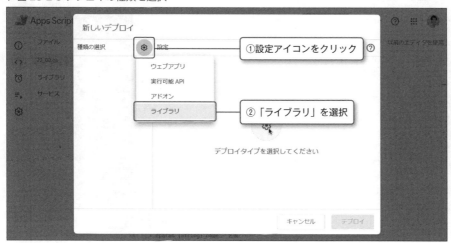

　続いて、ライブラリの説明を入力します（図 23-2-6）。ここで、説明を日本語で入力をすると ライブラリ導入時にそのバージョンが認識されなくなってしまいますので、アルファベットで入力する必要があります。注意してください。

　入力が完了したら「デプロイ」をクリックします。

▶図 23-2-6 説明を入力してデプロイ

　これで、新しいバージョンがデプロイされ、図 23-2-7 の画面となりますので、「完了」をクリックします。なお、ここでデプロイ ID やライブラリの URL は不要ですので、コピーの必要はありません。

▶図 23-2-7 デプロイの完了

　他のプロジェクトでライブラリの追加をするには、スクリプト ID が必要でした。スクリプト ID は「プロジェクトの設定」メニューを開き、「スクリプト ID」のパートに表示されています。「コピー」をクリックして取得しましょう（図 23-2-8）。

▶図 23-2-8 スクリプト ID のコピー

　なお、自身が編集可能なライブラリであれば、「ライブラリの追加」ダイアログにおいて「HEAD（開発モード）」というバージョンを選択できます（図 23-2-9）。

▶図 23-2-9 開発モードでライブラリを追加する

　このバージョンでライブラリを追加すると、ライブラリの変更が保存された際に、その変更が即時反映されるようになります。ライブラリの開発時などに活用しましょう。

　では、このスクリプト ID を用いて他のプロジェクトにライブラリ「MyLibrary」を追加しましょう。その上で、サンプル 23-2-2 を作成して、ライブラリが使用できるか確認してみてください。

▶サンプル 23-2-2 他のプロジェクトから自作のライブラリを使用する [sample23-02.gs]

```
1  function myFunction23_02_02() {
2    const p = MyLibrary.createPerson('Bob', 25);
3    console.log(p); //{ name: 'Bob', age: 25 }
4    p.greet(); //Hello! I'm Bob!
5
6    console.log(MyLibrary.includeTax(1000)); //1100
7    console.log(MyLibrary.includeTax(1000, 0.08)); //1080
8  }
```

　本章では、ライブラリとは何か、およびライブラリの作成の仕方について解説しました。
　ライブラリを活用することで、効果的にコードの再利用を行うことができるようになります。
ぜひ、お気に入りのライブラリを作成してみてください。

おわりに

　私が GAS の存在を知った 2015 年当時、GAS の知名度は低く、学習をしようにもその情報は決して多くありませんでした。日本語で書かれた書籍は私の知る限り 2 冊。Web で検索しても、なかなか初心者で理解できるような情報にたどりつくことができません。

「ないのであれば書こう」

　秀和システムさんのご協力のもと、2017 年 12 月に上梓したのが本書の第 1 版です。

　以降 3 年が経った今、GAS を学ぶ環境は大きく変わりました。

　「Apps Script」で検索をすると日本語の記事もたくさんヒットしますし、私のブログ記事へのアクセスも日々増加しています。SNS では、GAS についてのやり取りは日常的に見かけますし、レクチャーする YouTube 動画も配信されるようになりました。書籍も頻繁に出版されるようになりました。コミュニティでも多くの GAS ユーザーの方々が、日々情報交換をしています。

　今後、ホワイトワーカーの多くの仕事はコンピュータに取って代わられると言われています。この時流はピンチのようにも見えますが、自らの価値を上げる大きなチャンスでもあります。そのチャンスを引き寄せる秘訣は、「プログラミングを作る側」に立つということ。そして、GAS への入門はその最適な選択肢のひとつです。

　その学習環境が整いつつあり、たくさんの方がその門を叩くようになったのです。本書がその一助となっていたかも知れない、もしそうであれば、少なからずの喜びと誇りを感じるばかりであります。

　さて、IT 技術が進化することはたいへんよいことですが、既刊書籍にとってはその寿命が短くなってしまうという現実があります。GAS についても、多数のアップデートが頻繁に行われます。

　2020 年 2 月に V8 ランタイムがサポートされ、過去のソースコードは一挙に「古いもの」となりました。2020 年 11 月に、本書の第 2 版を発売してそれに対応をしましたが、その直後の 12 月に、新しい IDE が導入され、GAS の開発環境が大きく変わりました。さらにそれに対応をするために、この第 3 版を世に送り出しました。

書籍という形式で、この速度に対応をするのは大きなチャレンジです。しかし、本書はこうしてアップデートを重ねてきました。

　それは、秀和システムさんの素早いご判断とご対応、クラウドファンディングでの皆さんのご支援およびノンプロ研の皆さんのご協力があって成し遂げられたものです。私は GAS について、皆さんの一助となればと活動してきましたが、気がつくと多くの皆さんに支えられています。心から感謝いたします。

　プログラミング学習は、決して楽ではありません。限られた中から、多くの学習時間を捻出し、常に自らの「できない」と向き合わなければいけません。すぐには報われません。しかし、今はその学習環境が整いつつあり、何より GAS を学ぶたくさんの仲間がいます。ぜひ、その輪に加わって、元気よく「働く」の価値を上げていくこととしましょう。

　最後に、仕事と執筆の二足のわらじの日々を支え、励まし続けてくれた家族にも心からの感謝を送ります。

INDEX

575

INDEX

◎著者紹介

高橋宣成（たかはしのりあき）

株式会社プランノーツ代表取締役。1976年5月5日こどもの日に生まれる。

電気通信大学大学院電子情報学研究科修了後、サックスプレイヤーとして活動。自らが30歳になったことを機に就職。モバイルコンテンツ業界でプロデューサー、マーケターなどを経験。しかし「正社員こそ不安定」「IT業界でもITを十分に活用できていない」「生産性よりも長時間労働を評価する」などの現状を目の当たりにする。日本におけるビジネスマンの働き方、生産性、IT活用などに課題を感じ、2015年6月に独立、起業。

現在「ITを活用して日本の『働く』の価値を上げる」をテーマに、VBA、Google Apps Script、Pythonなどのプログラミング言語に関する研修講師、執筆、メディア運営、コミュニティ運営など、ノンプログラマー向け教育活動を行う。

コミュニティ「ノンプログラマーのためのスキルアップ研究会」主宰。自身が運営するブログ「いつも隣にITのお仕事」は、月間130万PVを超える人気を誇る。

いつも隣にITのお仕事　https://tonari-it.com/

INDEX

●注意

(1) 本書は著者が独自に調査した結果を出版したものです。

(2) 本書の内容については万全を期して制作しましたが、万一、ご不審な点や誤り、記入漏れなどお気付きの点がありましたら、出版元まで書面にてご連絡ください。

(3) 本書の内容に関して運用した結果の影響については、上記(2)項にかかわらず責任を負いかねますのでご了承ください。

(4) 本書の全部あるいは一部について、出版元から文書による許諾を得ずに複製することは、法律で禁じられています。

●商標等

・ Microsoft、Windows、Windows 8.1、Windows 8、Windows 7、Windows 10は米国Microsoft Corporationの米国およびその他の国における登録商標または商標です。

・ その他のプログラム名、システム名、ソフトウェア名などは一般に各メーカーの各国における登録商標または商標です。

・ 本書では、® ©の表示を省略していますがご了承ください。

・ 本書では、登録商標などに一般的に使われている通称を用いている場合がありますがご了承ください。

詳解！Google Apps Script
完全入門［第3版］
〜 GoogleアプリケーションとGoogle Workspaceの最新プログラミングガイド〜

発行日	2021年　7月10日	第1版第1刷
	2024年　6月3日	第1版第5刷

著　者　高橋　宣成

発行者　斉藤　和邦
発行所　株式会社　秀和システム
〒135-0016
東京都江東区東陽2-4-2　新宮ビル2F
Tel 03-6264-3105（販売）Fax 03-6264-3094
印刷所　日経印刷株式会社　　　　　　　Printed in Japan

ISBN978-4-7980-6474-1 C3055

定価はカバーに表示してあります。
乱丁本・落丁本はお取りかえいたします。
本書に関するご質問については、ご質問の内容と住所、氏名、電話番号を明記のうえ、当社編集部宛FAXまたは書面にてお送りください。お電話によるご質問は受け付けておりませんのであらかじめご了承ください。